高等职业技术院校焊接技术及自动化专业任务驱动型教材

焊条电弧焊技术

HANTIAO DIANHUHAN JISHU

李文聪 主编

中国劳动社会保障出版社

图书在版编目(CIP)数据

焊条电弧焊技术/李文聪主编. —北京：中国劳动社会保障出版社，2011
高等职业技术院校焊接技术及自动化专业任务驱动型教材
ISBN 978-7-5045-8939-2

Ⅰ.①焊… Ⅱ.①李… Ⅲ.①焊条-电弧焊-高等职业教育-教材 Ⅳ.①TG444

中国版本图书馆 CIP 数据核字(2011)第 049482 号

中国劳动社会保障出版社出版发行

（北京市惠新东街 1 号 邮政编码：100029）

出 版 人：张梦欣

*

北京谊兴印刷有限公司印刷装订 新华书店经销

787 毫米×1092 毫米 16 开本 15 印张 342 千字

2011 年 4 月第 1 版 2025 年 1 月第 7 次印刷

定价：**26.00** 元

营销中心电话：400-606-6496

出版社网址：http://www.class.com.cn

http://jg.class.com.cn

前　言

为了更好地满足企业对焊接技术及自动化专业高技能人才的需求，全面提升教学质量，人力资源和社会保障部教材办公室组织全国有关院校的一线教学专家、企业技术专家，在充分调研企业生产实际和学校教学实际的基础上，精心编写了高等职业技术院校焊接技术及自动化专业教材，包括《金属熔焊基础》《冷作技术》《焊条电弧焊技术》《埋弧焊技术》《气体保护焊技术》《金属材料焊接》《焊接结构生产》和《焊接检测技术》。

本套教材紧紧围绕焊接工艺制定、焊接操作、焊接施工管理、焊接质量控制和检测等岗位的要求，参照《国家职业技能标准·焊工》设计内容，并确定以培养焊接工程现场操作能力、典型结构件焊接工艺制定能力、焊接质量检测与控制能力、焊接工程施工组织管理能力为主要教学目标。

焊接工程现场操作能力：主要通过《冷作技术》《焊条电弧焊技术》《埋弧焊技术》《气体保护焊技术》的教学，使学生能熟练进行一般性焊接工程的施工，能完成焊接材料选择、划线、号料、下料、装配、焊接等工作，熟悉相关设备。

典型结构件焊接工艺制定能力：主要通过《金属熔焊基础》《金属材料焊接》《焊接结构生产》的教学，使学生能熟练编制简单容器结构、桁架结构、格架结构、梁柱结构等常见中小型结构的焊接工艺，能读懂典型焊接结构的设计资料并对其合理性做出判断。

焊接质量检测与控制能力：主要通过《焊接检测技术》的教学，使学生能较熟练运用有关检测设备和方法并依据检测标准进行焊接质量检测。

焊接工程施工组织管理能力：主要通过《焊接结构生产》的教学，使学生能熟练进行焊接工程的现场组织与管理等工作。

在教材内容的组织上，采用任务驱动的编写思路。在教材的每一单元，首先提出具体的学习任务，使学生明确目标，产生学习的积极性；然后结合具体实例，讲解完成任务所需要的相关知识，使学生认识由感性上升到理性；在任务实施环节，详细介绍完成任务的步骤和注意事项，使学生能够顺利完成任务，增强学生的成就感。

在本套教材编写过程中，我们得到了有关省市人力资源和社会保障部门、高等职业技术院校和相关企业的大力支持，教材的编审人员做了大量的工作，在此表示衷心感谢！同时，恳切希望广大读者对教材提出宝贵的意见和建议。

人力资源和社会保障部教材办公室

2011 年 3 月

简 介

本书由人力资源和社会保障部教材办公室组织编写，人力资源和社会保障部职业能力建设司推荐使用。教材内容由焊条电弧焊准备技能、平焊位焊条电弧焊、立焊位焊条电弧焊、横焊位焊条电弧焊、仰焊位焊条电弧焊、管板不同位固定焊、管不同位置固定焊、管不同位置固定加障碍焊等模块组成，每个模块下有若干教学任务，按照任务提出、任务分析、相关知识、任务实施、任务评价、思考与练习的教学环节顺序展开。

本书为高等职业技术院校焊接技术及自动化专业教材，也可作为成人高校、本科院校举办的二级职业技术学院和民办高校的相关专业教材，或作为自学用书。

本书由大庆职业学院李文聪，尹维、李明政、谭欣欣、李明磊、庞玉霞，吉林大学赵玉山、续志学、李文杰，天津机电职业技术学院葛国政，沈阳职业技术学院张红兵，广东省高级技工学校罗茗华编写。大庆职业学院李文聪担任主编并统稿，吉林大学赵玉山、续志学担任副主编，辽宁冶金技师学院王长忠、包头职业技术学院王新民主审。

目　录

模块一　焊条电弧焊准备技能

焊接图识读是机械制图中针对带有焊接符号图的识读。焊接图是机械制图的组成部分，通过识读焊接图可以确定焊缝在工件中的空间位置、焊缝的接头形式等。本模块的任务就是通过对带有焊接符号焊接图的剖析，识别各焊接符号的含义，从而能读懂焊接图，这是掌握焊条电弧焊基本技能的基础；通过对焊条相关知识的学习，了解焊条的结构、型号、牌号及其保管和储存方法；通过学习碳弧气刨操作技术，了解碳弧气刨工艺，能刨削一些工件或焊接缺陷，并了解碳弧气刨时易出现的缺陷及防止措施。

任务1　焊接图识读

技能点

◎ 能够读懂焊接图样及焊接符号在焊接图中表示的含义。

知识点

◎ 焊接符号；焊接图焊缝类型；焊接图焊缝位置；焊接图焊缝尺寸。

任务提出

焊接图表达了焊件焊接的基本技术要求、焊件重要结构信息以及各焊件间的连接情况，因此在焊接生产中读懂焊接图、了解焊接图所表达的焊接工艺信息是实施焊接的重要前提之一。

如图1—1—1所示为支架焊接图，图1—1—2所示为支架零件图，各零件材料均为Q235B。现要求读懂工件图样，了解各焊接符号在图中表示的含义及要求。

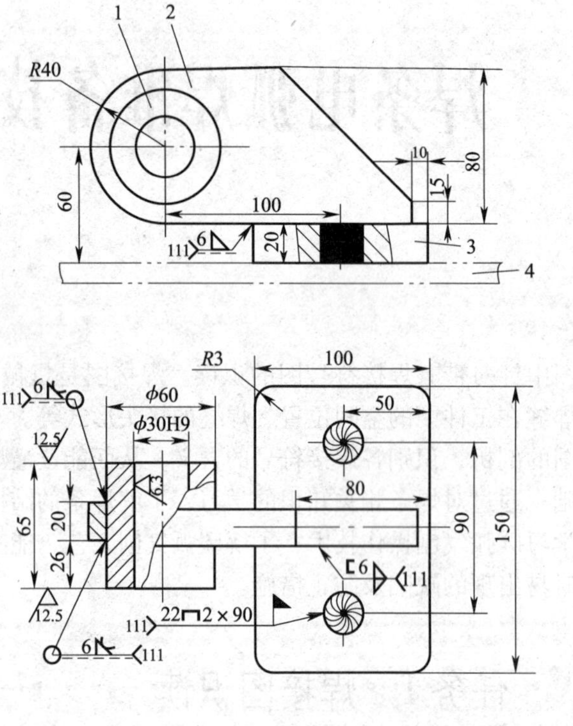

拆除件4

技术要求

1. 所有焊缝应连续，无表面气孔、夹渣等缺陷。
2. 各零件下料方式为气割。

件序号	名称	数量	材质		图号
4	筒体侧板	1	Q235B		见组装图
3	底板	1	Q235B		ZJ01–4
2	支撑板	1	Q235B		ZJ01–3
1	圆筒	1	Q235B		ZJ01–2
支架		比例	质量	共4张	本张图号
		1∶3		第1张	ZJ01–1

图 1—1—1　支架焊接图

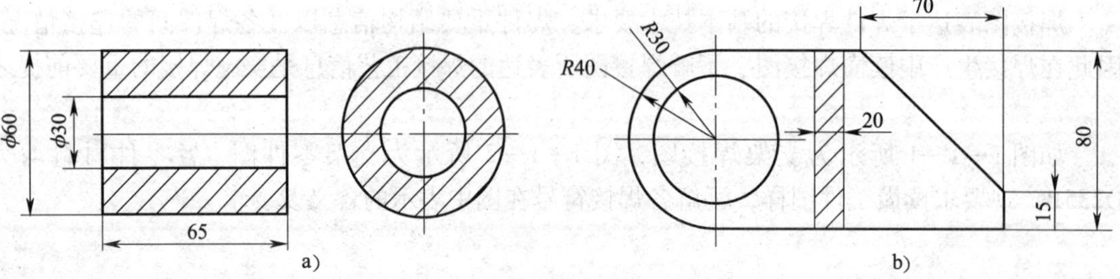

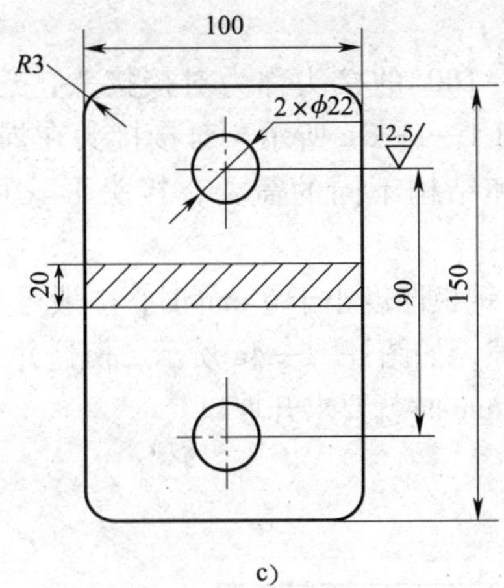

c）

图 1—1—2　支架零件图

a）件 1 圆筒（图号 ZJ01－2）　b）件 2 支撑板（图号 ZJ01－3）　c）件 3 底板（图号 ZJ01－4）

任务分析

识读焊接图要从图样中焊接符号的构成分析和技术要求分析两个方面入手。从图 1—1—1 中可读出，该支架由三个零件焊接组合而成，即件 1 与件 2 焊接、件 2 与件 3 焊接。要完成这一支架焊接图的识读，应了解零件间焊接接头形式、焊缝的空间位置和焊缝符号及尾部符号后的数字所表示的含义，并分析不同焊件之间的连接情况。

相关知识

一、焊接接头的分类

用焊接方法连接的接头称为焊接接头，焊接接头包括焊缝、熔合区和热影响区三部分。焊接结构中的接头形式有对接接头、角接接头、搭接接头、T 形接头、端部接头、卷边接头、套管接头、斜对接接头、锁底接头等多种。其中应用最广的有对接接头、角接接头、搭接接头和 T 形接头四种，如图 1—1—3 所示。

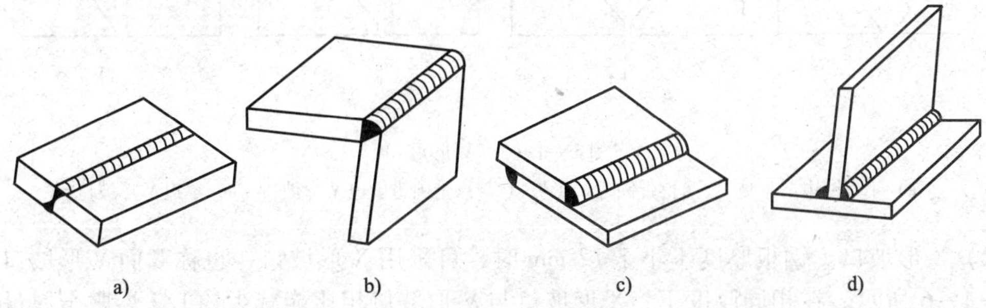

a）　b）　c）　d）

图 1—1—3　焊接接头的基本形式

a）对接接头　b）角接接头　c）搭接接头　d）T 形接头

1. 对接接头

两焊件表面夹角为 135°～180°的接头称为对接接头，这是一种较理想的接头形式，常用于重要焊接结构中，如图 1—1—3a 所示。对接接头在焊接结构中应用最多，能够承受较大载荷。根据工件厚度和结构不同的需要，接头形式可分为不开坡口和开坡口两种。

（1）不开坡口对接接头。钢板厚度小于 6 mm 时，一般可不开坡口（或叫开 I 形坡口），只留有 b = 1～2 mm 的装配间隙，如图 1—1—4a 所示。但这并不是绝对的，在一些较重要的焊接结构中，工件厚度大于 3 mm 时就要求开坡口。

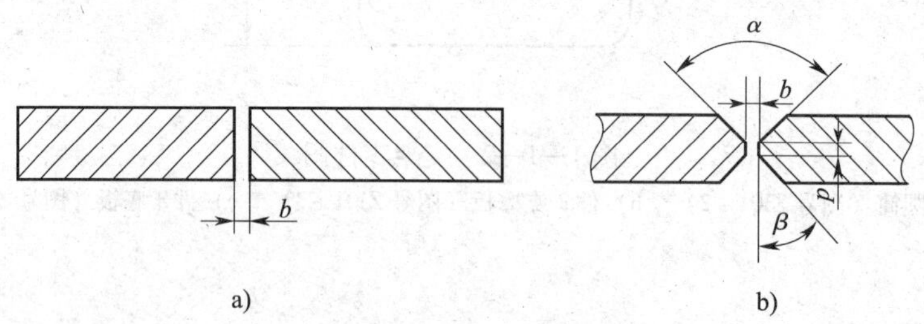

图 1—1—4　对接接头

a）不开坡口对接接头　b）开坡口对接接头

（2）开坡口对接接头。坡口是用机械加工、火焰切割或等离子切割等方法加工而成，能起到调节焊缝金属中母材和填充金属比例作用的结构，有 V 形、X 形、U 形等形式。两坡口面之间的夹角 α 为坡口角度，β 为单边坡口角度，如图 1—1—4b 所示，是为了保证电弧能达到接头根部，使根部焊透，以便于获得良好的焊缝成形。钝边（工件开坡口时，沿工件厚度方向留有的端面部分，如图 1—1—4b 中的 p 值）是为了防止烧穿，但钝边的尺寸应保证第一层能焊透。根部间隙（组焊前，在接头根部两工件之间预留的空隙，如图 1—1—4b 中的 b 值）也是为了保证接头根部焊透。

1）V 形坡口。钢板厚度不小于 6 mm 时，一般采用 V 形坡口。V 形坡口的形式有不带钝边 V 形坡口、带钝边 V 形坡口、带钝边单边 V 形坡口、单边 V 形坡口四种，如图 1—1—5 所示。开 V 形坡口的特点是：易加工，但熔敷金属量大，焊后角变形较大。

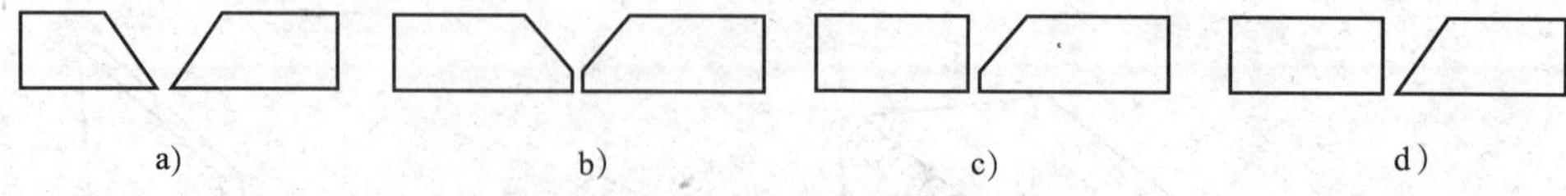

图 1—1—5　V 形坡口

a）不带钝边 V 形坡口　b）带钝边 V 形坡口　c）带钝边单边 V 形坡口　d）单边 V 形坡口

2）X 形坡口。钢板厚度不小于 12 mm 时，可采用 X 形坡口，也称双面 V 形坡口，如图 1—1—6 所示。在相同厚度下，X 形坡口与 V 形坡口相比能减少约 1/2 熔敷金属量，焊后变形和产生的内应力也较小。因此，这种坡口多用于厚度大及要求控制焊接变形量的结构中。

3）U 形坡口。U 形坡口有单面 U 形坡口、单边 U 形坡口、双面 U 形坡口，如图 1—1—7 所示。U 形坡口的特点是：填充金属量少，焊件变形小，焊缝金属中母材金属占的比例也小。但这种坡口加工较难，一般应用在较重要的焊接结构中。当钢板厚度为 20 ~60 mm 时，采用单面 U 形坡口或单面单边 U 形坡口，如图 1—1—7a、b 所示；当钢板厚度为 40 ~60 mm 时，采用双面 U 形坡口，如图 1—1—7c 所示。

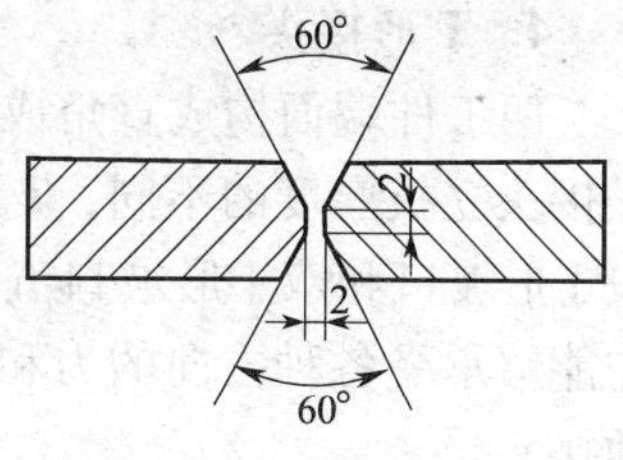

图 1—1—6　X 形坡口

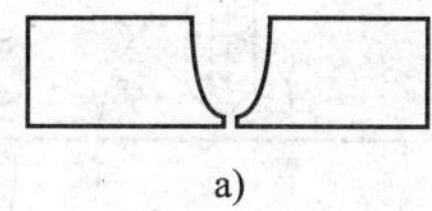
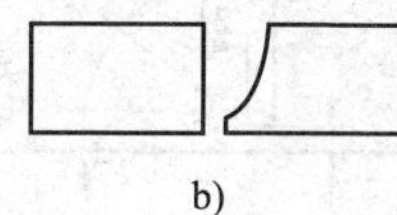
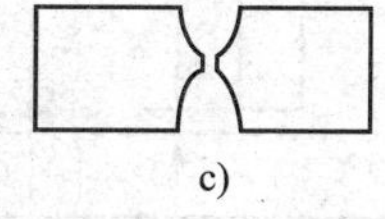

图 1—1—7　开 U 形坡口

a）单面 U 形坡口　b）单面单边 U 形坡口　c）双面 U 形坡口

2. 角接接头

两工件端面间夹角为 30° ~135°的接头称为角接接头，如图 1—1—3b 所示。角接接头的受力状况较差，根据工件的厚度和结构的不同需要，接头形式可分为开坡口和不开坡口两种，常用于不重要结构或箱形结构中。一般形式如图 1—1—8 所示。

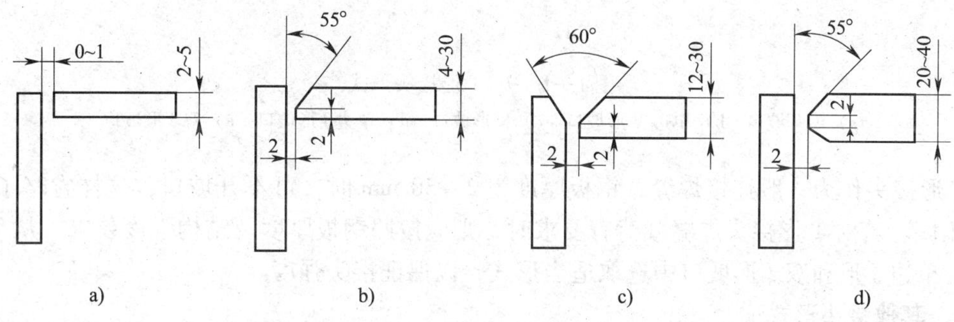

图 1—1—8　角接接头

a）不开坡口　b）单边 V 形坡口　c）V 形坡口　d）K 形坡口

3. 搭接接头

两工件部分重叠构成的接头称为搭接接头，如图 1—1—3c 所示。搭接接头一般用于厚度为 12 mm 以下的板材，其重叠部分为 3 ~5 倍板厚，采用双面焊接。根据工件的结构对强度要求的不同，可分为不开坡口 I 形、圆孔内塞焊形和长孔内角焊形三种。不开坡口 I 形采用双面焊接，这种接头的应力分布不均匀，承载能力较低，很少采用。后两种接头形式多用于被焊结构狭小及密封的焊接结构中，这是由于搭接接头焊前准备和装配工作较对接接头简单，其横向收缩量也较对接接头小。这种接头对装配要求不高，也易于组焊，但承载能力较低，所以在不重要结构或箱形结构中得到了一定程度的应用。如在化工容器中，带补强圈的接管焊接、支座衬板焊接等结构，一般均采用搭接接头形式。

4. T形接头

两工件端面构成直角或近似直角的接头称为T形接头，如图1—1—3d所示。根据T形接头立板厚度的不同，T形接头的立板可分为不开坡口、单边V形坡口、K形坡口、单边J形坡口和双J形坡口五种形式，如图1—1—9所示。T形接头用途仅次于对接接头，它能够承受各种方向的力和力矩，应用较为普遍，特别是船体结构中约70%采用的是这种接头。

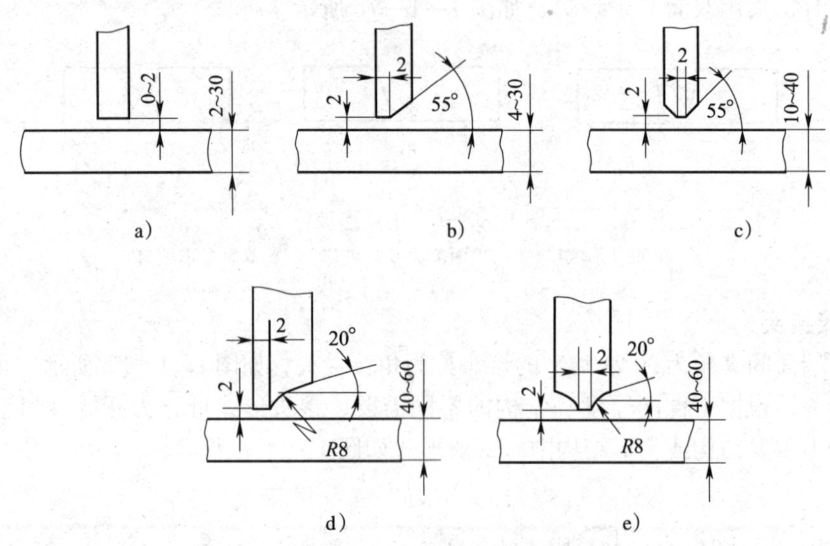

图1—1—9 T形接头形式

a）不开坡口 b）单边V形坡口 c）K形坡口 d）单边J形坡口 e）双J形坡口

T形接头作为一般连接焊缝，钢板厚度为2～30 mm时，可不开坡口，这样省略了坡口准备工序。若对T形接头焊缝载荷有要求时，则应按照钢板厚度及结构强度要求，从V形、K形、单边J形和双J形坡口中选取适当形式，以保证接头强度。

5. 其他接头形式

（1）十字接头。由三个焊件装配而成的十字形接头，称为十字接头。结构形式如图1—1—10所示。

（2）端接接头。两工件重叠或两工件表面之间的夹角小于30°构成的端部焊缝接头，称为端接接头，如图1—1—11所示。

（3）卷边接头。工件端部预先卷边的接头，称为卷边接头，如图1—1—12所示。

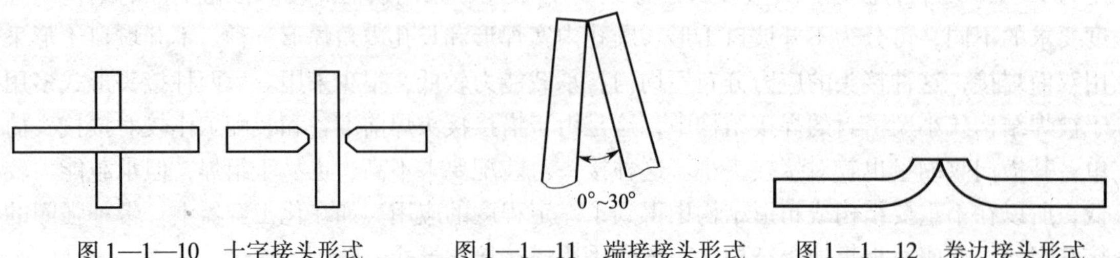

图1—1—10 十字接头形式　　图1—1—11 端接接头形式　　图1—1—12 卷边接头形式

（4）套管接头。将一根直径稍大的短管套于要连接的两根管子上构成的接头称为套管接头，如图1—1—13 所示。

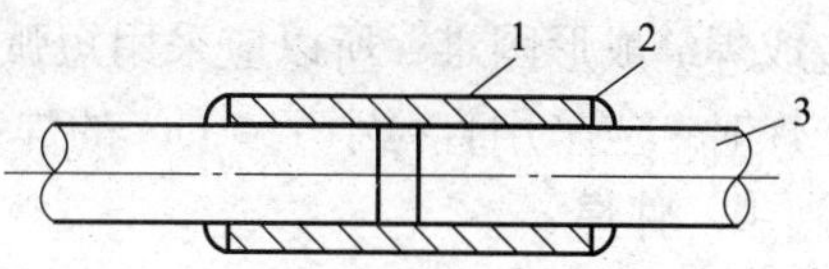

图 1—1—13　套管接头形式
1—套管　2—焊缝　3—内管

二、焊缝空间位置

焊接时，焊缝所处的空间位置称为焊缝的空间位置（简称焊接位置），可用焊缝倾角和焊缝转角来表示。焊缝倾角是指焊缝轴线与水平面之间的夹角，如图 1—1—14 所示。焊缝转角是指焊缝中心线（焊缝根部和盖面层中心连线）和水平参照面 $-Y \sim +Y$ 轴的夹角，如图 1—1—15 所示。焊缝空间位置分为平焊位置、横焊位置、立焊位置、仰焊位置四种形式，如图 1—1—16 所示。

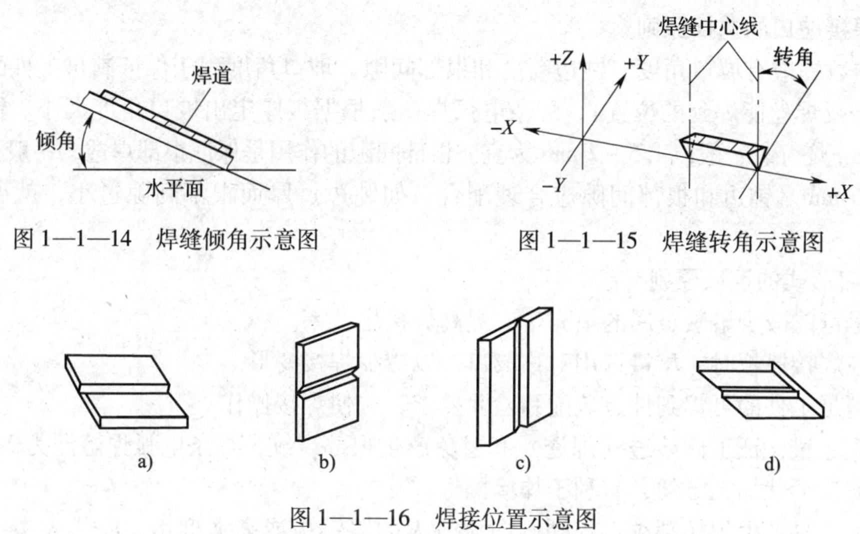

图 1—1—14　焊缝倾角示意图

图 1—1—15　焊缝转角示意图

图 1—1—16　焊接位置示意图
a）平焊位置　b）横焊位置　c）立焊位置　d）仰焊位置

1. 平焊

焊缝倾角为 0°，焊缝转角为 90°的焊接位置称为平焊位置，如图 1—1—16a 所示。在平焊位置进行的焊接称为平焊。由于焊缝处于水平位置，操作技术较易掌握，可选用较大直径焊条和较大焊接电流，可用多种运条方式进行焊接。

2. 横焊

焊缝倾角为 0°、180°，焊缝转角为 0°、180°的焊接位置称为横焊位置，如图 1—1—16b 所示。在横焊位置进行的焊接称为横焊。由于熔化金属形成的液态熔滴受重力作用，易下淌产生焊接缺陷，进行横焊时，应尽可能将上边工件切成斜边（坡口），以便由下边工件形成一个横台托住熔化金属。但因液态金属容易向下坠流，熔渣不易浮出，易造成咬边、焊瘤、夹渣和未焊透，焊接质量较难保证，所以应采用短弧焊接，并选用较小焊条直径和较小焊接电流及适当的运条方式进行焊接。

3. 立焊

焊缝倾角为 90°（立向上）、270°（立向下）的焊接位置称为立焊位置，如图 1—1—16c 所示。在立焊位置进行的焊接称为立焊。由于熔化金属形成的液态熔滴受重力作用，易下淌造成焊缝成形困难，所以应采用短弧焊接，并选用比平焊时小的焊条直径和焊接电流。一般立焊时，应采用直径小于 4 mm 的焊条，比平焊小 10% ~15% 的焊接电流，采用短弧施焊。

4. 仰焊

焊缝倾角为 0°、180°，焊缝转角为 270°的焊接位置称为仰焊位置，如图 1—1—16d 所示。在仰焊位置进行的焊接称为仰焊。焊缝位于燃烧电弧的上方，熔化金属形成的液态熔滴受重力作用，易下淌，熔池形状和大小不易控制，易出现未焊透、夹渣等焊接缺陷。焊接时，必须正确选用焊条和焊接电流，减小熔池面积。所以，施焊时要选用小直径焊条，用比平焊小 15% ~20% 的电流和短弧焊接。仰焊生产率最低，焊接质量较难保证，采用短弧焊接，有利于熔滴在很短时间内过渡到熔池中，促使焊缝快速成形。在设计与制造焊接结构时，应尽量避免采用仰焊。

三、焊接坡口的选择原则

坡口参数一般有坡口角度、钝边高度和根部间隙。坡口角度用于保证满足工件的可焊到性（指焊条或焊丝能焊到的位置），焊条电弧焊一般根据板厚定出坡口角度大小。钝边的作用主要是防止烧穿，一般以 1.5 ~2 mm 为宜。根部间隙的作用是保证根部焊透，一般根部间隙取 1.0 ~2.5 mm。钝边和根部间隙应合理配合，如钝边过厚而根部间隙过小，就可能焊不透。

1. 坡口形式的选取原则

（1）尽可能减少熔敷金属的填充量，提高焊接生产率。

（2）在焊接厚板时，尽量选用对称坡口，以减少焊接变形。

（3）满足工件的可焊到性、装配和检验要求，方便焊接操作。

（4）应尽量保证工件熔透（焊透）和避免产生根部裂纹，焊条电弧焊熔深为 2 ~4 mm。

（5）坡口形状加工方便，有利于焊接操作。

（6）对于易产生焊接裂纹、淬硬倾向比较大的厚钢板或高强度钢，应优先考虑选用圆弧半径合适的 U 形坡口。

2. 不同接头形式对坡口形式、钝边高度和根部间隙的要求

钝边和根部间隙必须配合好，应根据焊缝位置、焊件厚度、坡口形式及操作方法选择。采用焊条电弧焊操作时，钝边高度最好控制在 0 ~1.5 mm，根部间隙在 2 mm 左右，既要保证单面焊双面成形的穿透率，又要避免产生烧穿和焊瘤等缺陷。

四、焊缝符号表示法

焊缝符号是标注在工件图样上，指导焊接操作者施焊的主要依据。焊接操作者应清楚焊缝符号的标注方法及其含义。

1. 焊缝符号

《焊缝符号表示法》（GB/T 324—2008）中，一般由基本符号和指引线构成，必要时还可以加上补充符号和焊缝尺寸符号。图形符号的比例、尺寸和在图样上的标注方法执行 GB/T 12212—1990 的标注方法和图样有关规定。基本符号是表示焊缝截面形状的符号，见表 1—1—1。常用的焊缝补充符号见表 1—1—2，焊缝符号的应用见表 1—1—3，焊缝尺寸符号见表 1—1—4，焊缝尺寸的标注见表 1—1—5。为了完整表达焊缝，除了上述符号以外还包括指引线、尺寸符号、数据等，如图 1—1—17 所示。

表 1—1—1　　焊缝基本符号

序号	名称	示意图	符号	序号	名称	示意图	符号
1	卷边焊缝	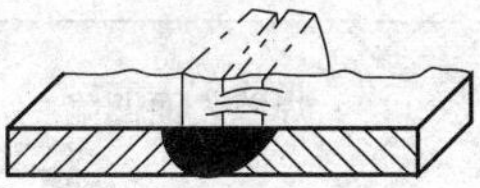		10	角焊缝	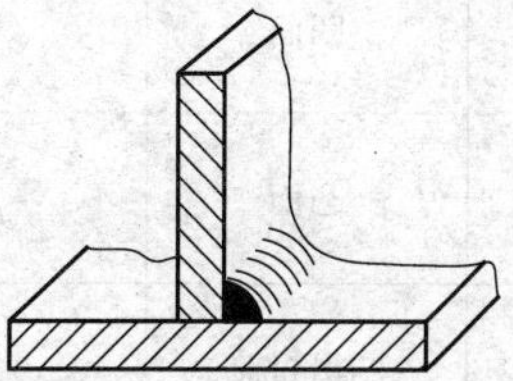	
2	I 形焊缝	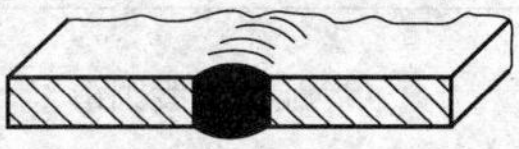					
3	V 形焊缝						
4	单边 V 形焊缝			11	塞焊缝或槽焊缝	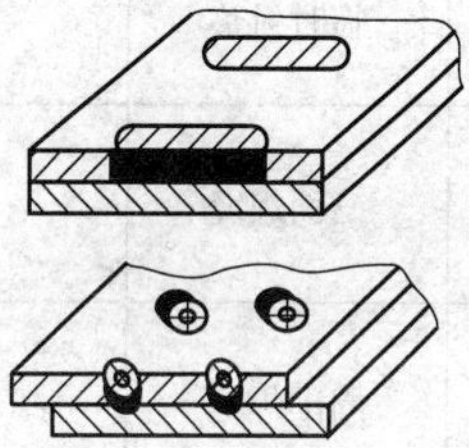	
5	带钝边 V 形焊缝						
6	带钝边单边 V 形焊缝			12	缝焊缝	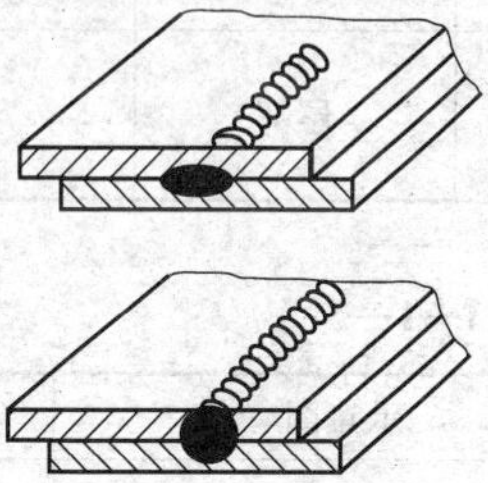	
7	带钝边 J 形焊缝						
8	带钝边 U 形焊缝			13	点焊缝	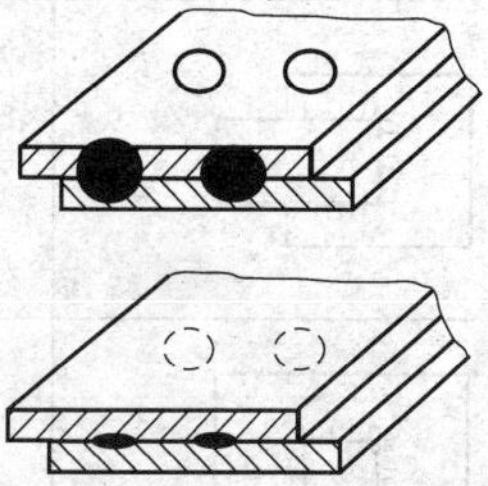	
9	封底焊缝	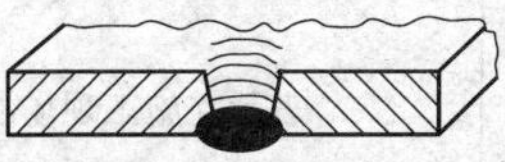					

表 1—1—2　　焊缝补充符号

序号	名称	符号	说明
1	平面	—	焊缝表面通常经过加工后平整
2	凹面	◡	焊缝表面凹陷
3	凸面	◠	焊缝表面凸起
4	圆滑过渡		焊趾处过渡圆滑
5	永久衬垫	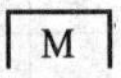 M	衬垫永久保留
6	临时衬垫	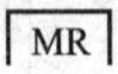 MR	衬垫在焊接完成后拆除
7	三面焊缝	⊏	三面带有焊缝
8	周围焊缝	 ○	沿着工件周边施焊的焊缝标注位置为基准线与箭头线的交点处
9	现场焊缝		在现场焊接的焊缝
10	尾部	 <	可以表示所需的信息

表 1—1—3　　焊缝符号应用

示意图	标注示例	说明
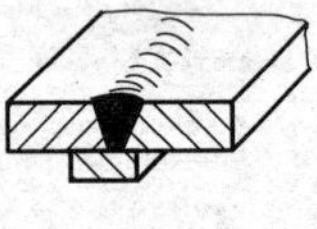	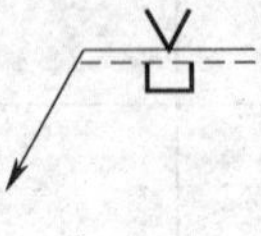	表示 V 形坡口焊缝的背面底部有垫板
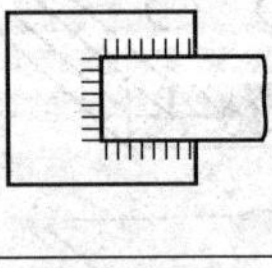	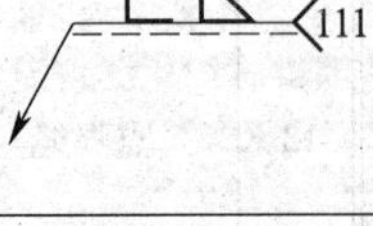 111	工件三面带有焊缝，焊接方法为焊条电弧焊
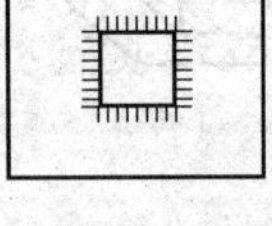	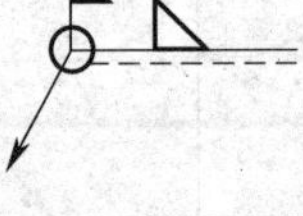	表示在施工现场沿焊件周围施焊

表 1—1—4　焊缝尺寸符号

序号	名称	示意图	序号	名称	示意图
δ	工件厚度	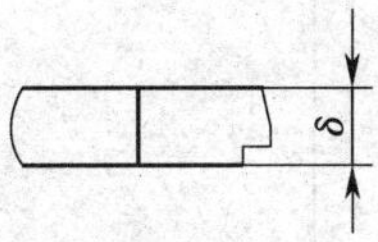	e	焊缝间距	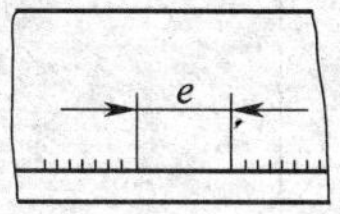
α	坡口角度	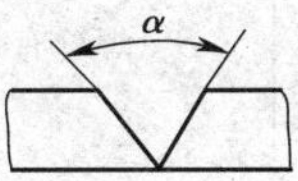	K	焊脚尺寸	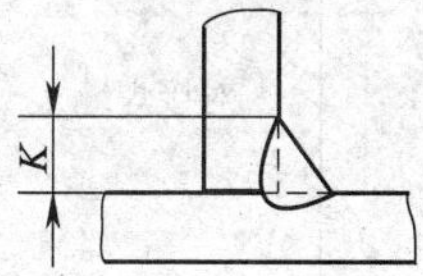
b	根部间隙	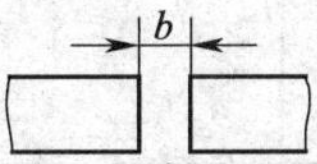	d	熔核直径	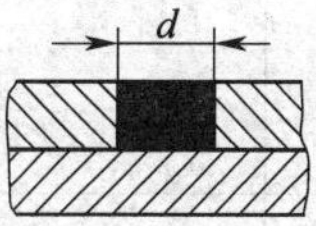
p	钝边高度	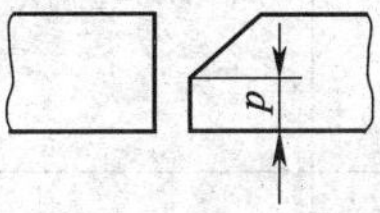	S	焊缝有效厚度	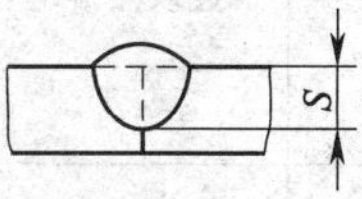
c	焊缝宽度	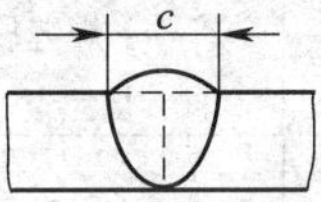	N	相同焊缝数量	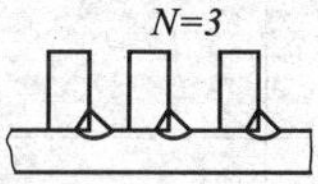 N=3
R	根部半径	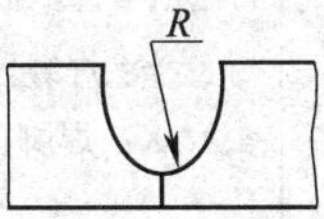	H	坡口深度	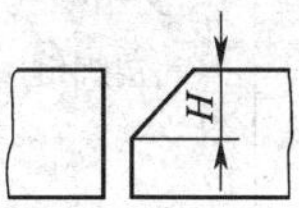
l	焊缝长度	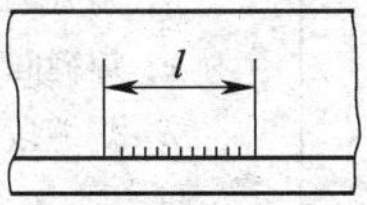	h	余高	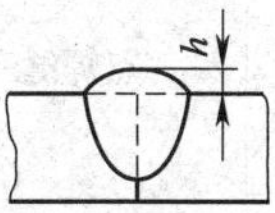
n	焊缝段数	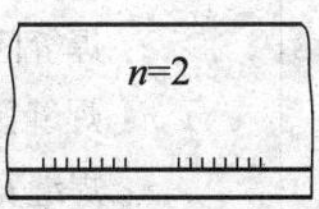 n=2	β	坡口面角度	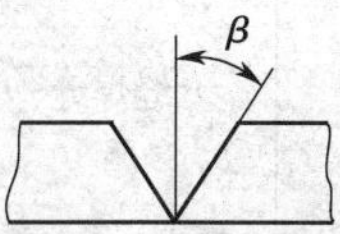

表 1—1—5　　焊缝尺寸标注

序号	名称	示意图	焊缝尺寸符号	示例
1	对接焊缝	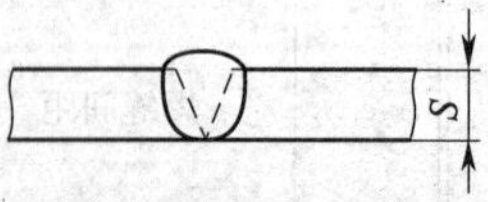	S：焊缝有效厚度	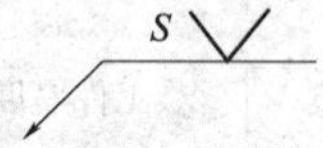
		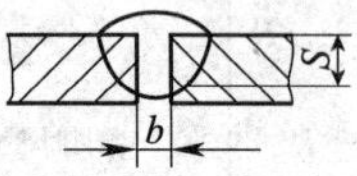		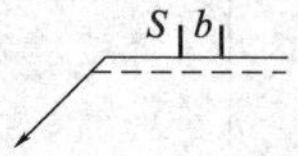
		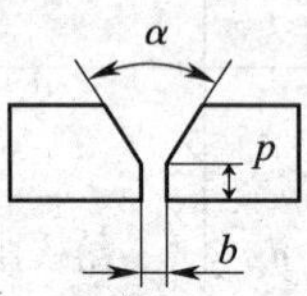		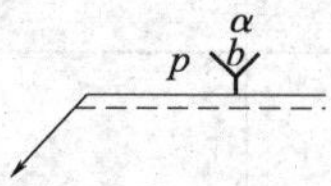
2	连续角焊缝	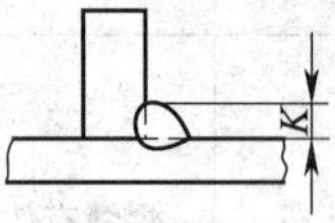	K：焊脚尺寸	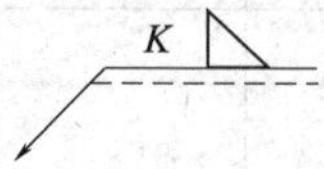
3	断续角焊缝	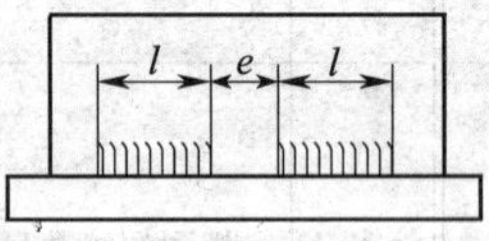	l：焊缝长度 e：焊缝间距 n：焊缝段数	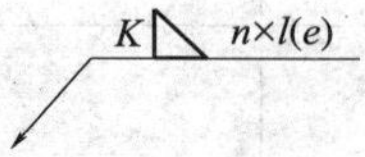
4	交错断续角焊缝	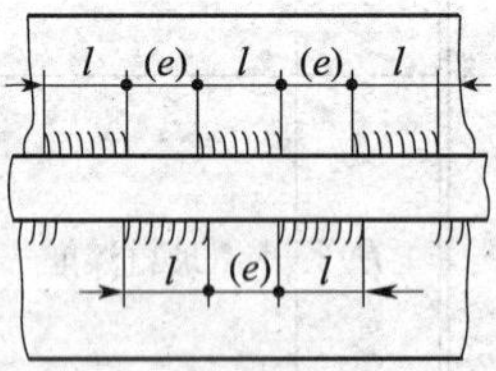	l：焊缝长度 e：焊缝间距 n：焊缝段数 K：焊脚尺寸	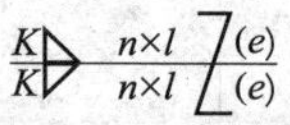
5	点焊缝	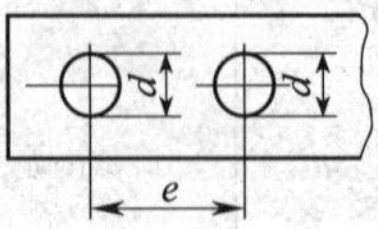	d：焊点直径 e：焊缝间距 n：焊缝段数	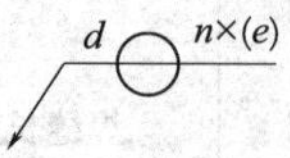
6	缝焊缝	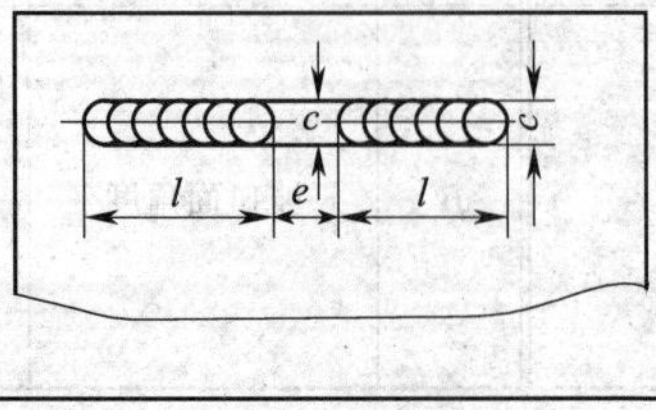	l：焊缝长度 e：焊缝间距 n：焊缝段数 c：焊缝宽度	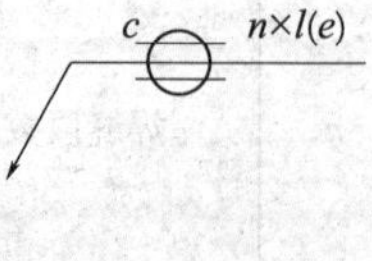

续表

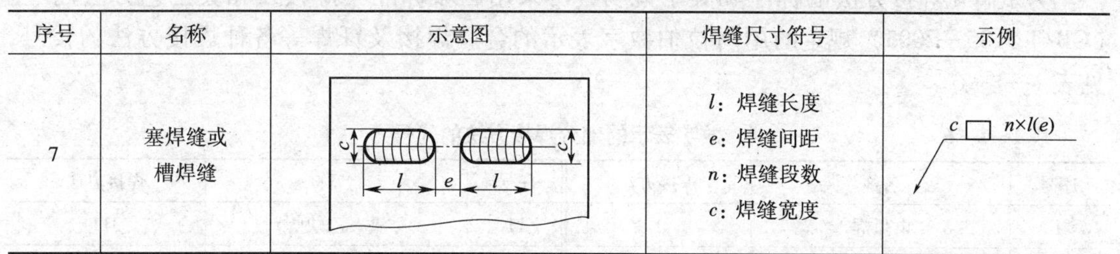

序号	名称	示意图	焊缝尺寸符号	示例
7	塞焊缝或槽焊缝		l：焊缝长度 e：焊缝间距 n：焊缝段数 c：焊缝宽度	c □ $n\times l(e)$

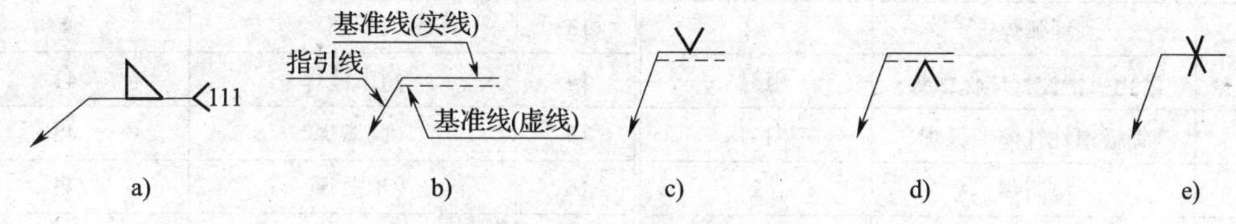

图 1—1—17　指引线及其标注

a）角焊缝采用焊条电弧焊　b）指引线组成　c）焊缝在接头的箭头侧
d）焊缝在接头的非箭头侧　e）双面焊缝

2. 焊缝尺寸符号及数据标注原则

（1）焊缝横截面上的尺寸标在基本符号的左侧，如钝边高度 p、坡口深度 H、焊脚尺寸 K、焊缝余高 h、焊缝有效厚度 S、根部半径 R、焊缝宽度 c、熔核直径 d 等。

（2）焊缝长度方向尺寸标注在基本符号的右侧，如焊缝长度、焊缝间距等。

（3）坡口角度、根部间隙等尺寸标在基本符号的上面或下面。

（4）相同的焊缝数量符号标在基准线尾部。

（5）当需要标注的尺寸数据较多又不易分辨时，可在数据前面增加相对应的尺寸符号。

当箭头线方向变化时，上述标注原则不变。

3. 焊接接头的简化标注

在 GB/T 12212—1990 中还规定了某些情况下，焊接接头的简化标注方法，如图 1—1—18 所示。

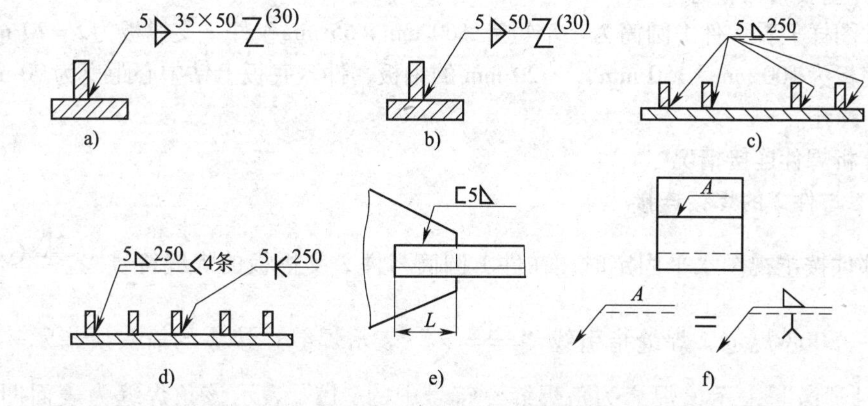

图 1—1—18　焊接接头的简化标注

为了简化焊接方法的标注和文字说明，可采用国家标准《焊接及相关工艺方法代号》（GB/T 5185—2005）规定的用阿拉伯数字表示的金属焊接及钎焊等各种焊接方法的代号，见表1—1—6。

表1—1—6　　数字表示的部分焊接方法的代号

序号	名称	焊接方法	序号	名称	焊接方法
1	电弧焊	1	11	氧—乙炔焊	311
2	焊条电弧焊	111	12	氧—丙烷焊	312
3	埋弧焊	12	13	压焊	4
4	熔化极惰性气体保弧焊	131	14	超声波焊	41
5	钨极惰性气体保弧焊	141	15	摩擦焊	42
6	电阻焊	2	16	扩散焊	45
7	点焊	21	17	爆炸焊	441
8	缝焊	22	18	其他焊接方法	7
9	闪光焊	24	19	电渣焊	72
10	气焊	3	20	螺柱焊	78

任务实施

从任务提出中的图1—1—1可知，该支架为焊接组合件，形状规则对称，有7处接缝需焊接完成组装，焊后需机械加工达到图样尺寸要求。现根据图样分析焊接基本技术要求、焊件重要结构信息以及不同工件间的焊接连接情况。

一、分析焊件基本信息

1. 基本技术要求

根据图1—1—1可以知道：工件1、工件2、工件3材料均为Q235B；各焊缝均用焊条电弧焊焊接；所有焊缝应连续无缺陷；各零件下料方式为气割；比例为1∶3。

2. 焊件重要结构信息

从零件图样上看：件1圆筒为一个短管 $\phi60$ mm × 65 mm；件2支撑板为 $t = 20$ mm 的钢板；件3底板为100 mm × 150 mm、$t = 20$ mm 的钢板，件3底板上钻中心距离为90 mm的两个 $\phi22$ mm 圆孔。

二、分析焊件连接情况

1. 件1与件2的焊接连接

如果部件按主视图水平固定时，在件1圆筒与件2支撑板的焊缝符号 111＞6⊿○ 中，根据GB 324—2008规定，焊缝指引线“⊿”表示焊缝在接头的箭头所指示一侧，焊缝基本符号“⊿”表示该焊缝为角焊缝，符号中的“⊿”表示该角焊缝为表面凹陷。数字“6”表示该角焊缝的焊脚尺寸，焊缝补充符号“○”表示为全位置周围施焊。根据标准规定，焊缝补充符号尾部符号“〉”及后面的数字“111”表示该焊缝用焊条电弧焊完成。

2. 件2与件3的焊接连接

如果部件按主视图水平固定时，在件2支撑板与件3底板的焊缝符号 ⊏6 111 中，根据标准规定，焊缝指引线“ ”为角接连续对称焊缝，焊缝基本符号“ ”表示上下对称角焊缝，焊缝补充符号“⊏”表示三面施焊焊缝。数字“6”表示该角焊缝的焊脚尺寸。根据标准规定，焊缝补充符号尾部符号“〉”及后面的数字“111”应表示该焊缝用焊条电弧焊完成。

按主视图水平固定时，件2支撑板与件3底板在仰焊的位置上，还有一处焊缝符号 111 6 。根据标准规定，焊缝指引线“ ”表示焊缝在接头的箭头所指示一侧，焊缝基本符号“◺”表示该焊缝为角焊缝。数字“6”表示该角焊缝的焊脚尺寸。根据标准规定，焊缝补充符号尾部符号“〉”及后面的数字“111”表示该焊缝用焊条电弧焊完成。

3. 件3与件4的焊接连接

在支架俯视图中，底板件3与工件4的连接焊缝符号为 111 22 ⊓ 2×90 ，根据标准规定，焊缝指引线“ ”表示用塞焊缝焊接，其中，焊缝基本符号“⊓”表示为该焊缝为塞焊缝，焊缝补充符号“ ”表示该焊缝在施工现场或施工工地上进行焊接。数字“22”表示该塞焊缝是在直径为 ϕ22 mm 的孔中塞焊，“2×90”中，“2”表示有两处塞焊缝，“90”表示这两处塞焊缝间距为 90 mm。

根据标准规定，焊缝补充符号尾部符号“〉”及后面的数字“111”表示该焊缝用焊条电弧焊完成。

任务评价

评分标准见表1—1—7。

表1—1—7　　评分标准

序号	操作内容	评分标准	配分	得分
1	111 6	指引线、基准线、补充符号共计7个，指出表示的含义，每个5分	35	
2	⊏6 111	补充符号共计3个，指出表示的含义，每个5分	15	

续表

序号	操作内容	评分标准	配分	得分
3	111 6	补充符号共计3个，指出表示的含义，每个5分	15	
4	111 22 2×90	补充符号共计7个，指出表示的含义，每个5分	35	
总分合计			100	

思考与练习

1. 什么是焊接接头？包括哪些部分？
2. 焊接接头是如何分类的？应用最广的接头有哪几种？
3. 焊缝按空间位置分几种形式？分别是什么？
4. 焊条电弧焊焊缝坡口的基本形式有哪几种？分别是什么？
5. 坡口形式的选取原则是什么？
6. 读1—1—19图及所学焊缝符号表示含义后，完成表1—1—8的填写。

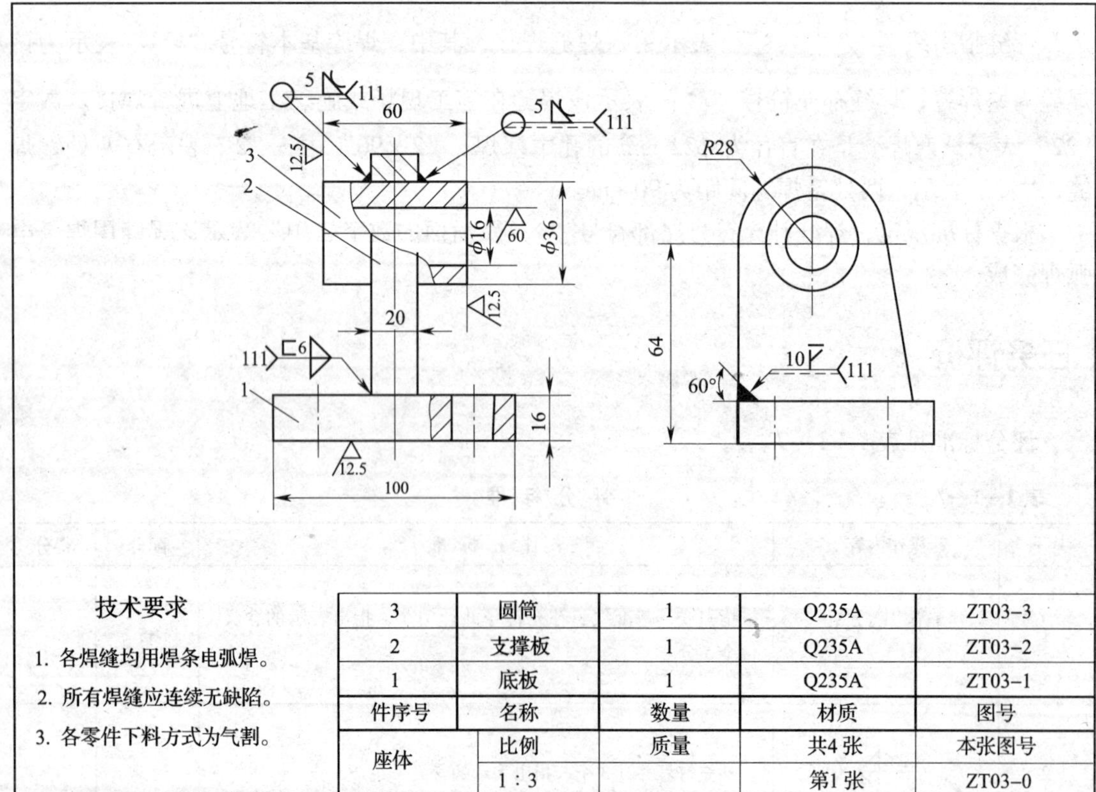

图1—1—19 座体焊接图

表 1—1—8　　座体焊接图焊缝含义

序号	检测项目	焊缝符号表示含义	配分	得分	备注
1	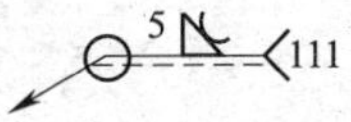 5 111	1.	20		
		2.			
		3.			
		4.			
		5.			
		6.			
2	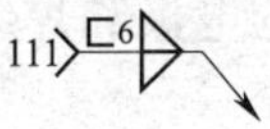 111 6	1.	40		
		2.			
		3.			
		4.			
3	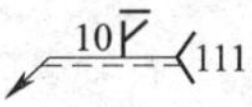 10 111	1.	40		
		2.			
		3.			
		4.			
		5.			
总分合计			100		

任务2　焊 条 准 备

技能点

◎ 掌握焊条的正确保管与储存。

知识点

◎ 焊条的结构、组成、作用与分类；焊条的型号与牌号及其工艺性。

任务提出

为焊接如图 1—1—1 所示焊件，现选用 ϕ3. 2 mm、型号为 E4303 的焊条若干，请辨明该型号所表示的含义并在焊接前做好焊条准备工作。

任务分析

国产焊条目前有型号和牌号两种表示形式，其中型号是根据国家标准规定制定的。因此，要弄清楚焊条型号所表达的技术信息，必须掌握国家标准关于型号命名的相关规范，这是对焊接技术人员的基本要求。此外，在焊接前焊接技术人员还必须掌握焊条烘干以及焊条储存的焊接准备技能。

相关知识

一、焊条的组成及作用

焊条是焊条电弧焊采用的焊接材料，是涂有药皮的供焊条电弧焊用的熔化电极。它由焊芯和药皮两部分组成。压涂在焊芯表面上的涂料层即药皮；焊条中被药皮包覆的金属芯称为焊芯。焊条的基本组成如图 1—2—1 所示。焊条作为传导焊接电流的电极和焊缝的填充金属，其性能和质量将直接影响焊接质量。

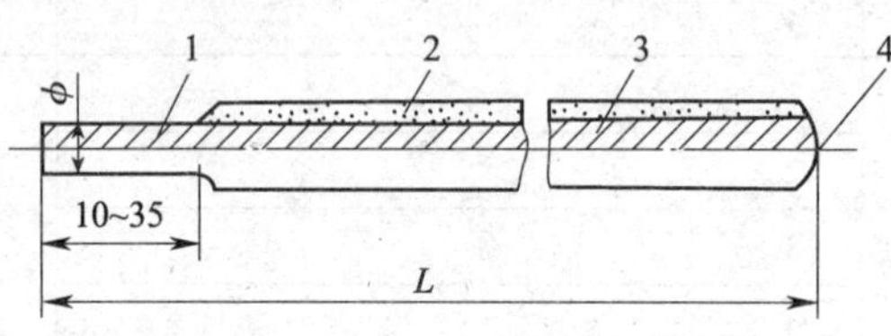

图 1—2—1　焊条组成示意图

1—夹持端　2—药皮　3—焊芯　4—引弧端

焊条端部未涂药皮的焊芯部分长 10 ~ 35 mm，供焊钳夹持并有利于导电，是焊条夹持端。在焊条前端药皮有 45°左右的倾角，将焊芯金属露出，便于引弧。

1. 焊芯

（1）焊芯的成分及作用。焊芯是焊条的金属芯部分，在焊接中，焊芯作为电弧的电极，传导焊接电流，与工件产生电弧并且本身熔化作为填充金属和熔化的母材金属熔合而形成焊缝。一般碳钢选用低碳钢焊芯，焊芯用专用的焊条钢盘圆，经拔丝、切断等工艺制成。常用的低碳钢焊芯有 H08A 和 H08E 两个牌号。其化学成分见表 1—2—1。

表 1—2—1　低碳钢焊芯的化学成分　%

牌号	C≤	Si<	Mn	P≤	S≤	Ni≤	Cr≤	其他
H08A	0. 10	0. 030	0. 30 ~ 0. 55	0. 030	0. 030	0. 30	0. 20	Cu≤0. 20
H08E	0. 10	0. 030	0. 30 ~ 0. 55	0. 020	0. 020	0. 30	0. 20	Cu≤0. 20

（2）焊芯的规格。通常所说的焊条直径均是指焊芯的直径，常用的焊条直径为 ϕ1. 6 mm、ϕ2. 5 mm、ϕ3. 2 mm、ϕ4 mm、ϕ5 mm 及 ϕ6 mm 等。焊条的长度是指焊芯的长度，一般为 250 ~ 450 mm。低碳钢焊芯的含碳量应在保证焊缝与母材等强度的条件下越低越好。焊芯中各合金元素对焊接质量的影响及其含量见表 1—2—2。

（3）焊芯的分类及牌号。焊芯应符合国家标准《熔化焊用钢丝》（GB/T 14957—1994）以及行业标准《焊接用不锈钢丝》（YB/T 5092—1996）的要求。用于焊芯的专用钢丝可分为碳素结构钢、合金结构钢、不锈钢三类。

表 1—2—2　　合金元素对焊接质量的影响及其含量

合金元素	对焊接质量的影响
碳（C）	碳是一种良好的脱氧剂，在高温时与氧化合生成的一氧化碳和二氧化碳气体，能将电弧区和熔池周围空气排除，减少空气中的氧、氮有害气体对熔池的不良作用，减少焊缝金属中氧和氮的含量。含碳量过高，还原作用剧烈，会引起较大的飞溅和气孔，同时会明显提高焊缝强度、硬度，降低塑性。所以焊芯中的含碳量一般不大于 0.1%
锰（Mn）	锰是一种较好的合金剂和脱氧剂。锰既能减少焊缝中氧的含量，又能与硫化合形成硫化锰起脱硫作用，减少焊缝热裂纹倾向。故锰可作为合金元素提高焊缝的力学性能。一般碳素结构钢焊芯的含锰量为 0.3% ~0.55%，用于某些特殊用途焊接的钢丝，其含锰量可达 1.70% ~2.10%
硅（Si）	硅是一种较好的合金剂，适量的硅能提高焊缝的强度、弹性及抗酸性能。硅也是一种较好的脱氧剂，比锰的脱氧能力强，与氧形成二氧化硅。但它会提高熔渣的黏度，促使非金属夹杂物生成，且过多的硅会降低塑性和韧性，还会增大焊接熔化金属的飞溅。因此，焊芯中的含硅量一般限制在 0.03% 以下
铬（Cr）	铬是一种重要的合金元素，用它来冶炼合金钢和不锈钢，能够提高钢的硬度、耐磨性和耐腐蚀性。对于低碳钢来说，铬是一种杂质，易于氧化，形成难熔的三氧化二铬，不仅使焊缝产生夹渣而且使熔渣黏度提高，降低流动性。因此，焊芯中的含铬量限制在 0.20% 以下
镍（Ni）	镍对低碳钢来说，是一种杂质。因此，焊芯中的含镍量要求小于 0.30%。镍对钢的韧性有比较显著的影响，一般低温冲击值要求较高时，可适当掺入一些镍
硫（S）	硫是一种有害杂质，能使焊缝金属力学性能降低。随着硫含量的增加，将增大焊缝的热裂纹倾向。因此，焊芯中硫的含量不得大于 0.04%，在焊接重要结构时，含硫量不得大于 0.03%
磷（P）	磷是一种有害杂质，能使焊缝金属力学性能降低。磷能使焊缝产生冷脆现象，导致焊缝金属的韧性，特别是低温冲击韧性下降。因此，焊芯中含磷量不得大于 0.04%，在焊接重要结构时，含磷量不得大于 0.03%

焊芯的牌号编制方法为：字母“H”表示焊丝；“H”后的一位或两位数字表示含碳量；化学元素符号及其后的数字表示该元素的近似含量，当某合金元素的含量低于1%时可省略数字，只标元素符号；尾部标有“A”或“E”时，分别表示为“优质品”或“高级优质品”，表明硫、磷等杂质含量更低。例如：

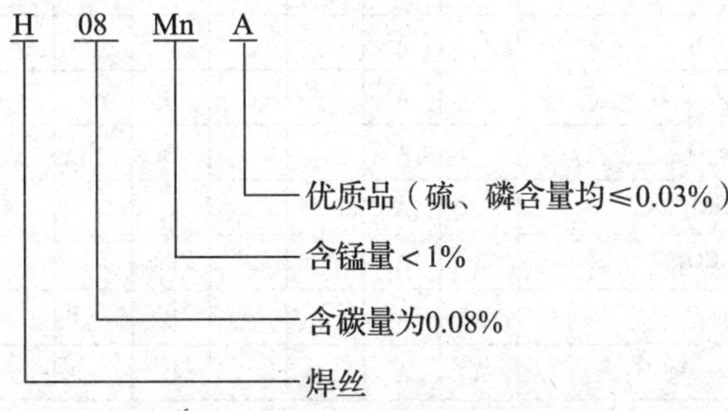

2. 焊条药皮

药皮在焊接过程中分解、熔化后形成气体和熔渣，起到机械保护、冶金处理和改善工艺性能的作用。

（1）药皮原材料的作用。药皮原材料的作用有以下几种：

1）稳弧剂。改善焊条的引弧性和提高电弧的稳定性，保证焊接电弧稳定燃烧，通常把为稳弧而加入药皮中的材料称为稳弧剂。一般含低电离电位元素的物质都有不同程度的稳弧作用，如金红石、碳酸钾、碳酸钠、水玻璃等。

2）造气剂。加入药皮的材料在焊接时能产生气体而起到对熔池和熔滴金属的保护作用，防止空气侵入，通常把这类物质叫做造气剂。造气剂主要是有机物和碳酸盐，如大理石、木粉、淀粉、糊精及纤维素等。

3）造渣剂。加入药皮中的矿物材料和化工产品，在焊接时形成熔渣，对液体金属起保护作用和冶金作用，改善焊缝成形，这类物质称为造渣剂，如大理石、氟石、金红石、钛铁矿、云母、白泥等。

4）脱氧剂。加入药皮中的金属材料，焊接时对熔化金属起脱氧作用，这类金属材料称为脱氧剂。脱氧剂与氧的亲和力应比铁大，在焊接过程中保护金属不被氧化。常用的脱氧剂有锰铁、钛铁、硅铁等铁合金及铝粉等。

5）合金剂。加入药皮中的金属材料，焊接时对熔化金属起掺入合金作用，这类金属材料称为合金剂。常用的合金剂多为纯金属粉末或铁合金，如铁粉、锰粉、铬粉、镍粉及锰铁、硅铁、钛铁、钼铁、铬铁、钒铁、钨铁、硼铁、铝铁等。

6）稀释剂。稀释剂可以降低熔渣的黏度，增加熔渣的流动性。例如，在 $CaO-CaF_2-SiO_2$ 渣系的低氢型焊条药皮中，对氟石（CaF_2）有稀释作用。

7）粘结剂。焊条制造中用来将配粉粘结在一起的物质称为粘结剂。通过粘结剂把药皮粘结在焊芯上，并使药皮具有一定的强度。最常用的粘结剂是水玻璃，如钠水玻璃（$Na_2O \cdot SiO_2 \cdot nH_2O$）和钾水玻璃（$K_2O \cdot SiO_2 \cdot H_2O$）等。

8）成形剂。使药皮具有一定的塑性、弹性和流动性，以便于挤压并使药皮具有表面光滑而不开裂的能力，这类物质称为成形剂，如钛白粉、白泥、云母、水玻璃等。

药皮中各种原材料的作用见表1—2—3。

表1—2—3　药皮中各种原材料的作用

材料	主要成分	造气	造渣	脱氧	合金	稳弧	粘结	成形	增氢	增硫	增磷	氧化
金红石	TiO_2		A			B						
钛白粉	TiO_2		A			B		A				
钛铁矿	TiO_2、FeO		A			B						B
赤铁矿	Fe_2O_3		A			B				B	B	B
锰矿	MnO_2		A								B	B
大理石	$CaCO_3$	A	A			B						B
菱苦土	$MgCO_3$	A	A			B						B
白云石	$CaCO_3+MgCO_3$	A	A			B						B

续表

材料	主要成分	造气	造渣	脱氧	合金	稳弧	粘结	成形	增氢	增硫	增磷	氧化
硅砂	SiO_2		A									
长石	SiO_2、Al_2O_3、K_2O+Na_2O		A			B						
白泥	SiO_2、Al_2O_3、H_2O		A					A	B			
云母	SiO_2、Al_2O_3、H_2O、K_2O		A			B		A	B			
滑石	SiO_2、Al_2O_3、MgO		A					B				
氟石	CaF_2		A									
碳酸钠	Na_2CO_3		B			B		A				
碳酸钾	K_2CO_3		B			A						
锰铁	Mn、Fe		B	A	A						B	
硅铁	Si、Fe		B	A	A							
钛铁	Ti、Fe		B	A	B							
铝粉	Al		B	A								
钼铁	Mo、Fe		B	B	A							
木粉		A		B		B		B	B			
淀粉		A		B		B		B	B			
糊精		A		B		B		B	B			
水玻璃	K_2O、Na_2O、SiO_2		B			A	A					

注：A 为主要作用，B 为附带作用。

（2）焊条药皮的类型。根据药皮材料中的主要成分，将其划分为如下类型：

1）钛铁矿型。药皮中钛铁矿的质量分数大于等于 30%，熔渣流动性好，熔渣较大，覆盖良好，脱渣容易，飞溅一般，焊波整齐。这类药皮焊条适于全位置焊接，焊接电流为交、直流两用。

2）钛钙型。药皮中含有质量分数 30% 以上的氧化钛和 20% 以下的钙或镁的碳酸盐。熔渣流动性良好，脱渣容易，电弧稳定。熔深适中，飞溅小，焊波整齐。这类药皮焊条适于全位置焊接，焊接电流为交、直流两用。

3）高纤维钠型。药皮中含有质量分数约 30% 的纤维素，其他材料为氧化钛、锰铁和钠水玻璃等。电弧吹力大，熔深较大，熔化速度快，熔渣少，易脱渣，通常限制采用大电流焊接。这类药皮焊条适于全位置焊接，焊接电流为交、直流两用。

4）高纤维钾型。药皮组成与高纤维钠型相似，但添加了少量的钙与钾的化合物，电弧稳定。这类药皮焊条的焊接电流为交流或直流反接，适用于全位置焊接，当采用直流反接焊接时，熔深较浅。

5）高钛钠型。药皮中氧化钛的质量分数约为 30%，还含有少量的纤维素、锰铁、硅酸盐及钠水玻璃等。电弧稳定，再引弧容易，熔深较浅，熔渣覆盖良好，脱渣容易，焊波整齐，适于全位置焊接。焊接电流为交流或直流正接，但熔敷金属的塑性及抗裂性较差。

6）高钛钾型。药皮组成与高钛钠型药皮相似，区别是这种药皮采用了钾水玻璃作为粘结剂。电弧比高钛钠型稳定，工艺性能、焊缝成形也比高钛钠型好。这类药皮的焊条适用于全位置焊接，焊接电流为直流或交流。

7）低氢钠型。药皮的主要组成物是碳酸盐和氟石，碱度较高，熔渣流动性好，焊接工艺性能一般，焊波较粗，角焊缝略凸，熔深适中，脱渣性较好。这类药皮焊条适用于全位置焊接，焊接电流为直流反接，熔敷金属具有良好的抗裂性和力学性能。

8）低氢钾型。药皮的组成与低氢钠型相似，但添加了稳弧剂，如钾水玻璃等，所以电弧稳定。其他工艺性能与低氢钠型焊条相近，焊接电流为交流或直流反接。这类药皮焊接的熔敷金属具有良好的抗裂性能和力学性能。

9）氧化铁型。药皮中含有较多的氧化铁及脱氧剂锰铁。这类药皮焊条的电弧吹力大，熔深较大，电弧稳定，再引弧容易，熔化速度快，脱渣性好，焊缝致密，适合于平焊和平角焊的高速焊。焊缝较凸，并不均匀。焊接电流可为交流、直流。

以上为几种主要的药皮类型，其中生产中常用的是钛钙型与低氢钾（钠）型。其余常用药皮类型的主要成分、性能特点、适用范围及焊条型号见表1—2—4。在上述各种药皮中加入一定比例的铁粉，构成不同类型的铁粉焊条，如铁粉钛钙型、铁粉低氢钾（钠）型药皮等。加入铁粉后，在保留原配方特点的基础上，明显地提高了焊条的熔敷系数，从而大大提高了焊接生产率。

表1—2—4　常用药皮类型的主要成分、性能特点、适用范围及焊条型号

药皮类型	药皮主要成分	性能特点	适用范围及焊条型号
钛铁矿型	30%以上的钛铁矿	熔渣流动性良好，电弧吹力较大，熔深较深，熔渣覆盖良好，脱渣容易，飞溅一般，焊波整齐。焊接电流为交流或直流正、反接，适用于全位置焊接	用于焊接较重要的碳钢结构及强度等级较低的低合金钢结构。常用焊条为E4301、E5001
钛钙型	30%以上的氧化钛和20%以下的钙或镁的碳酸盐矿	熔渣流动性良好，脱渣容易，电弧稳定，熔深适中，飞溅少，焊波整齐，成形美观。焊接电流为交流或直流正、反接，适用于全位置焊接	用于焊接较重要的碳钢结构及强度等级较低的低合金钢结构。常用焊条为E4303、E5003
高纤维素钠型	大量的有机物、氧化钛、锰铁及钠水玻璃等	焊接时有机物分解，产生大量气体，熔化速度快，电弧稳定，熔渣少，飞溅一般。焊接电流为直流反接，适用于全位置焊接	主要用于焊接一般低碳钢结构，也可用于打底焊及立向下焊。常用焊条为E4310、E5010
高钛钠型	35%以上的氧化钛及少量的纤维素、锰铁、钛铁矿、硅酸盐、钠水玻璃等	电弧稳定，再引弧容易。脱渣容易，焊波整齐，成形美观。焊接电流为交流或直流正接	用于焊接一般的碳钢结构，特别适合薄板结构，也可用于盖面焊。常用焊条为E4312

续表

药皮类型	药皮主要成分	性能特点	适用范围及焊条型号
低氢钠型	碳酸盐矿和萤石	焊接工艺性能一般，熔渣流动性好，焊波较粗，熔深中等，脱渣性较好，可全位置焊接，焊接电流为直流反接，焊接时要求焊条烘干，并采用短弧。该类焊条的熔敷金属具有良好的抗裂性能和力学性能	用于焊接重要的碳钢结构及低合金钢结构。常用焊条为E4315、E5015
低氢钾型	在低氢钠型焊条药皮的基础上添加了稳弧剂，如钾水玻璃等	电弧稳定，工艺性能、焊接位置与低氢钠型焊条相似，焊接电流为交流或直流反接。该类焊条的熔敷金属具有良好的抗裂性能和力学性能	用于焊接重要的碳钢结构，也可焊接相应的低合金钢结构。常用焊条为E4316、E5016
氧化铁型	大量氧化铁及较多的锰铁	焊条熔化的速度快，焊接生产率高。焊接电弧燃烧稳定，重复引弧容易。熔深较大，脱渣性好，焊缝金属抗裂性好。但飞溅较大，不易焊薄板，只适宜平焊及平角焊，焊接电流可用交、直流	用于焊接重要低碳钢结构及强度等级较低的低合金钢结构。常用焊条为E4320、E4322

除以上介绍的各种类型药皮外，还有用于铸铁焊条的石墨型药皮和用于铝及铝合金焊条的盐基型药皮。

二、焊条的分类

常用的焊条分类方法有按用途分类和按熔渣碱度分类两种。

1. 按用途分类

按照用途，焊条可以分为如下11类，见表1—2—5。

表1—2—5　焊条型号和牌号的划分

焊条牌号			焊条型号		
序号	焊条分类（按用途分类）	代号汉字（字母）	焊条分类（按化学成分分类）	代号	国家标准
1	结构钢焊条	结（J）	碳钢焊条	E	GB/T 5117—1995
2	钼及铬钼耐热钢焊条	热（R）	低合金钢焊条	E	GB/T 5118—1995
3	低温钢焊条	温（W）			
4	铬不锈钢焊条	铬（G）	不锈钢焊条	E	GB/T 983—1995
5	铬镍不锈钢焊条	奥（A）			
6	堆焊焊条	堆（D）	堆焊焊条	ED	GB 984—1985
7	铸铁焊条	铸（Z）	铸铁焊条	EZ	GB 10044—1988
8	镍及镍合金焊条	镍（Ni）	镍及镍合金焊条	ENi	GB/T 13814—1992
9	铜及铜合金焊条	铜（T）	铜及铜合金焊条	TCu	GB/T 3670—1995
10	铝及铝合金焊条	铝（L）	铝及铝合金焊条	TAl	GB 3669—1983
11	特殊用途焊条	特（TS）			

2．按熔渣碱度分类

（1）酸性焊条。如果药皮熔化后形成的熔渣中酸性氧化物比碱性氧化物多，这类焊条被称为酸性焊条。这类焊条的电弧燃烧稳定，可交、直流两用；熔渣流动性好，飞溅小，焊缝成形美观，脱渣容易。

（2）碱性焊条。如果药皮熔化后形成的熔渣中碱性氧化物比酸性氧化物多，这类焊条被称为碱性焊条。用这类焊条施焊，焊缝金属的力学性能和抗裂纹能力都高于酸性焊条；但电弧稳定性差，对铁锈、水分都比较敏感，焊接过程中烟尘较大，表面成形较粗糙。

三、焊条的型号与牌号

国产焊条目前有型号和牌号两种表示形式。

焊条型号是以国家标准及国际权威组织的有关法规的技术标准为依据，反映焊条类别、药皮类型、电源要求和熔敷金属化学成分或抗拉强度的一种表示形式。我国焊条型号表示方法曾有过修改变更，新旧标准有些差别。1985 年后颁布的现行国家标准是参照国际通用标准修订的，体现了同国际接轨的发展方向。

焊条牌号也是表征焊条基本性能指标和特点的一种形式。根据牌号名称，也可以确定焊条的类别、适用钢种、药皮类型、电源要求和强度级别或主要化学成分等。牌号是对某个焊条产品的具体命名，而型号并不是针对某个具体产品的。同一个型号的焊条，可以包括多个牌号的焊条产品，各牌号焊条间会有差异，但主要技术性能指标必须符合该型号规定的要求。

目前，我国的焊条牌号和型号都是按照材料类别与用途分类编制的，其中牌号按十一大类编制，型号目前也有八大类。类别不同，其编制方法和表示形式也有差异。

1．焊条的型号

焊条型号是根据金属的化学成分、力学性能、药皮类型、焊接位置及电流种类划分的。

（1）碳钢与低合金钢焊条型号。这类型号包括碳钢、低合金高强度钢和铬钼耐热钢用焊条。国家标准《碳钢焊条》（GB/T 5117—1995）和《低合金钢焊条》（GB/T 5118—1995）规定了碳钢焊条和低合金钢焊条型号，具体是根据熔敷金属的力学性能、药皮类型、焊接位置和电流种类来划分的。字母“E”表示焊条；前两位数字表示熔敷金属抗拉强度的最小值，单位为×10 MPa；第三位数字表示焊条的焊接位置，“0”及“1”表示焊条适用于全位置焊接，“2”表示焊条只适用于平焊及平角焊，“4”表示焊条适用于向下立焊；第三位数字和第四位数字组合时，表示焊接电流种类及药皮类型，见表 1—2—6。

表 1—2—6　　碳钢焊条和低合金钢焊条型号的三四位数字组合的含义

焊条型号	药皮类型	焊接位置	电流种类
E××00	特殊型	平、立、横、仰	交流或直流，正接或反接
E××01	钛铁矿型		
E××03	钛钙型		
E××10	高纤维素钠型		直流反接
E××11	高纤维素钾型		交流或直流反接
E××12	高钛钠型		交流或直流正接

续表

焊条型号	药皮类型	焊接位置	电流种类
E××13	高钛钾型	平、立、横、仰	交流或直流，正接或反接
E××14	铁粉钛型		
E××15	低氢钠型		直流反接
E××16	低氢钾型		交流或直流反接
E××18	铁粉低氢型		
E××20	氧化铁型	平、平角	交流或直流正接
E××22			交流或直流正、反接
E××23	铁粉钛钙型		
E××24	铁粉钛型		
E××27	铁粉氧化铁型		交流或直流正接
E××28	铁粉低氢型		交流或直流反接
E××48		平、横、仰、立向下	

低合金钢焊条还附有后缀字母，为熔敷金属的化学成分分类代号，见表1—2—7，并以短画“-”与前面数字分开；若还有附加化学成分时，附加化学成分直接用元素符号表示，并以短画“-”与前面后缀字母分开。碳钢焊条和低合金钢焊条型号举例如下：

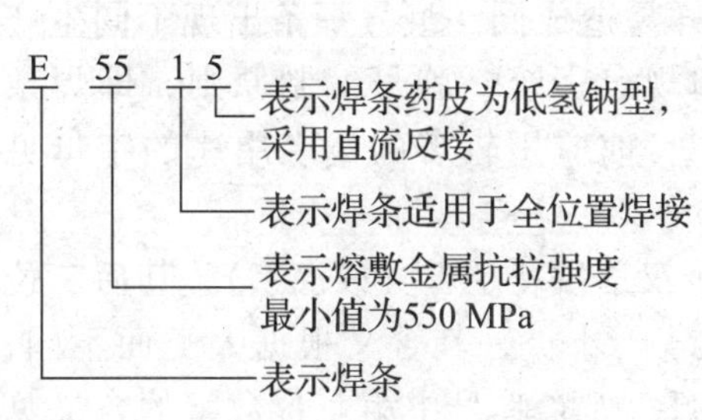

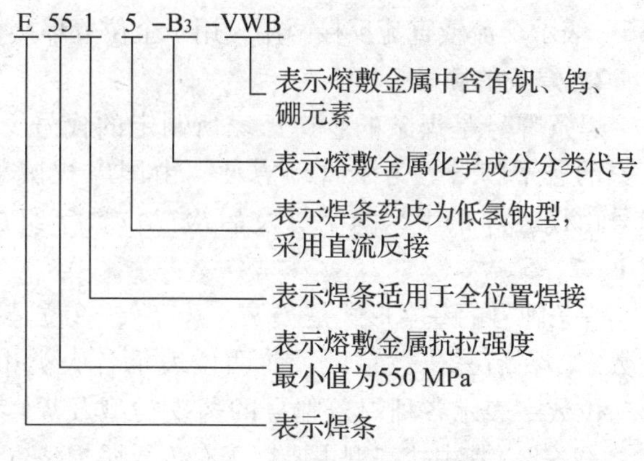

表1—2—7　　低合金钢焊条熔敷金属的化学成分分类

化学成分分类	代号
碳钼钢焊条	E××××-A_1
铬钼钢焊条	E××××-B_1~B_5
镍钢焊条	E××××-C_1~C_3
镍钼钢焊条	E××××-NM
锰钼钢焊条	E××××-D_1~D_3
其他低合金钢焊条	E××××-G、M、W

型号说明示例如下：E4315 为碳钢焊条，其中“15”表示药皮为低氢钠型，限用直流反接电源；“1”表示适用于全位置焊接；“43”表示熔敷金属的抗拉强度，约为 430 MPa，由此可知是低碳钢用焊条。E5503 – B_1：“B_1”代表铬钼耐热钢某成分；“0”表示全位置焊接；“03”表示药皮为钛钙型，适用于交流或直流电源；“55”表示熔敷金属抗拉强度为 550 MPa。

在其他低合金钢焊条中，如 E5010 – G、E5510 – G 和 E6010 – G 型焊条表示拉伸试样要求在（100 ±5)℃下保温 46 ~ 50 h，或在（250 ± 10)℃下保温 6 ~ 8 h，进行去氢处理。

代号 N、M、W 分别表示含镍、钼和钨。

（2）不锈钢焊条型号。不锈钢包括铬不锈钢和铬镍奥氏体不锈钢等。其焊条型号基本形式为：

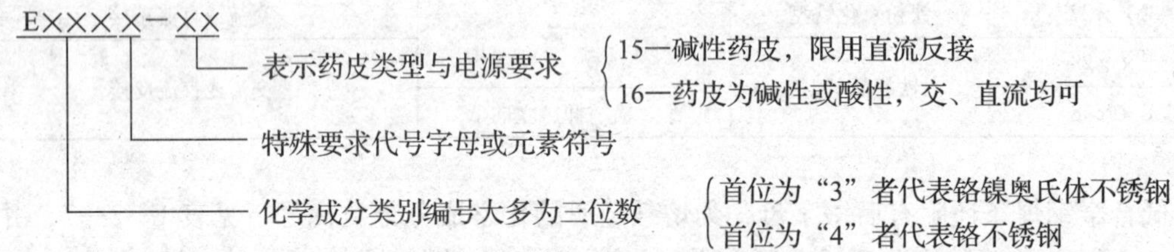

型号示例说明如下：E308 – 15，其中“15”表示为碱性药皮，适用于全位置焊接，采用直流电源反接；“308”表示熔敷金属化学成分分类代号。E308L – 16，“L”表示超低碳，“16”表示交流或直流反接两用，用于全位置焊接，可焊接 Cr18Ni9 型不锈钢。

2. 焊条的牌号

焊条牌号是焊条的生产厂家所制定的代号。这样易造成同一型号焊条出现不同生产厂家的若干牌号。为了管理方便，由国家权威部门规定了统一牌号编制原则，即焊条牌号由代表焊条用途的字母及后缀三位数字组成。目前应用较多的代表用途的字母见表 1—2—5。

焊条牌号的基本形式是“××××”，首位是一个汉语拼音字母（或汉字)，其后三位是数字。在后三位数字中，前两位表示各大类中的若干小类，其含义根据大类而不同，第三位数字表示各种焊条牌号的药皮类型及焊接电源，焊条牌号中第三位数字的含义见表 1—2—8。其中盐基型主要用于有色金属焊条（如铝及铝合金焊条等)，石墨型主要用于铸铁焊条及个别堆焊焊条。

表 1—2—8　焊条牌号中第三位数字的含义

焊条牌号	药皮类型	焊接电源种类	焊条牌号	药皮类型	焊接电源种类
×××0	未作规定	未作规定	×××5	纤维素型	DC 或 AC
×××1	氧化钛型	DC 或 AC	×××6	低氢钾型	DC 或 AC
×××2	钛钙型	DC 或 AC	×××7	低氢钠型	DC
×××3	钛铁矿型	DC 或 AC	×××8	石墨型	DC 或 AC
×××4	氧化铁型	DC 或 AC	×××9	盐基型	DC

对于具有特殊性能要求和用途的焊条，牌号数字末尾还附有起主要作用的元素符号或字母，其字母及意义见表1—2—9。

表1—2—9　　焊条牌号末尾加注字母符号的含义

字母符号	表示的意义	字母符号	表示的意义
D	打底层焊条	R	压力容器用焊条
DF	低尘	RH	高韧性超低氢焊条
Fe	铁粉焊条	SL	渗铝钢焊条
Fe13	铁粉焊条，焊条名义熔敷效率130%	X	向下立焊用焊条
Fe18	铁粉焊条，焊条名义熔敷效率180%	XG	管子用向下立焊用焊条
G	高韧性焊条	Z	重力焊条
GM	盖面焊条	Z15	重力焊条，焊条名义熔敷效率150%
GR	高韧性压力容器用焊条	CuP	含Cu和P的抗大气腐蚀焊条
H	超低氢焊条	CrNi	含Cr和Ni的耐海水腐蚀焊条
LMA	低吸潮焊条		

焊条末尾数字及其后面的附加字母含义，不论何种焊条均固定不变；而首位字母及其后两位数字则随焊条大类不同而异。以下对结构钢、耐热钢和奥氏体不锈钢焊条牌号中的首位字母及后三位数字，举典型例子说明。

（1）结构钢焊条。结构钢焊条是指用于碳钢及低合金高强度钢的焊条。其基本表示形式为J（结）×××。字母“J”表示结构钢焊条，中间两位数字表示熔敷金属的最低抗拉强度。例如：

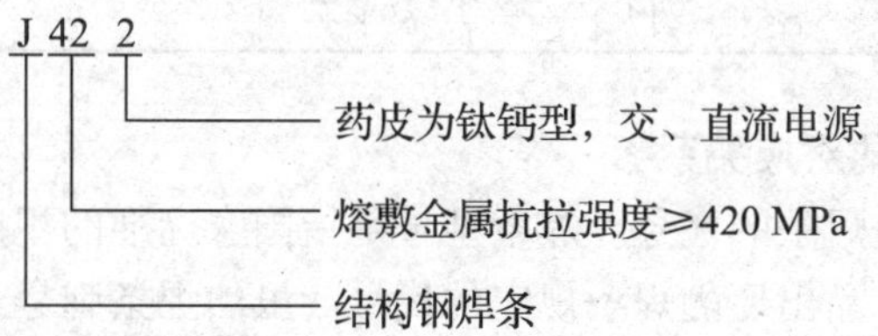

（2）铬钼耐热钢焊条。其牌号基本形式为R（热）×××。字母“R”表示耐热钢焊条，其后第一位数字表示铬钼含量的等级，见表1—2—10，第二位数字为牌号分类编号。例如：

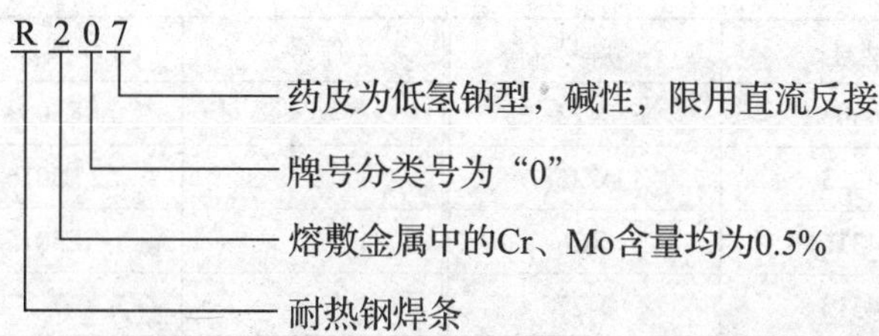

表 1—2—10　　铬钼耐热钢焊条熔敷金属主要化学成分组成等级

焊条牌号	熔敷金属主要化学成分组成等级	焊条牌号	熔敷金属主要化学成分组成等级
R1××	含 Mo 量约为 0.5%	R5××	含 Cr 量约为 5%，含 Mo 量约为 0.5%
R2××	含 Cr 量约为 0.5%，含 Mo 量约为 0.5%	R6××	含 Cr 量约为 7%，含 Mo 量约为 1%
R3××	含 Cr 量约为 1%～2%，含 Mo 量约为 0.5%～1%	R7××	含 Cr 量约为 9%，含 Mo 量约为 1%
R4××	含 Cr 量约为 2.5%，含 Mo 量约为 1%	R8××	含 Cr 量约为 11%，含 Mo 量约为 1%

（3）不锈钢焊条。其牌号基本形式与耐热钢相同。首位字母为“A（奥）”时，为奥氏体不锈钢焊条；首位字母为“G（铬）”时，为铬不锈钢焊条。字母后第一位数字表示主要化学成分的组成等级，见表 1—2—11；第二位数字表示同一成分组成等级中的不同牌号。例如：

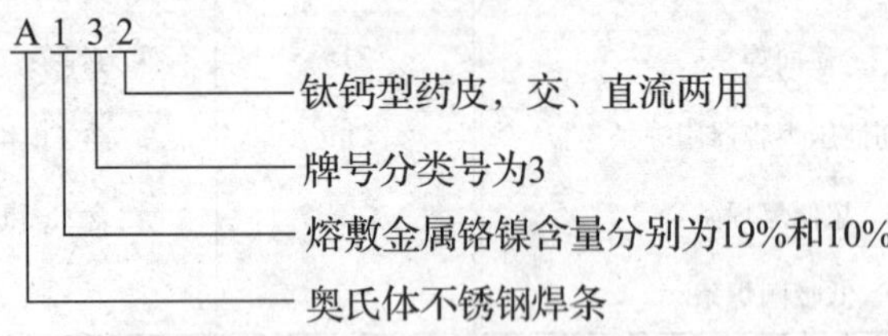

表 1—2—11　　不锈钢焊条熔敷金属主要化学成分组成等级

焊条牌号	熔敷金属主要化学成分组成等级	焊条牌号	熔敷金属主要化学成分组成等级
G2××	含 Cr 量约为 13%	A4××	含 Cr 量约为 26%，含 Ni 量约为 21%
G3××	含 Cr 量约为 17%	A5××	含 Cr 量约为 16%，含 Ni 量约为 25%
A0××	含 C 量小于等于 0.04%（超低碳）	A6××	含 Cr 量约为 16%，含 Ni 量约为 35%
A1××	含 Cr 量约为 19%，含 Ni 量约为 10%	A7××	铬锰氮不锈钢
A2××	含 Cr 量约为 18%，含 Ni 量约为 12%	A8××	含 Cr 量约为 18%，含 Ni 量约为 18%
A3××	含 Cr 量约为 23%，含 Ni 量约为 13%	A9××	待发展

3. 焊条型号与牌号的对应关系

焊条型号和牌号都是焊条的代号。焊条型号是指国家标准的规定各类焊条的代号，牌号则是焊条制造厂对作为产品出厂的焊条规定的代号。虽然焊条牌号不是国家标准，但考虑到多年使用已成习惯，为避免混淆，现将常用焊条的型号与牌号加以对照，以便正确使用。常用碳钢焊条的型号与牌号对照见表 1—2—12。常用低合金钢焊条的型号与牌号对照见表 1—2—13。常用不锈钢焊条的型号与牌号对照见表 1—2—14。

表 1—2—12　　常用碳钢焊条的型号与牌号对照表

序号	型号	牌号	序号	型号	牌号
1	E4303	J422	5	E5003	J502
2	E4323	J422Fe	6	E5016	J506
3	E4316	J426	7	E5015	J507
4	E4315	J427			

表 1—2—13 常用低合金钢焊条的型号与牌号对照表

序号	型号	牌号	序号	型号	牌号
1	E5015 - G	J507MoNb J507NiCu	8	E5503 - B_1 E5515 - B_1	R202 R207
2	E5515 - G	J557 J557Mo J557MoV	9	E5503 - B_2 E5515 - B_2	R302 R307
3	E6015 - G	J607Ni	10	E5515 - B_3 - VWB	R347
4	E6015 - D_1	J607	11	E6015 - B_3	R407
5	E7015 - D_2	J707	12	E1 - 5MoV - 15	R507
6	E8515 - G	J857	13	E5515 - C_1	W707Ni
7	E5015 - A_1	R107	14	E5515 - C_2	W907Ni

表 1—2—14 常用不锈钢焊条的型号与牌号对照表

序号	型号（新）	型号（旧）	牌号	序号	型号（新）	型号（旧）	牌号
1	E410 - 16	E1 - 13 - 16	G202	8	E309 - 15	E1 - 23 - 13 - 15	A307
2	E410 - 15	E1 - 13 - 15	G207	9	E310 - 16	E2 - 26 - 21 - 16	A402
3	E410 - 15	E1 - 13 - 15	G217	10	E310 - 15	E2 - 26 - 21 - 15	A407
4	E308L - 16	E00 - 19 - 10 - 16	A002	11	E347 - 16	E0 - 19 - 10Nb - 16	A132
5	E308 - 16	E0 - 19 - 10 - 16	A102	12	E347 - 15	E0 - 19 - 10Nb - 15	A137
6	E308 - 15	E0 - 19 - 10 - 15	A107	13	E316 - 16	E0 - 18 - 12Mo2 - 16	A202
7	E309 - 16	E1 - 23 - 13 - 16	A302	14	E316 - 15	E0 - 18 - 12Mo2 - 15	A207

四、焊条的工艺性能

焊条的工艺性能是指焊条操作时的性能，是衡量焊条质量的重要标志之一。焊条的工艺性能包括：焊接电弧的稳定性、焊缝成形性、对各种位置焊接的适应性、脱渣性、焊条的熔化速度、飞溅程度、药皮发红程度以及焊接发尘量等。

1. 焊接电弧的稳定性

焊接电弧的稳定性就是保持电弧持续而稳定燃烧的能力。它对焊接过程能否顺利进行和焊缝质量好坏都有显著的影响。

电弧稳定性与很多的因素有关，焊条药皮的组成则是其中的主要因素。焊条药皮组成决定了电弧气氛的有效电离电压。有效电离电压越低，电弧燃烧就越稳定。焊条药皮加入少量的低电离电位物质，即可有效地提高电弧稳定性。酸性焊条药皮中的成形剂与造渣剂中都含有钾、钠等低电离电位物质，因而用交、直流电源焊接时电弧都能稳定燃烧。在低氢钠型焊条药皮中含有较多的氟石，使电弧稳定性降低，所以必须采用直流电源。为提高电弧稳定性，在药皮中另加碳酸钾、钾水玻璃等稳弧剂后，则为低氢钾型药皮。

2. 焊缝成形性

良好的焊缝成形，应该是表面波纹细致、美观，几何形状正确，焊缝余高量适中，焊缝与母材间过渡平滑，无咬边缺陷。焊缝成形性与熔渣的物理性能有关。熔渣的熔点和黏度太高或太低，都会使焊缝的成形变差。熔渣的表面张力对焊缝成形也有影响，熔渣的表面张力越小，对焊缝覆盖就越好。

3. 各种位置焊接的适应性

实际生产中常需要进行平焊、横焊、立焊、仰焊等各种位置的焊接。几乎所有的焊条都能适用于平焊，但很多种焊条进行横焊、立焊或仰焊时有困难。例如，药皮较薄的焊条进行横焊、立焊、仰焊时，因在焊条端部形成的套筒（即"喇叭筒"）较短，电弧吹力较小，熔滴不能顺利过渡到熔池中，在重力的作用下，使熔池金属和熔渣下流，而不易形成高质量的焊缝，如图1—2—2所示。

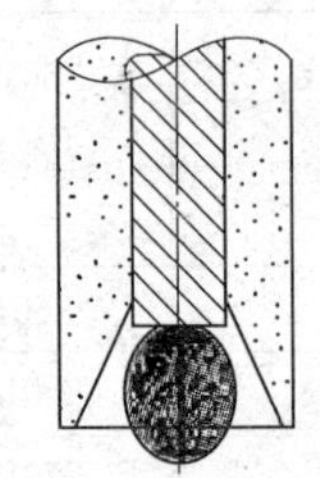

图1—2—2 焊条形成的熔滴与套筒示意图

为了解决上述问题，除了正确选择焊接参数、掌握操作要领外，还应在焊条药皮配方方面采取一定的措施。首先是适当选择熔点低的药皮造气剂材料来提高电弧和气流的吹力，把熔滴推进熔池；其次是造渣剂应具有合适的熔点，使之能在较高的温度和较短时间内凝固；再次是熔滴的黏度产生适当的表面张力，阻止熔滴下流。

选择药皮厚一些的焊条，使焊接时焊条端部的套筒长度适当加长，可提高电弧和气流的吹力。为保证有足够的气体，药皮中应加入一定量的造气物质。熔渣的熔点与黏度要通过药皮的组成来调节。

近年来，我国的焊条生产单位通过调整熔渣的熔点和黏度、提高药皮中造气剂的含量等措施，成功地研制了立向下焊条、管接头全位置下行焊条等专用焊条，其中立向下焊条已列入国家标准。

4. 脱渣性

脱渣性是指焊渣从焊缝表面脱落的难易程度。脱渣性差会显著降低生产率，尤其是多层焊时，另外还易造成夹渣缺陷。

影响脱渣性的因素有熔渣的膨胀系数、氧化性、疏松度和表面张力等，其中熔渣的膨胀系数是影响脱渣性的主要因素。焊缝金属与熔渣的膨胀系数之差越大，脱渣越容易。钛型焊条熔渣与低碳钢焊缝的膨胀系数相差最大，脱渣性较好；而低氢型焊条熔渣与焊缝金属膨胀系数相差最少，脱渣性较差。

熔渣氧化性的影响在于当氧化性较强时会在焊缝表面生成一层以FeO为主的氧化膜。FeO的晶格是体心立方晶格，要搭建在焊缝金属的α—Fe晶格上。氧化膜牢固地"粘"在焊缝金属表面，而熔渣中其他具有体心立方晶格的氧化物又搭建在氧化铁晶格上。这样，中间的氧化物起到了"粘结剂"的作用，使脱渣性变差。在这种情况下，加强熔渣的脱氧能力，则有助于改善脱渣性。

熔渣的疏松度和脆性对角焊缝和深坡口的底层焊缝的脱渣有较明显的影响，熔渣夹在两个被焊表面之间，若熔渣结构致密、结实，则难以清除。如钛型焊条在平板堆焊时脱渣性很好，但在深坡口中脱渣就比较困难，主要就是由于熔渣比较致密的缘故。

5. 焊条的熔化速度

焊条金属的平均熔化速度可用单位时间内焊芯熔化的长度或质量来表示。试验证明，在正常焊接工艺条件下，焊条金属的平均熔化速度与焊接电流成正比。影响焊条熔化速度的因素，主要有焊条药皮的组成及厚度、电弧电压、焊接电流、焊芯成分及直径等。其中焊条药皮的组成对焊条的熔化速度影响最明显。焊条的熔化速度可用其熔化系数表示。熔化系数是指熔焊过程中，单位电流、单位时间内焊芯的熔化量。在焊接时，熔化的焊芯金属并不是全部进入熔池形成焊缝，而是有一部分损失。我们把单位电流、单位时间内焊芯熔敷在焊件上的金属量称为熔敷系数。几种焊条的熔化系数和熔敷系数见表 1—2—15。

在药皮中加入较多的铁粉，不仅可以提高焊条的熔化速度，而且由于药皮导电、导热性的提高，允许在焊接时使用较大的电流，工艺性能也得到改善。

6. 飞溅程度

飞溅是指熔焊过程中液体金属颗粒向周围飞散的现象。飞溅太多会影响焊接过程的稳定性，增大金属的损失等。由于金属蒸发、氧化和飞溅，焊芯在熔敷过程中的损失量与熔化的焊芯原有质量的百分比叫做飞溅率。几种焊条飞溅率的实测值见表 1—2—15。

表 1—2—15　　几种焊条熔化系数、熔敷系数与飞溅率的实测值

焊条牌号	熔化系数 α_p [g/ (A·h)]	熔敷系数 α_H [g/ (A·h)]	飞溅率 ψ (%)
J422	9.16	8.25	3.91
J423	10.1	9.7	4.0
J424	9.1	8.2	9.9
J507	9.06	8.49	2.6

影响飞溅大小的因素有很多，熔渣黏度增大，焊接电流过大，药皮中水分过多，电弧过长，焊条偏心等都能引起飞溅的增加。此外，在用直流电源时，极性选择不当飞溅也会增大，如低氢钠型焊条焊接时正接比反接飞溅大，交流焊比直流焊飞溅大。熔滴过渡形态、电弧的稳定性对飞溅也有很大影响。钛钙型焊条电弧燃烧稳定，熔滴以细颗粒过渡为主，飞溅较小。低氢型焊条电弧稳定性差，熔滴以大颗粒短路过渡为主，飞溅较大。

7. 药皮发红程度

药皮发红是指焊条焊到后半段时，由于焊条药皮温升过高而导致发红、开裂或脱落的现象。这将使药皮失去保护作用，引起焊条工艺性能恶化，严重影响焊接质量。这个问题在不锈钢焊条的应用中更为突出。经研究测试发现，通过提高电弧能量来提高焊条熔化系数，缩短熔化时间等，可以减少焊芯的电阻热和降低焊条药皮表面的温度，从而解决药皮发红的问题。目前，国内从熔滴过渡形式对熔化系数的影响着手，调整了药皮成分，使熔滴由短路过渡为主变成以细颗粒过渡为主，使熔化系数提高 10% 以上，缩短了熔化时间，基本解决了药皮发红的问题。

8. 焊接发尘量

在电弧高温作用下，焊条端部、熔滴和熔池表面的液体金属及熔渣激烈蒸发，产生的蒸气排出电弧区外即迅速氧化或冷却，变成细小颗粒飘浮于空气中，而形成焊接烟尘。焊接烟尘污染环境且影响焊工健康。为了改善焊接工作环境的卫生状况，许多国家先后制定了工业卫生的有关标准。我国在现行的国家标准《焊接与切割安全》（GB 9448—1999）中规定，锰及其化合物（换算成 MnO_2）最高容许浓度为 0.2 mg/m³，氟化氢及其他氟化物（换算成氟）最高容许浓度为 1 mg /m³，其他粉尘最高容许浓度为 10 mg/m³。目前，国内外都在积极研究降尘减毒的措施。

为了便于对各种焊条工艺性能进行比较，现将几种常用结构钢焊条的工艺性能简要归纳，见表 1—2—16。

表 1—2—16　常用结构钢焊条的工艺性能

焊条牌号 焊条型号	J××1 E××13	J××2 E××13	J××3 E××13	J××4 E××13	J××5 E××13	J××6 E××13	J××7 E××13
药皮主要成分	TiO_2 为 45%～60%，硅酸盐，锰铁，有机物	TiO_2 为 30%～45%，硅酸盐，锰铁	钛铁矿大于 30%，硅酸盐，锰铁，有机物	氧化矿大于 30%，硅酸盐，锰铁，有机物	有机物大于 15%，TiO_2，硅酸盐	碳酸盐大于 30%，氟石，铁合金，稳弧剂	碳酸盐大于 30%，氟石，铁合金，不加稳弧剂
熔渣特性	酸性、短渣	酸性、短渣	酸性、短渣	酸性、长渣	酸性、短渣	碱性、短渣	碱性、短渣
电弧稳定性	柔和、稳定	稳定	稳定	稳定	稳定	较差、交流、直流	较差、直流
电弧吹力			稍大	稍大	大	稍大	稍大
飞溅	少	少	中	中	多	较多	较多
焊缝外观	纹细、美观	美观	美观	美观	粗糙	稍粗糙	稍粗糙
熔深	小	中	中	稍大	大	中	中
咬边	小	小	中	小	大	小	小
焊脚形状	凸	平	平、稍凸	平	平	平或凹	平或凹
脱渣性	好	好	好	好	好	较差	较差
熔化系数	中	中	稍大	大	大	中	中
尘害	少	少	稍多	多	少	多	多
平焊	易	易	易	易	易	易	易
立向下焊	易	易	困难	不可	易	易	易
立向上焊	易	易	易	不可	极易	易	易
仰焊	稍易	稍易	易	不可	极易	稍难	稍难

五、焊条的正确保管

发放使用的焊条必须有质保书和复验合格证。由于焊条药皮成分及其他因素的影响，焊条往往会因吸潮而导致使用工艺性能变差，造成电弧不稳，飞溅增大，并且容易产生气孔、裂纹等缺陷，因此，焊条使用前必须烘干。焊条的烘干和保管应注意以下几点：

1. 焊条在使用前，酸性焊条视受潮情况在 100～150℃下烘干 1～2 h；碱性低氢型结构钢焊条应在 350～400℃下烘干 1～2 h。烘干的焊条应放在 100～150℃保温箱（桶）内，随用随取。

2. 低氢型焊条根据标准规定，一般在常温下超过 4 h，应重新烘干，重复烘干次数不宜超过三次。

3. 烘干焊条时，禁止将冷焊条突然放进高温炉内或从高温炉内突然取出冷却，烘箱温度应徐徐升高或降低，防止焊条因骤冷或骤热而产生药皮开裂、脱皮等。

4. 焊条烘干时应做记录，应做好焊条型号或牌号、焊条批号、烘干温度、领取焊条时间和焊条烘干次数等内容的记录。

5. 露天操作隔夜时，必须将焊条妥善保管，不允许露天存放，应在低温烘箱中恒温保存，否则次日使用前还要重新烘干。

6. 为确保产品质量，新购进的焊条应按标准进行质量检验。

六、焊条的储存

1. 焊条必须在干燥、通风良好的室内仓库中存放。焊条储存库内不允许放置有害气体和腐蚀性介质。室内应保持清洁，应设有温度计、湿度计和去湿机。库房的温度与湿度必须符合行业规定的要求。焊条应离地存放在架子上，离地面距离不小于 300 mm，离墙壁距离不小于 300 mm。严防焊条受潮。

2. 焊条应按种类、牌号、批次、规格、入库时间分类堆放，并应有明确标注，避免混乱。

3. 特种焊条储存与保管条件应高于一般焊条。特种焊条应堆放在专用仓库或指定区域。受潮或包装损坏的焊条未经处理不许入库。

4. 存放期超过一年的焊条，发放前应重新进行各种性能试验，符合要求方可发放。

5. 低氢型焊条储存库内温度不低于5℃，相对空气湿度应低于60%。

6. 焊条在供给使用单位之后至少 6 个月之内可保证使用，入库的焊条应做到先入库的先使用。

7. 对于受潮、药皮变色、焊芯有锈迹的焊条，须经烘干后进行质量评定，各项性能指标满足要求方可入库，否则不准入库。

任务实施

根据焊条的型号和牌号不同，在施焊前按规定还应做以下工作：

一、焊条准备

1. 根据 E4303 中的“E”确定这是焊条的型号。其熔敷金属抗拉强度最小值为 430 MPa，0 表示全位置焊接，03 表示药皮类型为钛钙型。

2. 按规定准备好 ϕ3. 2 mm、型号为 E4303 的焊条，置于烘干炉中烘干。焊条数量根据焊工人数和工作量定出。

3. 烘干焊条时，焊条不应成垛或成捆地堆放，应铺成层状，每次烘干焊条堆放不能太厚（一般为 1 ~3 层），避免焊条烘干时受热不均和潮气不易排除。

4. 烘干时特别注意：应使焊条烘干箱温度缓慢上升，防止焊条烘干箱骤冷骤热，使焊条药皮爆裂，影响焊接质量。

5. 在焊条烘干期间，应有专门的技术人员，负责对操作过程进行检查和核对。每批焊条不得少于一次，并在操作记录上签字。

二、操作步骤

1. 严格按照焊接安全操作规程操作，在专业教师指导下，必须穿戴好工作服、鞋盖和手套等防护用品，并按焊接安全技术和焊接安全注意事项做好安全检查。

2. 一般焊条一次出库量不能超过两天的用量，已经出库的焊条，焊工必须按规定保管好。

3. 将选定的适当数量的 $\phi3.2$ mm，型号为 E4303 的焊条，按焊条批号定准烘干温度 100 ~ 150℃和烘干时间 1 ~ 2 h。烘干完成后，把焊条放入预先准备的焊条保温桶（或保温箱）中，盖上盖子，待用。做好领取焊条时间和次数记录。

4. 若使用通电恒温桶，要接通电源。

5. 每根焊条用完后，要将焊条头收回到焊条桶中，妥善保管或放好，以免烫伤。

6. 一根焊条应尽量一次焊完，避免焊缝接头过多而降低焊接质量。焊条头有药皮部分的长度一般应小于 20 mm，以免浪费焊条。

7. 未用完的焊条重新入库时必须单独摆放，在需要时应优先出库，且同一焊条重复烘干不得超过三次。

8. 在实习场所周围应设置灭火器材。

任务评价

评分标准见表 1—2—17。

表 1—2—17 评分标准

序号	操作内容	评分标准	配分	得分
1	焊条烘干时的摆放	烘干时摆放要分 1 ~ 3 层为宜。不符合要求每多一层扣 5 分，直到扣完为止	15	
2	焊条烘干温度	E4303 为酸性焊条，烘干温度为 100 ~ 150℃，烘干温度不对，扣 15 分	15	
3	焊条烘干时间	酸性焊条的烘干时间为 1 ~ 2 h，烘干时间不对扣 15 分	15	
4	焊条放入与取出	禁止烘干箱温度骤冷骤热，不符合要求扣 15 分	15	
5	烘干焊条的保管	焊条烘干后，放入 100 ~ 150℃的保温桶（箱）内，及时盖盖保温。不符合要求扣 10 分	10	
6	焊条烘干次数	焊条烘干次数不得超过 3 次，不符合要求扣 10 分	10	
7	焊条烘干记录	记录焊条型号或牌号、批号、温度、时间。记录不全每项扣 2 分，无记录扣 10 分	10	
8	安全操作规程	劳动保护用品穿戴不全扣 3 分，设备、工具使用不正确扣 2 分	5	
9	文明生产规定	工作场地应整洁，工具摆放整齐。按情况扣分，最多扣 5 分	5	
总分合计			100	

思考与练习

1. 什么是焊条？它由哪几部分组成？
2. 焊条药皮原材料的作用有哪些？
3. 焊条药皮的类型有哪些？
4. 焊条按照用途可以分为哪几类？
5. 什么是酸性焊条？什么是碱性焊条？
6. 焊条的型号与牌号有什么关系？举例说明。
7. 什么是焊接电弧的稳定性？
8. 简述焊条的工艺性能。
9. 焊条的烘干和保管应注意哪几点？
10. 如何正确保管与储存焊条？

任务3　碳 弧 气 刨

技能点

◎ 掌握碳弧气刨的刨削技术。

知识点

◎ 碳弧气刨的概念；碳弧气刨的特点及应用范围；碳弧气刨工艺；碳弧气刨时易出现的缺陷及防止措施。

任务提出

在焊接结构件中，经常涉及清除局部的焊接缺陷和开焊接坡口，铲除焊接缺陷和开焊接坡口的方法有很多，如扁铲、手砂轮、角向磨光机等冷加工的方式，开焊接坡口还可以使用刨边机。这里将介绍一种用热加工来去除焊接缺陷和开焊接坡口的方法——碳弧气刨。

如图1—3—1所示为碳弧气刨工件图，图中为一块规格为300 mm×200 mm×12 mm、材质为Q235B的板材，读懂该工件图样，按图样完成碳弧气刨操作，达到图样中对碳弧气刨操作的技术要求指标。

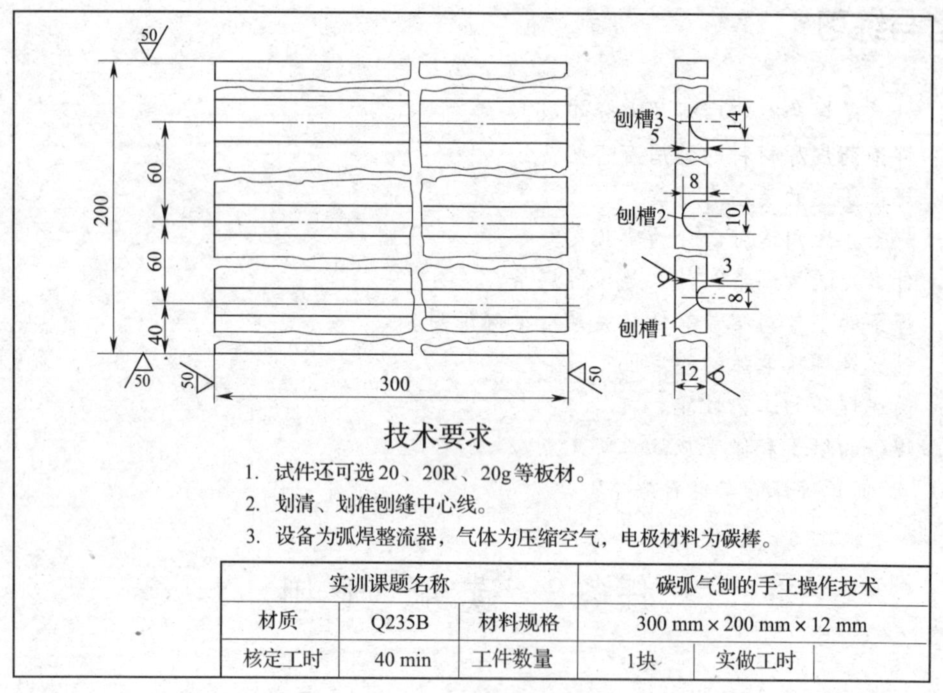

技术要求

1. 试件还可选20、20R、20g等板材。
2. 划清、划准刨缝中心线。
3. 设备为弧焊整流器，气体为压缩空气，电极材料为碳棒。

实训课题名称			碳弧气刨的手工操作技术		
材质	Q235B	材料规格	300 mm × 200 mm × 12 mm		
核定工时	40 min	工件数量	1块	实做工时	

图1—3—1　碳弧气刨工件图

任务分析

碳弧气刨是焊接技术的相关技术，从图样上可以读出，有三个不同规格的刨槽，在图样的左视图上，从下往上依次为刨槽1宽8 mm × 深3 mm、刨槽2宽10 mm × 深8 mm、刨槽3宽14 mm × 深5 mm。通过刨削不同规格的刨槽，训练操作者掌握碳弧气刨基本操作方法和步骤，要求操作者掌握用同一规格的碳棒刨不同规格的刨槽，或是用不同规格的碳棒刨同一规格的刨槽的操作技术。

相关知识

一、碳弧气刨的应用特点

在直流电源作用下，利用石墨棒或碳棒与工件间产生的电弧将金属熔化，并用压缩空气把熔化的金属吹掉，实现在金属表面上加工沟槽的方法，称为碳弧气刨，如图1—3—2所示。

1. 碳弧气刨的优缺点

（1）优点。手工碳弧气刨的灵活性很大，可进行全位置操作；在清除焊缝或铸件的缺陷时，在电弧下可视性好，这是用风铲或砂轮时无法相比的；与用风铲或砂轮相比，噪声小、效率高，比用风铲生产率提高约4倍；自动碳弧气刨具有较高的加工精度，同时可减轻

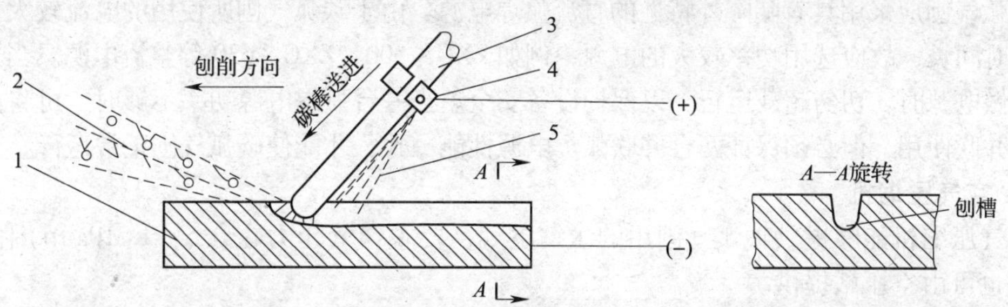

图 1—3—2　碳弧气刨原理

1—工件　2—刨渣　3—碳棒（电极）　4—夹钳　5—气流

劳动强度，改善劳动条件；对于受限制的位置或可达性差的部位，碳弧气刨优于风铲或砂轮。

（2）缺点。碳弧有烟雾、粉尘污染及弧光辐射，噪声大，手工碳弧气刨的操作技术要求较高。

2. 碳弧气刨的应用范围

（1）清焊根。可用于双面焊时清除背面焊根。

（2）清缺陷。可清除焊缝中的缺陷。

（3）开坡口。可用自动碳弧气刨为较长的焊缝和环焊缝加工坡口；用手工碳弧气刨为单件、不规则的焊缝加工坡口。

（4）清理工件。清除铸件的飞边、毛刺、浇冒口和铸件中的缺陷。

（5）用于切割。可切割高合金钢、铝、铜及其合金等。

二、碳弧气刨设备

碳弧气刨所采用的设备，主要包括电源和空气压缩机等，如图 1—3—3 所示。

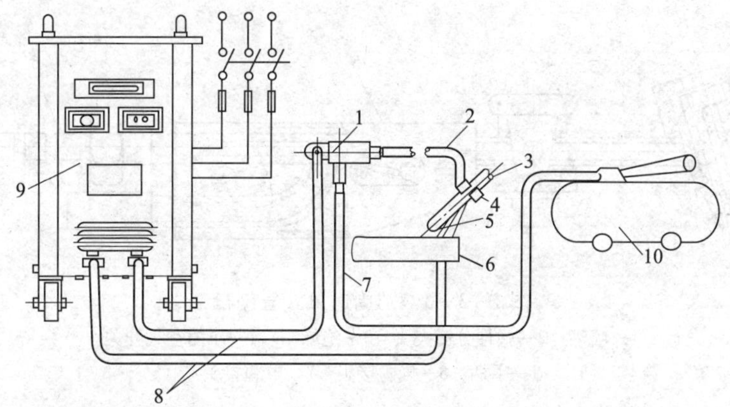

图 1—3—3　碳弧气刨的设备

1—接头　2—电风合一软管　3—碳棒　4—刨枪钳口　5—压缩空气气流　6—工件　7—进气胶管　8—电缆线　9—弧焊整流器　10—空气压缩机

1. 电源

碳弧气刨应采用具有陡降外特性的直流弧焊电源。由于碳弧气刨所使用的电流较大，且连续工作时间长，故应选用功率较大的电源，例如 ZXG－500、ZXG－630 等整流电源。当选用硅整流器做电源时，切勿超载运行，以保护设备安全。当一台弧焊电源功率不够时，可将两台弧焊电源并联使用，但必须保证两台并联弧焊电源性能一致，才能使碳弧气刨正常运行。

2. 空气压缩机

空气压缩机能够提供碳弧气刨用的压缩空气，要求空气压力在 0.5～1 MPa 范围内。压缩空气也可由空压站提供。

三、碳弧气刨常用工具

1. 气刨枪

碳弧气刨的主要工具是碳弧气刨枪，气刨枪分侧面送风式（见图 1—3—4）和圆周送风式（见图 1—3—5）两种。气刨枪要能同时完成夹持碳棒、传导电流、输送压缩空气的功能。因此，要求碳弧气刨枪具有吹出压缩空气集中而准确、夹持牢固、导电良好、更换方便、外壳良好安全轻便的特点。

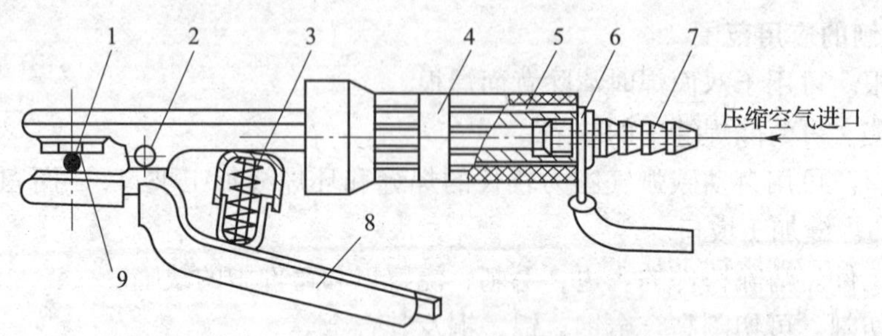

图 1—3—4　侧面送风式碳弧气刨枪

1—碳棒　2—小轴　3—弹簧　4—手柄　5—通风道　6—导线接头　7—空气管接头　8—活动钳口手柄　9—侧面送风孔

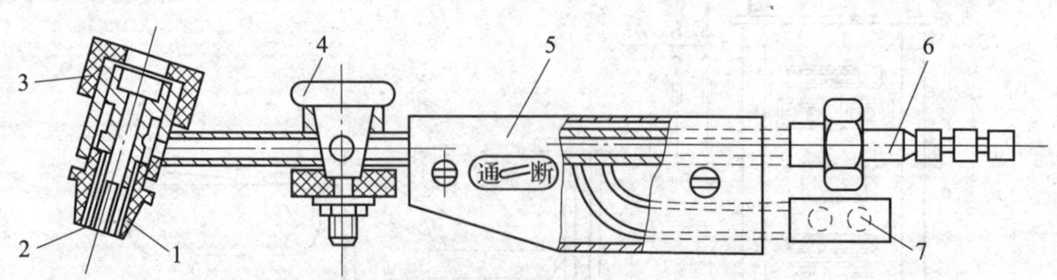

图 1—3—5　圆周送风式气刨枪

1—喷嘴　2—弹性分瓣夹头　3—绝缘帽　4—压缩空气开关　5—手柄　6—气管接头　7—电缆接头

2. 碳棒

碳棒即电极，用于传导电流和引燃电弧。因在刨削过程中碳棒不断被烧损，所以要求碳棒应耐高温、导电性好、不易断。碳棒按形状分圆形和扁形两种。圆形碳棒用于刨削焊缝背面焊根；扁形碳棒用于刨宽槽、开坡口、刨焊瘤或切割大量金属等。常用的气刨碳棒是镀铜实心的，镀铜的目的是更好地传导电流。

电流对刨槽的尺寸影响很大。增大刨削电流，则刨削槽宽、槽深也增加，还可以提高刨削速度，获得较光滑的刨槽；反之，结果也相反。因此一般采用较大的电流。碳棒的直径，可根据工件的厚度来选择。碳弧气刨用碳棒规格及使用电流见表1—3—1。

表1—3—1　　碳弧气刨用碳棒规格及使用电流

断面形状	规格（mm）	电流（A）	规格（mm）	电流（A）
圆形	$\phi3\times355$	150～180	$\phi8\times355$	250～400
	$\phi3.5\times355$	150～180	$\phi9\times355$	350～500
	$\phi4\times355$	150～200	$\phi10\times355$	400～550
	$\phi5\times355$	150～250	$\phi12\times355$	—
	$\phi6\times355$	180～300	$\phi14\times355$	—
	$\phi7\times355$	200～350	$\phi16\times355$	—
扁形	$\phi3\times12\times355$	200～300	$\phi5\times15\times355$	400～500
	$\phi4\times8\times355$	—	$\phi5\times18\times355$	500～600
	$\phi4\times12\times355$	—	$\phi5\times20\times355$	450～550
	$\phi5\times10\times355$	300～400	$\phi5\times25\times355$	550～600
	$\phi5\times12\times355$	350～450	$\phi6\times20\times355$	—

四、碳弧气刨工艺

碳弧气刨工艺包括气刨工艺参数的选择和气刨操作工艺过程两个部分。

1. 碳弧气刨工艺参数

碳弧气刨的工艺参数有电源极性、碳棒直径、气刨电流、气刨速度和压缩空气压力等。

（1）电源极性。采用直流或脉冲电源时，以被刨工件接正极称为正接；以被刨工件接负极称为反接。碳弧气刨一般都采用直流电源，所以有极性区别，如刨削碳钢和合金钢时，采用直流反接，气刨的电弧稳定，刨削速度均匀，电弧发出连续的“刷刷”声响，刨槽两侧宽窄一致，表面光滑明亮。若为正接，则电弧发生抖动，并发出断续的“嘟嘟”声，刨槽两侧呈现与电弧抖动声相对应的圆弧状。实践证明，不同材料要求极性有所不同。表1—3—2为碳弧气刨几种金属时极性的选择情况。

表1—3—2　　碳弧气刨几种金属时极性的选择情况

金属材料	电源极性	备注
钢类	反接	正接时电弧抖动
铸铁	正接	反接时表面粗糙
铜及其合金	正接	反接时表面不光滑
铝及其合金	正接或反接	相差无几

（2）碳棒直径与电流。碳棒直径是根据被刨削金属的厚度来选择的，表1—3—3为钢板厚度与碳棒直径的关系。从表中看出，随着刨削钢板厚度的增加，碳棒直径也增大。因为

钢板厚度越大，散热就越快。为了加快钢板的熔化和提高刨削速度，刨削电流也要相应地增大。因此，不同直径和形状的碳棒选用电流时可根据下列经验公式选取：

$$I=(30\sim50)\ d$$

式中 I——刨削电流，A；

d——碳棒直径，mm。

表 1—3—3　　钢板厚度与碳棒直径的关系

钢板厚度（mm）	碳棒直径（mm）	钢板厚度（mm）	碳棒直径（mm）
3	一般不刨	8 ~ 12	6 ~ 8
4 ~ 6	4	10 ~ 15	8 ~ 10
6 ~ 8	5 ~ 6	15 以上	10

碳棒直径还与刨槽要求宽度有关，刨槽要求的越宽，碳棒直径相应增大。一般碳棒直径应比刨槽的宽度小 2 mm 左右。

（3）刨削速度。刨削速度对刨槽尺寸和表面质量都有一定的影响。刨削进给速度太快会造成碳棒与被刨削金属短路，使碳棒粘在刨槽的顶端，形成气刨夹碳缺陷。刨削速度加快，刨槽变浅。一般碳钢的刨削速度在 0.5 ~ 1.2 m/min 为宜。

（4）压缩空气的压力。压缩空气的压力主要根据电流的大小而定，电流与压缩空气之间的关系见表 1—3—4。在刨削气压许可范围内，压缩空气的压力越高，吹掉熔化的金属越快，碳弧气刨越顺利。常用的压缩空气压力为 0.35 ~ 0.6 MPa。从表中看出，电流增大时，压缩空气的压力也相应地增高。因为电流增加，被熔化金属的量也随着增加，要求压缩空气能迅速地将熔化的金属吹走，所以压缩空气的压力应增大，以使熔化金属停留时间不致过长，从而缩小热影响区，得到光滑的刨槽表面。要适当控制压缩空气中的水分和油分，因为水分和油分过多会使刨槽表面质量变差。

表 1—3—4　　电流与压缩空气之间的关系

电流（A）	压缩空气压力（MPa）	电流（A）	压缩空气压力（MPa）
140 ~ 190	0.35 ~ 0.4	340 ~ 470	0.5 ~ 0.55
190 ~ 270	0.4 ~ 0.5	470 ~ 550	0.5 ~ 0.6
270 ~ 340	0.5 ~ 0.55		

（5）电弧长度。碳弧气刨时，电弧不宜过长，否则会引起电弧抖动增大使操作不稳，甚至熄灭。为此操作时要尽量保持短弧，这样既可以提高生产率，又可以提高碳棒的利用率；而电弧过短，容易引起夹碳缺陷。所以一般碳弧气刨的电弧长度控制在 1 ~ 2 mm 为宜。此外，在刨削过程中，电弧长短变化量要相对稳定，这样才能确保得到均匀的刨槽尺寸和形状。

（6）碳棒倾角。碳棒与被刨工件沿刨槽方向的夹角称为碳棒倾角。倾角的大小直接影响刨槽的深度。碳棒倾角越大，刨槽越深；碳棒倾角越小，刨槽越浅。一般碳棒倾角控制在 30° ~ 45°，如图 1—3—6 所示。

（7）碳棒的伸出长度。碳棒从导电嘴到碳棒刨削端点的长度为碳棒的伸出长度。手工碳弧气刨时，碳棒伸出的长度越长，压缩空气的喷嘴离电弧就越远，风的吹力也就越小。当风的吹力过小时，就不能将熔化的金属顺利吹走，不能实现刨削。伸出过长的碳棒容易折断，所以一般开始刨削时碳棒的伸出长度在 80 ~ 100 mm 为宜。

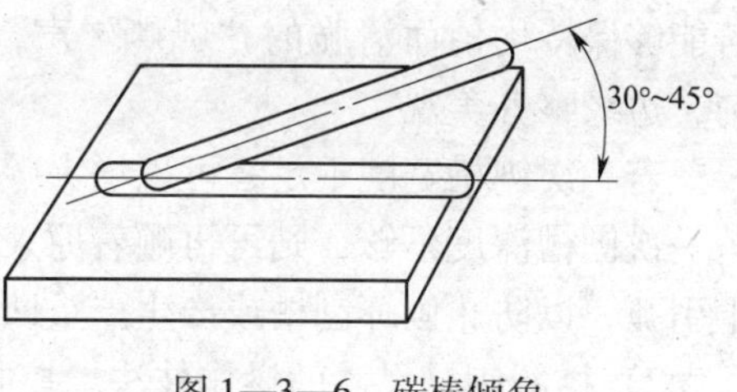

图 1—3—6　碳棒倾角

特别注意，在手工碳弧气刨时，碳棒的伸出长度是断续调整的。由于在刨削过程中碳棒逐渐烧损，所以当碳棒的伸出长度缩短至 20 ~ 30 mm 时，应将其重新调到 80 ~ 100 mm，再继续进行刨削作业。

2. 碳弧气刨的操作工艺

碳弧气刨的操作工艺过程由刨削前准备、引弧、刨削、收弧和清渣等几道工序组成。采用正确的操作工艺，可以避免产生各种刨削缺陷，提高刨削质量。

（1）刨削前准备。在进行碳弧气刨之前，适当清除被刨工件和碳棒上的污物，根据欲刨槽尺寸的要求选准气刨工艺各参数，确定电源极性，检查压缩空气管路，确保压缩空气管路通畅，调整好出风口，使出风口对准刨槽中心。

（2）引弧。引弧前必须先送风，因为在引弧时，碳棒与被刨工件相接触造成短路。如不预先送风冷却，过大的短路电流会将碳棒烧红，使碳棒的性能受到影响，又因钢板在瞬间来不及熔化足够大的面积，导致碳棒与钢板接触点粘接，产生夹碳现象。电弧引燃的瞬间不能把电弧拉得过长，以免造成熄弧。

由于对引弧处的槽深要求不同，所以引弧时碳棒的移动方式也不一样，如图 1—3—7 所示。若要求整个槽的深度一致，可将碳棒向下压，如图 1—3—7a 所示，把碳棒压到所要求的槽深时，再将碳棒平稳地向前移动；若要求引弧处槽的深度浅一些，则将碳棒一边向下进给，一边向前移动，如图 1—3—7b 所示。

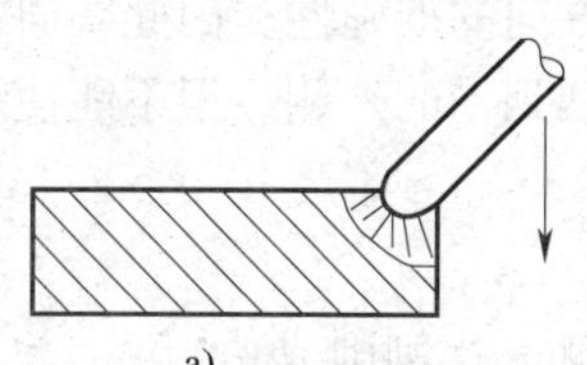

a)

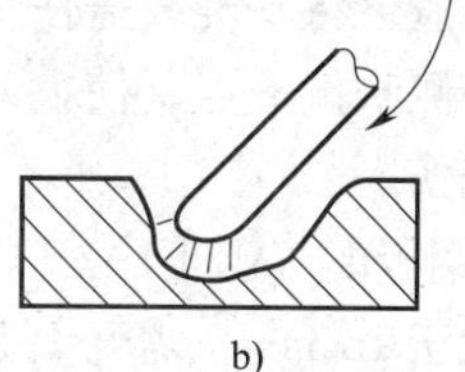

b)

图 1—3—7　引弧时碳棒的移动方式
a）要求槽深相同　b）要求槽深较浅

（3）刨削过程。气刨引弧成功以后，因被刨削的金属温度较低，所以开始时的刨削速度要小一些，当熔化的金属被吹掉时，可适当加快刨削速度。

1）操作技术。在刨削过程中，碳棒既不能作横向摆动，也不能作前后往复移动，因为摆动时手把操作不平稳，使刨出的凹槽也不整齐。只有沿着刨槽中心线向前作直线移动，手把要稳，看线要准，碳棒要端正，倾角要适当，速度要均匀，才能刨出质量好的凹槽。

气刨时，由于压缩空气和其他物质的摩擦作用会发出“嘶嘶”的响声，当弧长发生变化时，响声也随之变化。因此在操作时，要学会凭借响声的变化来判断和控制弧长的变化。

若能够保持均匀而清脆的“嘶嘶”声，证明电弧稳定，弧长无变化，所刨出的刨槽深浅均匀，边缘整齐美观。

若一次刨槽宽度不足，可以增大碳棒直径，或者反复多刨几次，以达到所要求的宽度。若一次刨槽深度不够，则可再顺着原来的浅槽往深处刨，每段刨槽衔接时，应在原来的弧坑上引弧，以防止刨坏刨槽或产生严重凹陷。

2）控制刨槽尺寸的操作技法。控制刨槽尺寸的方法可分为“轻快”操作法和“重慢”操作法两种。

①轻快操作法。在气刨时，手把下按轻一点刨出的凹槽较浅，刨削速度则稍快一些，这样得到的刨槽底部呈 U 形。采用这种轻而快的手法又选择较大的刨削电流时，刨削出的刨槽表面光滑，熔渣容易清除。一般在 12 ~ 16 mm 厚的钢板上刨 4 ~ 6 mm 的槽时使用。若采用轻而慢的操作法，则碳弧的热量会把槽壁两侧熔化，产生粘渣现象。

②重慢操作法。在气刨时，手把下按重一点刨出的凹槽较深，刨削速度则稍慢一些。采用这种操作法，如果选较大的刨削电流，则得到的刨槽较深；如果选较小的电流，所得到的槽形与轻快操作法得到的槽形相似。采用重慢操作法，碳弧散发到空气中的热量少，并且由于刨削速度较慢，通过钢板传导散失的热量多，同时由于碳弧的位置深，离刨槽的边缘远，所以不会引起粘渣。但是操作中如将手把按得过重，会造成夹碳现象。另外，由于刨槽较深，熔渣不容易被吹上来，停留在后面的铁水往往会把电弧挡住，使电弧不能直接对准未熔化的金属，不仅刨削效率下降，而且刨槽表面不光滑，操作不当时，可能会产生粘渣现象。采用这种刨削操作方法，对操作技术要求较高。

控制刨槽尺寸要选用不同的刨削操作方法。通常原则是：要求浅凹槽的一般选“轻快”操作法；要求深凹槽的一般选“重慢”操作法。

3）调风口排渣。在气刨时，由于压缩空气是从碳弧后面吹来，如果把压缩空气吹得很正，熔渣就会被吹到电弧的正前方，一部分将覆盖在将要刨削的金属面上，此时刨槽两侧的熔渣最少，可节省很多的清渣时间，但是这一技术较难掌握，并且还会影响到刨削速度，同时覆盖在前面的熔渣会将基准线盖住，影响刨削方向的准确性。因此，通常采用的刨削方式是将压缩空气向外侧吹偏一点，使大部分熔渣能翻到槽的外侧，但不能使熔渣吹向操作者一侧，否则会造成烧伤。

4）不同厚度钢板的气刨工序。

钢板厚度不大于 16 mm，需开 U 形坡口时，则一次刨削成功。

钢板厚度大于 16 mm，需开较宽的 U 形坡口时，若坡口的深度不超过 7 mm，则可一次刨成 U 形坡口底部，而后分别加宽两侧边缘即可，如图 1—3—8 所示。

钢板厚度大于 20 mm，要求 U 形坡口开得很大时，合适的刨削工序如图 1—3—9 所示。

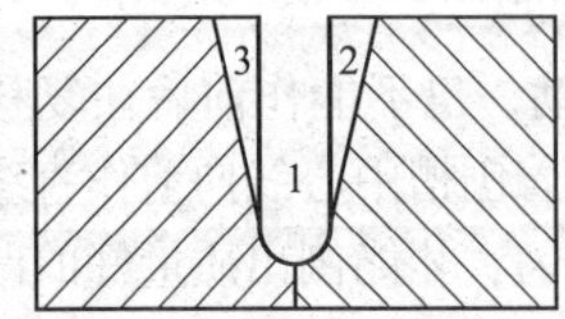

图 1—3—8 宽 U 形坡口的气刨工序

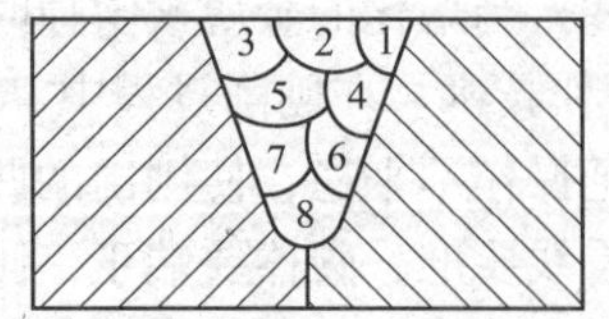

图 1—3—9 厚板开 U 形坡口的气刨工序

5）气刨收弧。气刨收弧时，要防止熔化的铁水留在刨槽内。因为熔化的铁水含碳和氧的量都较高，而碳弧气刨的熄弧处往往也是以后焊接时的收弧处，收弧处又容易出现气孔和裂纹，所以，如果不将这些铁水吹净，焊接时这些铁水就可能产生弧坑缺陷。气刨收弧的正确方法是：先断弧，过几秒钟以后，再把压缩空气阀门关闭。

6）清渣。碳弧气刨结束后，应立即用錾子、扁铲、尖头或扁头锤将熔渣清除干净，以便下一工序——焊接工作顺利进行，否则，气刨熔渣会导致焊接时产生缺陷。

五、碳弧气刨缺陷及防止措施

1. 夹碳

由于操作不当，没有控制好刨削速度和碳棒进给速度，造成短路熄弧，将碳棒粘在金属上，产生夹碳缺陷，如图 1—3—10 所示。夹碳处易形成一层含碳量高达 6.7% 的硬脆的碳化铁，此处难以引弧，必须将其清除后，才能继续刨削。否则夹碳残存在坡口中，焊接后易产生气孔和裂纹。

防止措施：严格按照气刨操作工艺进行操作即可避免此缺陷的发生。

2. 粘渣

碳弧气刨吹出的物质称为熔渣，它实质上是一层很薄的氧化铁，容易粘在刨槽的两侧，形成粘渣，如图 1—3—11 所示。

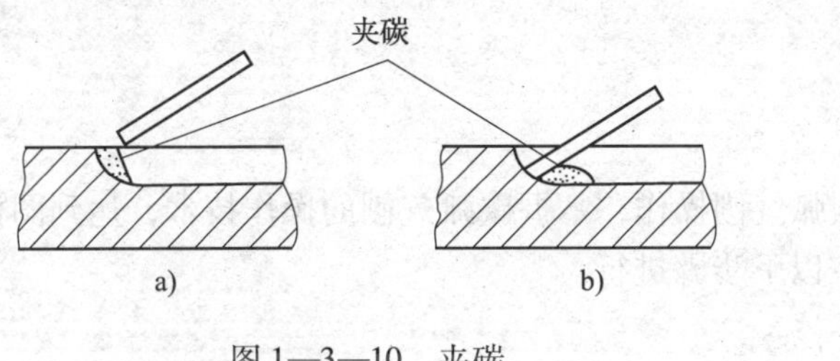

图 1—3—10　夹碳
a）刨削速度过快　b）碳棒进给过快

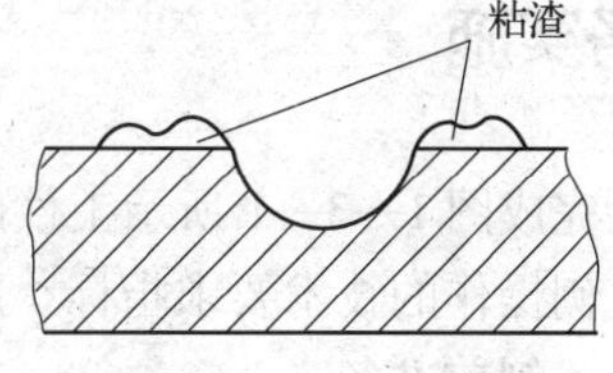

图 1—3—11　粘渣

焊前要用钢丝刷或砂轮将粘渣清除干净。有时粘渣极薄，肉眼很难辨认清楚，但在焊接电弧遇到粘渣时，熔池会发生沸腾现象，严重时易形成气孔。

防止措施：造成粘渣的主要原因是压缩空气压力过低，所以在气刨时，一定要将压缩空气的吹力加到足够大，即可防止粘渣。

3. 铜斑

采用表面镀铜的碳棒气刨时，因镀铜层的质量不好，剥落的铜皮熔敷在刨槽表面形成铜斑；或因碳棒用到较短时操作手把不稳，喷嘴与工件瞬间短路后，使铜制的喷嘴熔化，而在刨槽表面形成铜斑，如图 1—3—12 所示。焊前应当用钢丝刷将铜斑清除干净，避免造成焊缝的局部渗铜，影响焊缝性能。

防止措施：若用表面镀铜的碳棒气刨时，要选择质量高、镀铜层附着牢固的碳棒；刨削作业时，不应使碳棒用得过短，当碳棒的伸出长度达到 20 ~ 30 mm 时，就应将其重新调到 80 ~ 100 mm，再继续进行刨削作业，避免喷嘴与工件短路。

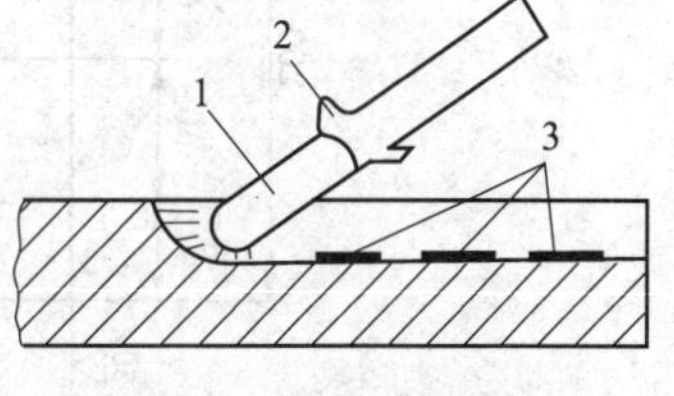

图 1—3—12　铜斑
1—碳棒　2—铜皮　3—铜斑

4. 刨槽尺寸和形状不规则

当手工碳弧气刨的工艺参数选择合适时，刨槽的尺寸和形状主要取决于操作者的个人技术。刨槽形状不规则的原因如下：

（1）刨削速度和碳棒进给速度不均、不稳，以致刨槽宽窄不一致、深浅不均匀，如图1—3—13所示。

（2）在横断面内碳棒与工件表面不垂直，如图1—3—14所示。

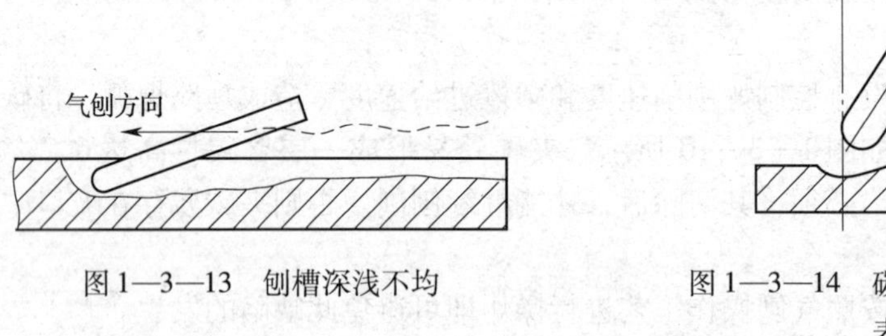

图1—3—13　刨槽深浅不均

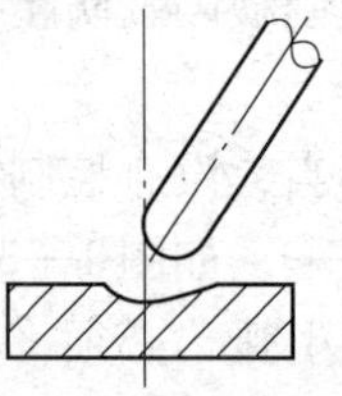

图1—3—14　碳棒与工件表面不垂直

（3）背面铲焊根时，刨削方向没对正电弧前方的小凹槽（即装配间隙），故产生刨偏。

任务实施

为完成图1—3—1所示工件的碳弧气刨操作，掌握碳弧气刨的操作技术，达到图样中对碳弧气刨操作的技术要求指标。应按以下步骤进行：

一、刨前准备

1. 按规定穿戴好焊接劳动保护服装和用品，如工作服、工鞋、工帽、皮焊接手套，选好面罩、护目镜、錾子、扁铲、尖头或扁头锤、划线工具及钢板尺等。

2. 准备工件：材质为Q235B，规格为300 mm × 200 mm × 12 mm。数量：1块/人。用剪板机或氧—乙炔切割下料。

3. 在碳弧气刨工作中用的板件上，用划线工具按图1—3—1要求尺寸，划出刨槽中心线，如图1—3—15所示。

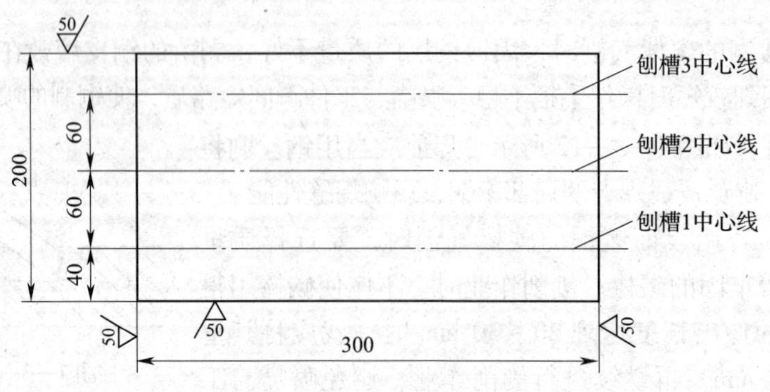

图1—3—15　碳弧气刨用板件

4．碳弧气刨刨削工艺参数见表1—3—5。

表1—3—5　　碳弧气刨刨削工艺参数

刨槽	碳棒规格（mm）	刨削电流（A）	压缩空气的压力（MPa）	电源极性
刨槽1	$\phi6\times355$	180～300	0.4～0.45	反接
刨槽2	$\phi8\times355$	250～400	0.4～0.5	反接
刨槽3	$\phi12\times355$	400～550	0.5～0.6	反接

5．接线

在专业电工和教师指导下，接好气刨二次线（即手把线及工件回路线）并按焊接安全技术和焊接安全注意事项做安全检查。电弧焊机外壳必须有良好的接地或接零，在气刨枪两种型号中任选一种，确保气刨枪绝缘手柄完整无损，并接好电风合一的气刨枪软管。

二、气刨操作步骤

1．起刨

起刨时，引弧前必须先送风，电弧引燃的瞬间不能把电弧拉得过长，以免造成熄弧。气刨引弧成功以后，在刨削过程中，碳棒既不能作横向摆动，也不能作前后往复移动，因为摆动时手把操作不平稳，刨出的凹槽也不整齐。

初学者一般用“轻快”法刨削，待熟练后，再逐渐运用“重慢”法刨削。刨削速度要均匀，电弧发出连续的“刷刷”声响，刨槽两侧宽窄一致，表面光滑明亮，刨削速度要符合相应材料的刨速。刨削进给速度不宜过快，否则会造成碳棒与被刨削金属短路。所以刨削速度、进给速度要适中。刨削角度即碳棒的倾角一般控制在30°～45°为宜。

特别注意，一般开始刨削时碳棒的伸出长度在80～100 mm为宜。在碳弧气刨时，碳棒的伸出长度是断续调整的。由于在刨削过程中碳棒逐渐烧损，所以当碳棒的伸出长度缩短至20～30 mm时，应将其重新调到80～100 mm后，再继续进行刨削作业。

2．气刨收弧

气刨收弧时，要遵照前面已讲过的气刨收弧要领操作，避免熔化的铁水留在刨槽内形成气刨熔渣缺陷。

气刨结束后，也应遵照前面讲的工艺过程清除气刨熔渣，防止气刨熔渣缺陷。

三、工件外观检测

1．自检

对自己刨完并清理好的工件，依据评分标准的内容，进行自校正和检测。检测工件时，要正确运用钢板尺检测内容在评分标准范围内为合格。

2．互检

与同组同学对刨完清理好的工件，进行互相检测，并指出不足，相互讨论，并将结果报给相应教师评定，教师要给出准确结论。

3．专检

教师要对学生在刨削操作过程中的操作姿势及刨削方法进行巡回检查，及时纠正不正确的操作。教师在接到刨完并清理好的工件后，要依据评分标准对工件进行严格检测，给出准确分值。对该工件气刨参数的选择、引弧、刨削、收弧等做出明确解答，并对学生各操作步骤及动作存在的问题进行纠正，提高学生刨削操作技能水平。

任务评价

评分标准见表1—3—6。

表1—3—6 **评分标准**

序号	操作内容	评分标准	配分	得分
1	刨槽深度	刨槽深度分别为3 mm、8 mm、5 mm，超差2 mm，1处扣4分	20	
2	刨槽宽度	刨槽宽度分别为8 mm、10 mm、14 mm，超差2 mm，1处扣4分	20	
3	刨槽直线度	直线度≤2 mm，超差1处扣4分	20	
4	刨槽底部圆弧	刨槽底部圆弧半径分别为4 mm、5 mm、7 mm，超差1 mm，1处扣2分	10	
5	刨槽外观质量	出现铜斑、夹碳，1处扣5分	20	
6	安全操作规程	劳动保护用品穿戴不齐全，扣4分；气刨设备、工具和安全装置使用不正确，扣3分	7	
7	文明生产	工作场地整洁、工具摆放整齐不扣分，稍差扣1分，很差扣3分	3	
总分合计			100	

注：定额工时40 min，超定额时间5%～20%，从总分中扣2～10分。

思考与练习

1. 什么是碳弧气刨？碳弧气刨优点有哪些？

2. 碳弧气刨的适用范围有哪些？

3. 碳弧气刨的工艺过程是什么？

4. 碳弧气刨时如何防止夹碳、粘渣和铜斑？

5. 试刨削一个工件，确定碳弧气刨的工艺参数。

6. 试用两种不同形状和不同规格的碳棒刨削同一个工件，对照它们的不同之处，并把不同之处列出来。

模块二　平焊位焊条电弧焊

平焊位焊条电弧焊是焊接最基本的焊法之一，包括熔敷平焊、平角焊、板对接双面平焊、板对接单面平焊双面成型。在熔敷平焊中可以学到最基本的引弧、运条、收弧及连接接头等操作技术；在平角焊中可以学到直线形运条法、斜圆圈形运条法、多层焊以及多层多道焊操作技术；在板对接双面平焊中能学到平板对接定位焊、防止电弧偏吹等操作技术；在板对接单面平焊双面成型中能学到连弧和断弧焊法等操作技术。这些焊接方法和技术在机械制造中都非常重要。

任务1　熔 敷 平 焊

技能点

◎ 掌握焊条电弧焊引弧、运条、收弧及连接接头等操作技术；掌握焊条电弧焊安全操作技术；掌握熔敷平焊的基本技能及操作。

知识点

◎ 了解焊条电弧焊常用工具、辅具的正确使用；了解熔敷平焊焊接操作方法；了解焊接检验尺结构并学会焊接检验尺初步使用。

任务提出

本任务通过焊条熔敷平焊（简称平敷焊）操作，学习焊条电弧焊的常用工具、辅具的使用方法，同时，也初步掌握引弧、运条、收弧和连接接头等平焊位焊条电弧焊中的基本操作技术。平敷焊在工程实践中，可用于工件的堆焊。

平敷焊工件图如图 2—1—1 所示，板件材料为 Q235B，规格为 300 mm × 150 mm × 8 mm。初学者可依据该工件图样，学习平敷焊。

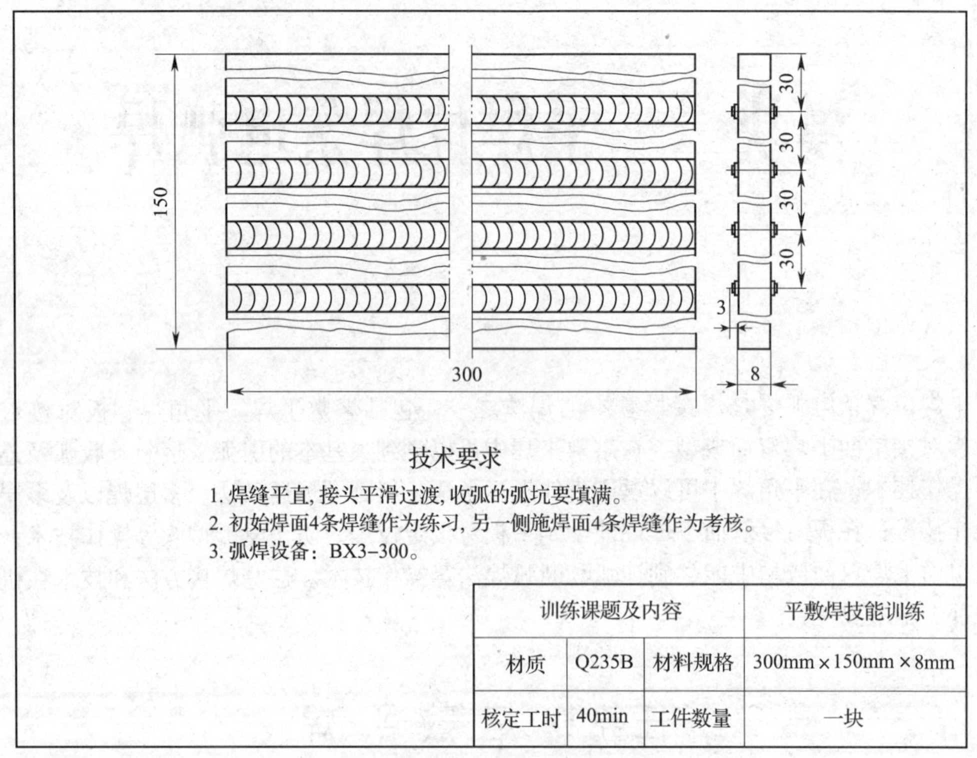

训练课题及内容			平敷焊技能训练
材质	Q235B	材料规格	300mm × 150mm × 8mm
核定工时	40min	工件数量	一块

图 2—1—1　平敷焊工件图

任务分析

如图 2—1—1 所示，平敷焊在操作时易出现如下问题：初学者在施焊时，容易将焊条粘在工件上形成固体短路，即粘条；运条过程中，将焊条向熔池送进时，易出现电弧长短不均，造成电弧燃烧不稳定，进而导致焊缝宽窄不均，高低不平，焊缝质量不过关；收弧时，因收弧方法不正确，焊缝成形不良，易出现弧坑；焊缝连接时，引弧与上一次收弧时，因操作方法不当，接头处成形不良等。基于以上因素，初学者应加强操作基本姿势和焊接手法的稳定性训练，在钢板上进行两面平敷焊，同时还要熟悉安全操作规程。

相关知识

一、焊条电弧焊常用设备及工具

焊条电弧焊常用的设备及工具有电焊机、面罩 、护目镜 、焊钳、焊条、焊件、工作台和焊接电缆等，图 2—1—2 所示为焊条电弧焊操作示意图。

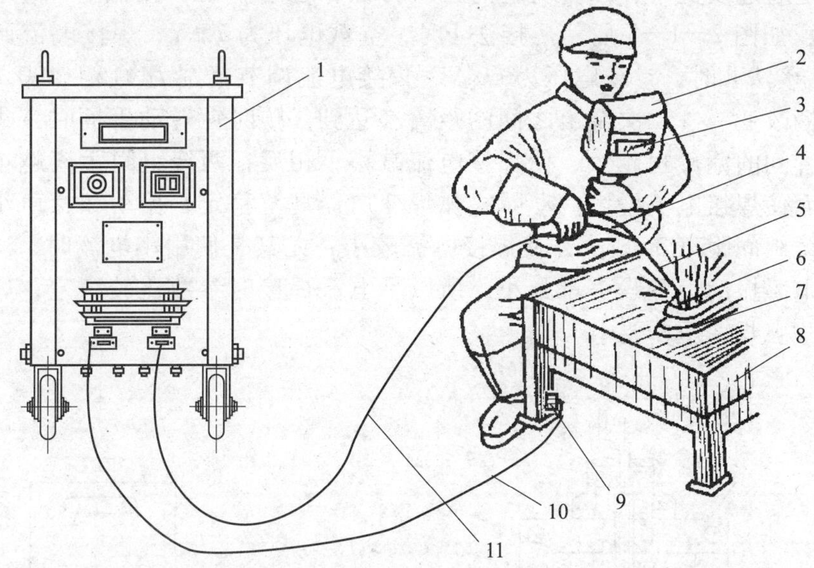

图 2—1—2　焊条电弧焊操作示意图

1—电焊机　2—面罩　3—护目镜　4—焊钳　5—焊条　6—电弧　7—焊件
8—工作台　9—磁力接地夹具　10—接工件电缆线　11—接焊钳电缆线

1. 电焊机

电焊机是对焊接电弧提供电能的一种专用装置。尽管电焊机具有一定的通用性，但不同类型的电焊机的结构、电气性能、主要技术参数及经济性指标是不同的。因此，应合理选择电焊机，才能确保焊接过程顺利进行，获得经济、良好的焊接效果。

目前在国内使用较多的一种电焊机是 BX3－300 型电焊机，下面就介绍这种典型的交流电焊机的特点及其参数的调节。

（1）BX3－300 型电焊机。BX3－300 型电焊机属于动圈式弧焊变压器，如图 2—1—3 所示。其空载电压为 60～75 V，工作电压为 30 V，电流调节范围为 40～400 A。这种电焊机具有不分极性易操作、结构简单、价格较低、性能可靠、维修容易、效率较高等特点，适用于焊接普通低碳钢。

图 2—1—3　BX3－300 型电焊机

BX3－300 型电焊机有一个高而窄的口字形铁心，是为了保证一、二次绕组之间的距离（δ_{12}）有足够的变化范围，如图 2—1—4 所示。变压器的一、二次绕组分别做成匝数相等的两盘，用夹板夹成一个整体。一次绕组固定于铁心底部，二次绕组可用丝杠带动，摇动手柄而上下移动，通过改变 δ_{12} 来调节电流。弧焊变压器的一、二次绕组分成两部分安放，两者之间产生较大的漏磁，焊接时使二次电压迅速下降，从而获得下降的外特性。

（2）BX3－300 型电焊机焊接电流的调节。焊接电流的调节有粗调节和细调节两种。粗调节是通过改变一、二次绕组的接线方法，通过串联（接法Ⅰ）或并联（接法Ⅱ）来达到，如图2—1—5所示。接法Ⅰ时，空载电压为75 V，焊接电流调节范围为40～125 A；接法Ⅱ时，空载电压为60 V，焊接电流调节范围为115～400 A。细调节通过转动手柄改变一、二次绕组之间的距离来达到。顺时针转动手柄时，两者间距离越大，则两者间的漏磁也越大，使焊接电流减小；相反，两绕组间距离越小，则漏磁也越小，因而使焊接电流增大。动圈式弧焊变压器规范稳定，振动和噪声小，这是因为一、二次绕组间距离 δ_{12} 较大，使焊接电流较小；尤其是使用小电流时，δ_{12} 调到最大值，此时的电磁振动力和噪声都最小，所以小电流焊接时参数比较稳定，焊接电流波动比动铁心式弧焊变压器要小。

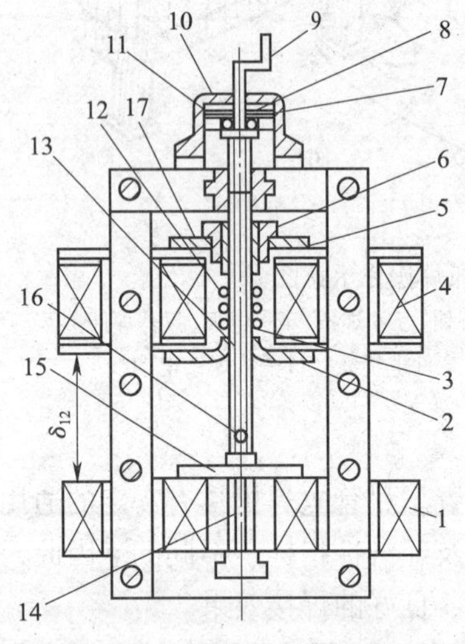

图2—1—4　动圈式弧焊变压器

1——一次绕组　2—下压板　3—下衬套　4—二次绕组　5—螺母　6—上衬套　7—弹簧垫圈　8—铜垫圈　9—手柄　10—丝杠固定压板　11—滚珠轴承　12—压力弹簧　13—丝杠　14—螺钉　15—压板　16—滚珠　17—上夹板

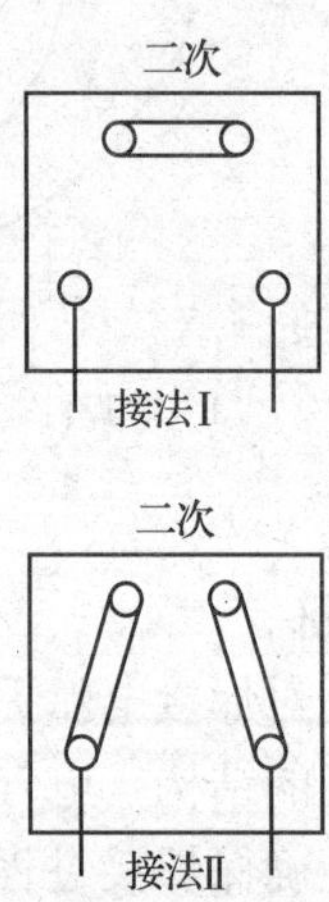

图2—1—5　BX3－300型弧焊变压器电流粗调节

Ⅰ—串联（接法）　Ⅱ—并联（接法）

这类弧焊电源的缺点是：由于靠改变绕组间距离来细调电流，若要求电流下限较低，则 δ_{12} 应很大，这样铁心需做得很高，大量消耗硅钢片，不够经济，所以通常做成中等容量较合适。

2. 焊钳

焊钳是用来夹持焊条（或碳棒）并传导电流以进行焊接的工具。焊接操作对焊钳有如下要求：焊钳必须有良好的绝缘性与隔热能力；焊钳的导电部分采用纯铜材料制成，保证有良好的导电性，与焊接电缆连接简便可靠，接触良好；焊条位于水平、夹角45°、夹角90°等方向时，焊钳应能夹紧焊条；更换焊条方便，质量轻，便于操作，安全性高。

常用焊钳技术参数见表2—1—1，焊钳构造如图2—1—6所示。

表 2—1—1　　焊钳技术参数

型号	额定电流（A）	焊接电缆孔径（mm）	适用的焊条直径（mm）	质量（kg）	外形尺寸（mm × mm × mm）
G352	300	14	2 ~ 5	0.5	250 × 80 × 40
G582	500	18	4 ~ 8	0.7	290 × 100 × 45

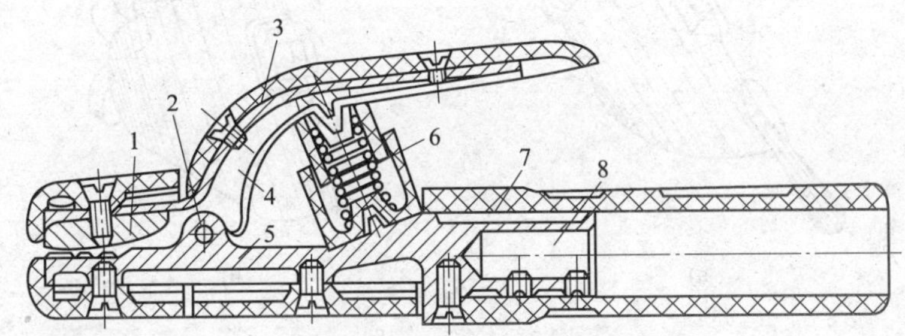

图 2—1—6　焊钳的构造

1—钳口　2—固定销　3—弯臂罩壳　4—弯臂　5—直柄　6—弹簧　7—胶布手柄　8—焊接电缆固定处

3. 焊接电缆

焊接电缆的作用是传导焊接电流，焊接操作对焊接电缆有如下要求：焊接电缆用多股细纯铜丝制成，其截面应根据焊接电流和导线长度选择；焊接电缆外皮必须完整、柔软、绝缘性好，如果外皮损坏应及时修好或更换；焊接电缆长度一般不宜超过 30 m，如需超过此长度时，可以用分节导线，连接焊钳的一段用细电缆，以便于操作，减轻焊工的劳动强度；电缆接头最好使用电缆接头连接器，使连接简便牢固。

焊接电缆型号有 YHH 型和 YHHR 型，在使用情况相同的条件下，YHHR 型电缆的寿命比 YHH 型电缆寿命要长些。如何选用电缆可参考表 2—1—2。

表 2—1—2　　焊接电流、电缆长度与焊接电缆铜芯截面积的关系

截面积（mm^2） / 电缆长（m） / 焊接电流（A）	20	30	40	50	60	70	80	90	100
100	25	25	25	25	25	25	25	28	35
200	35	35	35	35	50	50	60	70	70
300	35	35	50	50	60	70	70	70	70
400	35	50	60	60	70	70	70	85	85
500	50	60	85	85	95	95	95	120	120
600	60	70	85	85	95	95	120	120	120

二、焊条电弧焊常用辅具

1. 面罩

面罩是为防止焊接时产生的飞溅、弧光及其他辐射对焊工面部及颈部产生损伤的一种遮蔽工具，有手持式和头盔式两种，如图 2—1—7 所示。面罩上装有遮蔽焊接有害光线的护目镜片，可按表 2—1—3 选用。

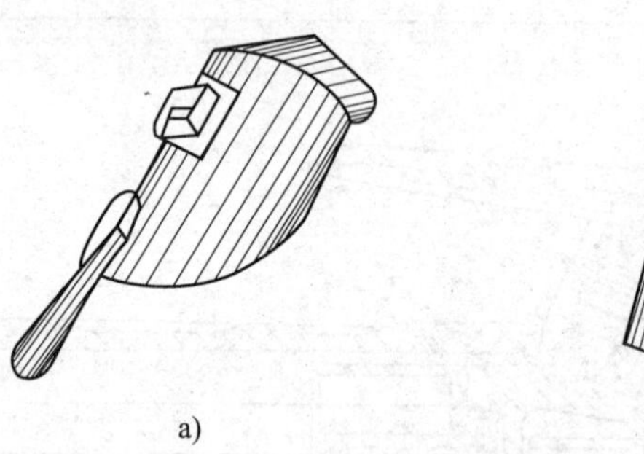
a)

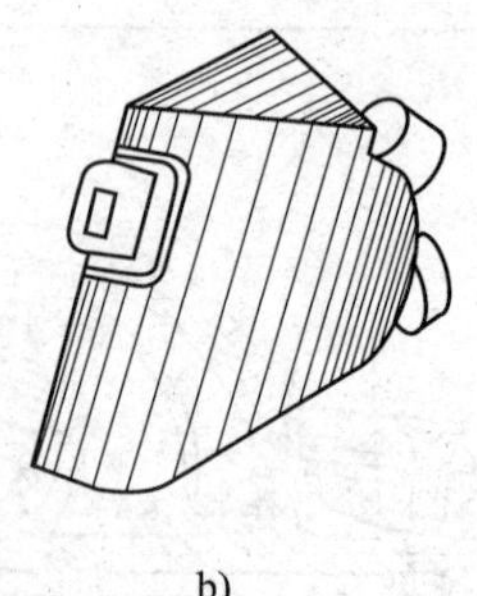
b)

图 2—1—7　面罩
a）手持式　b）头盔式

表 2—1—3　　焊工护目镜片选用参考表

色号	适用电流（A）	尺寸（厚×宽×长）（mm×mm×mm）
7～8	≤100	2×50×107
8～10	100～300	2×50×107
10～12	≥300	2×50×107

选择护目镜片的色号，应考虑焊工的视力并根据其自身情况而定，一般视力较好的焊工宜用色号大些的镜片，视力差的焊工宜用色号小些的镜片。为防止护目镜片被焊接时的飞溅损坏，可在护目镜片外面加上两片无色透明的防护白玻璃。有时为增加视觉效果，可在护目镜片后加一片焊接放大镜。

2. 常用的焊接手工工具

敲渣锤是清除焊缝焊渣的工具，焊工在焊接作业时，应随身携带。敲渣锤有尖锥形和扁铲形两种，常用的是尖锥形，如图 2—1—8a 所示。钢丝刷也是清除焊缝焊渣的工具，在用敲渣锤将焊缝上的熔渣打掉后，用钢丝刷进行清理，钢丝刷还可以用于焊前清理工件上的敷锈等，如图 2—1—8b 所示。清理时焊工应戴平光镜，以免焊渣崩入眼中造成伤害。

3. 快速接头

快速接头也叫快速连接器，主要用于电缆与电缆的连接、电缆与电焊机的连接，快速接头能快速、简捷、省时省力、安全可靠地保证焊接工作的进行。快速接头采用导电性好并具有一定强度的锻制黄铜加工而成，外面套有氯丁橡胶保护绝缘套，如图 2—1—9 所示。常用的快速接头、快速连接器见表 2—1—4。

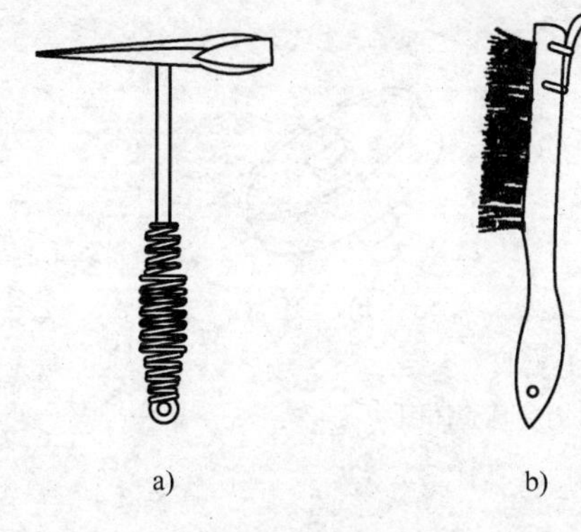

图 2—1—8　常用的焊接手工工具

a）敲渣锤　b）钢丝刷

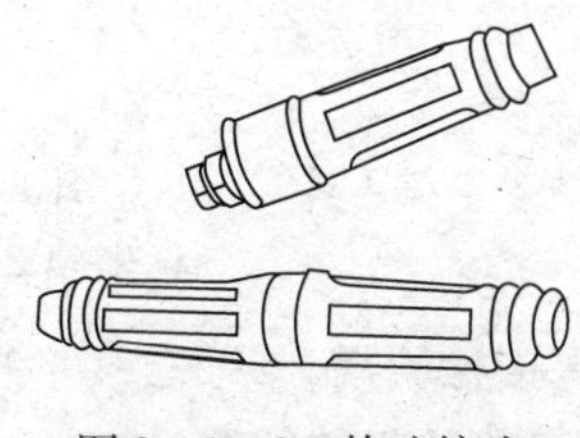

图 2—1—9　快速接头

表 2—1—4　电缆快速接头和快速连接器

名称	型号规格	额定电流（A）	用途
电焊机电缆快速接头	DKJ－16	100～160	由插头和插座两个部件组成，通过螺旋槽端面接触，能随意将电缆连接在电焊机上，符合国际标准
	DKJ－35	160～250	
	DKJ－50	250～310	
	DKJ－70	310～400	
	DKJ－95	400～630	
	DKJ－120	630～800	
焊接电缆快速连接器	DKJ－16	100～160	能随意连接两根电缆，拆连方便，螺旋槽端面接触，符合国际标准
	DKJ－35	160～250	
	DKJ－50	250～310	
	DKJ－70	310～400	
	DKJ－95	400～630	
	DKJ－120	630～800	

4．接地夹具

焊接中用的磁力接地夹具是利用磁力来实现接地或接焊接回路线的接地装置，如图 2—1—10 所示。使用时，将回路线接在电焊机回路线上，将磁力夹具接在工件上，如图 2—1—2 所示。

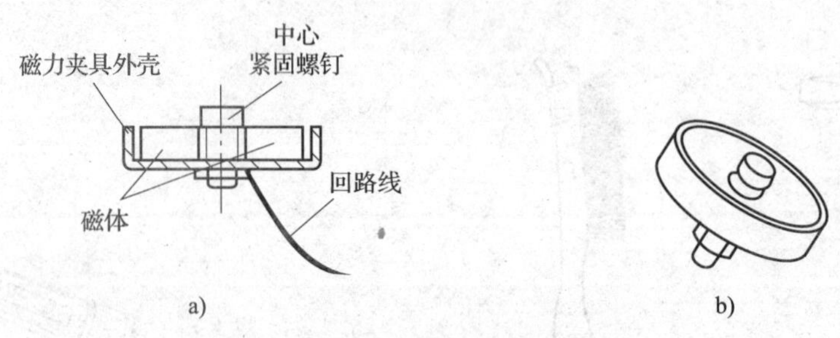

图 2—1—10　焊接接地磁力夹具

a）接地磁力夹具剖面图　b）接地磁力夹具立体图

三、焊接检验尺

1. 焊接检验尺的结构

焊接检验尺（又称万能焊接检验尺）是一种用来测量工件加工坡口角度、工件的组装间隙和焊后的焊缝余高、焊缝宽度等几何尺寸的精密测量工具，它的正、反两面均可用于测量，焊接检验尺由主尺、活动尺和测角尺等组成，如图 2—1—11 所示为焊接检验尺结构示意图。

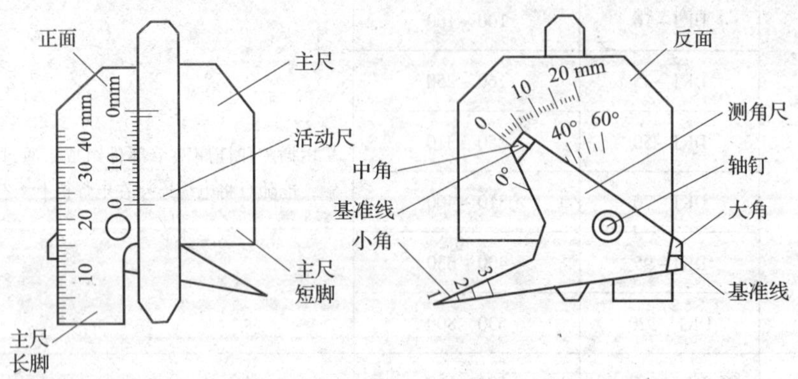

图 2—1—11　焊接检验尺结构示意图

焊接检验尺的外形尺寸为 71 mm × 54 mm × 8 mm，质量为 80 g。使用时应避免磕碰划伤，不要接触腐蚀性的气体、液体，保持尺面清晰，使用完后放入封套内。

2. 焊接检验尺的正确使用

用焊接检验尺正确测量焊缝，如图 2—1—12 所示。

（1）焊缝宽度的测量。将焊接检验尺主尺短脚拐角尖端部置于焊缝一侧的边缘，转动主尺背面的测角尺，使测角尺的小角置于焊缝另一侧的边缘，这时中角基准线对准的主尺背面的尺寸刻度即为被测焊缝的宽度。如图 2—1—12a 所示的焊缝，测量宽度为 10 mm。

（2）焊缝余高的测量。将焊接检验尺主尺长脚端部置于焊缝一侧的边缘，且使活动尺尖端部置于被测工件焊缝的最高处，长脚端与被测工件面压实。这时活动尺与主尺间的尺寸值为 H，这个 H 值就是测得的焊缝余高。图 2—1—12b 所示的焊缝余高为 2 mm。

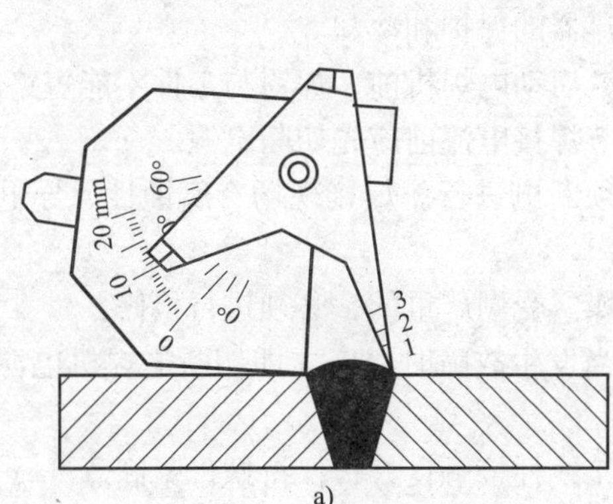

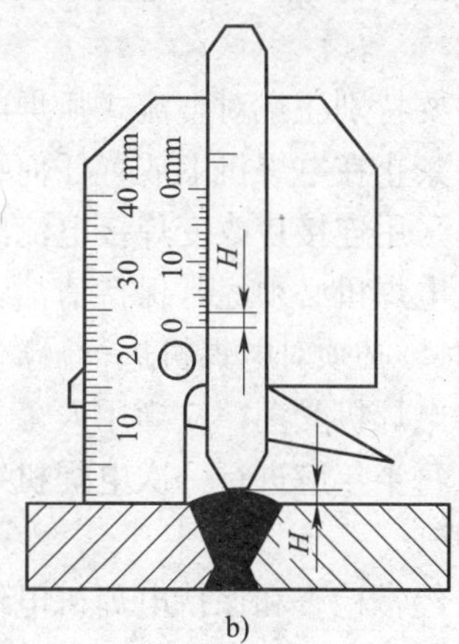

图 2—1—12　焊接检验尺测量焊缝示意图

a）测量焊缝宽度　b）测量焊缝余高

四、焊条电弧焊安全技术

1. 电焊机的安全使用

电焊机必须有良好的绝缘和可靠的保护接地或接零装置。

（1）电焊机必须符合现行有关焊机标准规定的安全要求。

（2）电焊机的工作环境应与焊机技术说明书上的规定相符。如在气温过低或过高、湿度过大、气压过低以及腐蚀性或爆炸性等特殊环境中作业，应使用适合特殊环境条件性能的电焊机，或采取必要的防护措施。

（3）防止电焊机受到碰撞或剧烈振动（特别是整流式电焊机）。室外使用的电焊机必须有防雨雪的防护设施。

（4）电焊机必须装有独立的专用电源开关，当焊机超负荷时，应能自动切断电源。禁止多台焊机共用一个电源开关。

1）电源控制装置应装在电焊机附近人手便于操作的地方，周围应留有安全通道。

2）采用启动器启动的电焊机，必须先合上电源开关，再启动电焊机。

3）电焊机的一次电源线，长度一般不宜超过 3 m，当有临时任务需要较长的电源线时，应沿墙或立柱用瓷屏隔离布设，其高度必须距地面 2. 5 m 以上，不允许将电源线拖在地面上。

（5）电焊机外露的带电部分应设有完好的防护（隔离）装置，电焊机裸露接线柱必须设有防护罩。

（6）使用插头插座连接的电焊机，插座孔的接线端应用绝缘板隔离，并装在绝缘板平面内。

（7）禁止用建筑物金属构架和设备作为焊接电源回路。

（8）电焊机的维护

1）接入电源网路的电焊机不允许超负荷使用。电焊机运行时的温升，不应超过标准规定的温升限值。

2）必须将电焊机平稳地安放在通风良好、干燥的地方，不准靠近高温及易燃易爆的危险环境。

3）要特别注意对整流式弧焊电焊机硅整流器的保护和冷却。

4）禁止在电焊机上放置任何物件和工具，启动电焊机前，焊钳与工件不能短路。

5）采用连接片改变焊接电流的焊机，调节焊接电流前应先切断电源。

6）电焊机必须经常保持清洁。清扫时必须断电进行。焊接现场有腐蚀性、导电性气体或粉尘时，必须对电焊机进行隔离防护。

7）电焊机受潮，应当用人工方法进行干燥。受潮严重的，必须进行检修。

8）每半年应进行一次电焊机维修保养。当发生故障时，应立即切断电焊机电源，及时进行检修。

9）经常检查和保持电焊机电缆与电焊机接线柱接触良好，保持螺母紧固。

10）焊工工作完毕或临时离开工作场地时，必须及时切断电焊机电源。

（9）电焊机的接地

1）各种电焊机（交流、直流）、电阻焊机等设备或外壳、电气控制箱、电焊机组等，都应按现行《电力设备接地设计技术规程》的要求接地，防止触电事故。

2）电焊机的接地装置必须保持连接良好，定期检测接地系统的电气性能。

3）禁用氧气管道和乙炔管道等易燃易爆气体管道作为接地装置的自然接地极，防止由于产生电阻热或引弧时冲击电流的作用，产生火花而引爆。

4）电焊机组或集装箱式电焊设备都应安装接地装置。

5）专用的焊接工作台架应与接地装置连接。

2. 焊接用电缆线

（1）电焊机的电源线必须有足够的导电截面积和良好的绝缘，且不宜过长。铁壳开关的外壳和电焊机的接地线均要有足够的截面积。

1）电焊机用的软电缆线应采用多股细铜线电缆，其截面要求应根据焊接需要载流量和长度，按电焊机配用电缆标准的规定选用。电缆应轻便柔软，能任意弯曲或扭转，便于操作。

2）电缆外皮必须完整、绝缘良好、柔软，绝缘电阻不得小于 1 MΩ，电缆外皮破损时应及时修补完好。

3）连接电焊机与焊钳必须使用软电缆线，长度一般不宜超过 20～30 m。截面积应根据焊接电流的大小来选取，以保证电缆不致过热而损伤绝缘层。

4）电焊机的电缆线应使用整根导线，中间不应有连接接头。当工作需要接长导线时，应使用接头连接器牢固连接，连接处应保持绝缘良好，而且接头不要超过两个。

5）焊接电缆线要横过马路或通道时，必须采取保护套等保护措施，严禁搭在气瓶、乙炔发生器或其他易燃物品的容器上。

6）禁止利用厂房的金属结构、轨道、管道、暖气设施或其他金属物体搭接起来作为电焊回路导线。

7）禁止焊接电缆与油脂等易燃物料接触。

（2）焊接回路线用焊接电缆线，绝缘应良好。焊钳的绝缘部分必须完整。

3. 其他安全注意事项

（1）为保护设备和人身安全，应装熔断器、断路器（又称过载保护开关）、触电保安器（也叫漏电开关）。

1）当电焊机的空载电压较高，而又在有触电危险的场所作业时，必须在电焊机上装配空载自动断电装置。

2）焊接引弧时，电源开关自动闭合，停止焊接、更换焊条时，电源开关自动断开。这种装置不仅能避免空载时的触电，也减少了设备空载时的电能损耗。

（2）不倚靠带电工件。焊工身体出汗或其他原因导致衣服潮湿时，不得靠在带电的工件上施焊。

五、平敷焊基本操作技术

平敷焊是工件处于水平位置时，在工件上堆敷焊道的一种操作方法。在已定焊接工艺参数和操作方法的基础上，控制弧长、焊接速度，达到控制熔池温度、熔池形状的目的，完成焊接。

平敷焊是初学者进行焊接技能训练时必须掌握的一项基本焊接方法，这种焊接方法易掌握，焊缝无烧穿、焊瘤等缺陷，易获得良好焊缝成形和焊缝质量。

1. 基本操作姿势

（1）基本姿势。焊接基本操作姿势有蹲姿、坐姿、站姿。每一个焊接操作姿势均要确保焊接动作流畅，面罩能遮挡住面部，且通过护目镜可观察到熔池而无遮挡物，如图 2—1—13 所示。

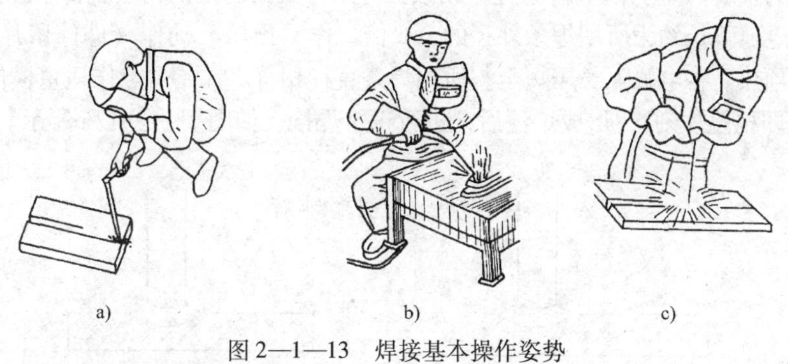

图 2—1—13　焊接基本操作姿势

a）蹲姿　b）坐姿　c）站姿

（2）焊钳与焊条的夹角。在不影响导电和不破坏焊条药皮的情况下，焊钳与焊条的夹角，可按图 2—1—14 选择。在选择焊钳与焊条夹角时，可按被焊工件及焊工持焊钳的习惯进行，但必须确保施焊时运条流畅，易观察熔池。

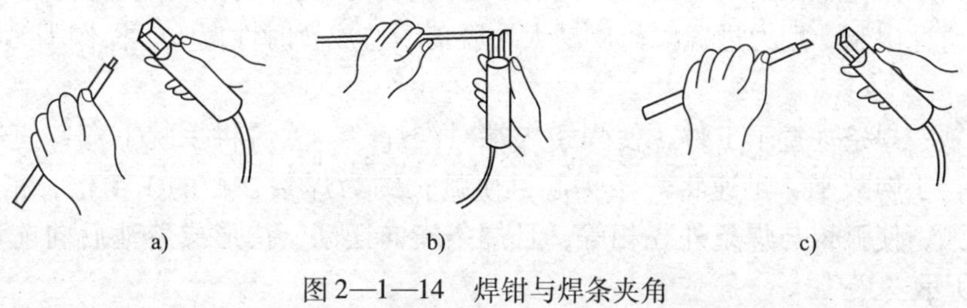

图 2—1—14　焊钳与焊条夹角

a）80°　b）90°　c）120°

（3）操作姿势。平焊时，焊钳的握法如图 2—1—15 所示。平焊操作姿势及两脚打开角度如图 2—1—16 所示。面罩的握法为左手握面罩，自然上提至内护目镜框与眼平行，向脸部靠近，面罩与鼻尖距离为 10 ~ 20 mm 即可。

图 2—1—15　焊钳握法　　图 2—1—16　平焊操作姿势及两脚打开角度

2. 基本操作方法

（1）引弧。焊条电弧焊施焊时，用焊条引燃焊接电弧的过程，称为引弧。常用的引弧方法有划擦法、直击法两种。

1）划擦法。优点：易掌握，不受焊条端部清洁情况限制，一般在开始施焊或更换焊条后施焊时使用此法。缺点：操作不熟练时，易损伤工件。

操作要领：类似划火柴。先将焊条端部对准焊缝，然后将手腕扭转，使焊条在工件表面上轻轻划擦，划的长度以 20 ~ 30 mm 为宜，以减少对工件表面的损伤，然后将手腕扭平后迅速将焊条提起，使电弧弧长约为所用焊条外径的 1.5 倍，作“预热”动作（即停留片刻），保持电弧弧长不变，预热后将电弧弧长压短至与所用焊条直径相符。在始焊点作适量横向摆动，且在起焊处稳弧（即稍停片刻），形成熔池后，进行正常焊接，如图 2—1—17a 所示。

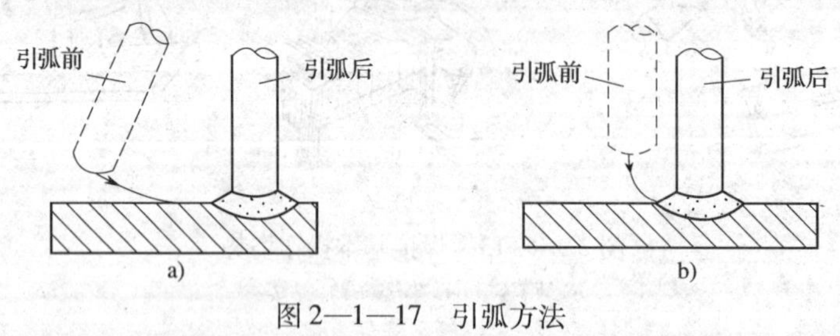

图 2—1—17　引弧方法

a）划擦法　b）直击法

2）直击法。优点：直击法是一种理想的引弧方法，适用于各种位置引弧，不易碰伤工件。一根焊条未用完熄弧，用这根未用完的焊条再次引弧施焊时常用此法引弧。缺点：受焊条端部清洁情况限制，用力过猛时药皮易大块脱落，造成暂时性偏吹，操作不熟练时易粘在工件表面上。

操作要领：焊条垂直于工件，使焊条末端对准焊缝，然后将手腕下弯，使焊条轻碰工件，引燃后，手腕放平，迅速将焊条提起，使弧长约为焊条外径的 1.5 倍，稍作“预热”后，压低电弧，使弧长与焊条外径相等，且焊条横向摆动，待形成熔池后向前移动，如图 2—1—17b 所示。

影响电弧顺利引燃的因素有工件清洁度、焊接电流、焊条质量、焊条酸碱性、操作方法等。

3）引弧注意事项。注意清理工件表面，以免影响引弧及焊缝质量；引弧前应尽量使焊条端部焊芯裸露，若不裸露可用锉刀轻锉，或轻击地面使焊芯裸露；焊条与工件接触后，提起时间应适当；引弧时，若焊条与工件出现粘连，应迅速使焊钳脱离焊条，以免烧损弧焊电源，待焊条冷却后，用手将焊条拿下；引弧前应夹持好焊条，然后用正确的操作方法进行焊接；初学引弧，要注意防止电弧光灼伤眼睛。不要用手触摸刚焊完的工件，焊条头也不要乱丢，以免造成烫伤和引起火灾。

（2）运条方法。焊接过程中，焊条相对焊缝所做的各种动作总称运条。在正常焊接时，焊条一般有三个基本运动相互配合，即沿焊条中心线向熔池送进、沿焊接方向移动、焊条横向摆动（平敷焊练习时焊条可不摆动），如图 2—1—18 所示。

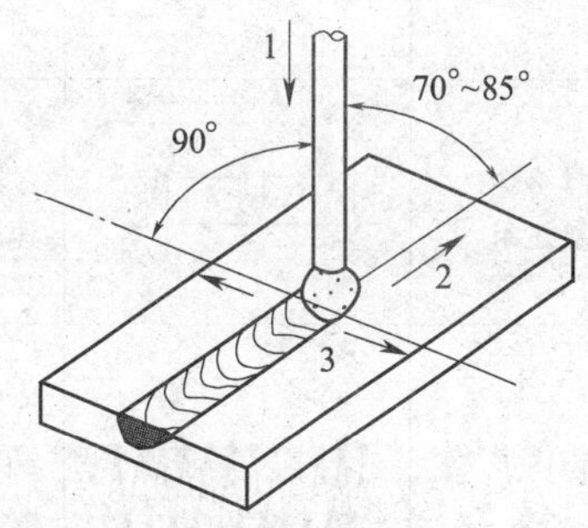

图 2—1—18　焊条的角度与运条
1—送进方向　2—前进方向　3—摆动方向

1）焊条送进。焊条送进是沿焊条中心线向熔池进给焊条，主要用来维持所要求的电弧长度和向熔池添加填充金属。焊条送进的速度应与焊条熔化速度一致，如果焊条送进速度比焊条熔化速度慢，电弧长度会增加；反之，如果焊条送进速度太快，则电弧长度迅速缩短，焊条与工件接触，造成粘条，从而影响焊接过程的顺利进行。

电弧长度指焊条端部与熔池表面之间的距离。电弧的长度超过所选用的焊条直径时，称为长弧；小于焊条直径时，称为短弧。长弧焊接所得焊缝质量较差，因为电弧易左右飘移，不稳定，电弧的热量散失，焊缝熔深变浅，又由于空气侵入易产生气孔，所以在焊接时应选用短弧。

2）焊条沿焊接方向移动。焊条沿焊接方向移动的目的是控制焊缝成形，若焊条移动速度太慢，则焊缝会过高、过宽，外形不整齐，如图 2—1—19a 所示，焊接薄板时甚至会发生烧穿等缺陷。若焊条移动太快，则焊条和工件熔化不均，会造成焊缝较窄，甚至发生未焊透等缺陷，如图 2—1—19b 所示。只有焊条移动速度适中时，才能焊成表面平整，波纹细致、均匀的焊缝，如图 2—1—19c 所示。焊条沿焊接方向移动的速度由焊接电流、焊条直径、焊件厚度、组装间隙、焊缝位置以及接头形式决定，并通过变化直线速度控制每道焊缝的横截面积。

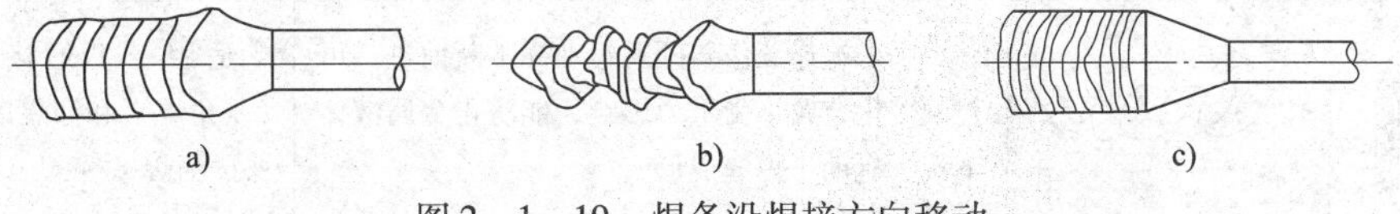

图 2—1—19　焊条沿焊接方向移动

3）焊条横向摆动。焊条横向摆动，主要是为了获得一定宽度的焊缝，同时也可以向工件输入足够的热量，利于排渣、排气等。横向摆动的作用是保证两侧坡口根部与每个焊缝波纹之间良好熔合及获得适量的焊缝熔深与熔宽。横向摆动范围受工件厚度、坡口形式、焊道层次和焊条直径的影响，摆动的范围越宽，则得到的焊缝宽度也越大。稳弧动作（电弧在某处稍加停留）的作用是保证坡口根部很好熔合，增加熔合面积。为了控制好熔池温度，使焊缝具有一定的宽度和高度及良好的熔合边缘，对焊条的横向摆动可采用多种方法，见表

2—1—5。

表 2—1—5　　运条方法

运条法	运条轨迹	特点	适用范围
直线运条		焊条不做横向摆动，沿焊接方向直线运动。焊缝宽度较窄，熔深较大。在正常焊接速度下，焊缝波纹饱满平整	适用于板厚 3 ~ 5 mm 的不开坡口平焊、多层焊的打底焊及多层多道焊缝
直线往复运条	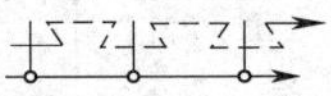	焊条末端沿焊缝纵向作往复直线摆动，焊接速度快，焊缝窄，散热快	适用于接头间隙较大的多层焊的第一层焊缝和薄板的焊接
锯齿形运条	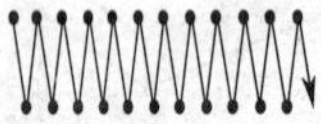	焊条末端作锯齿形连续摆动并沿焊缝纵向移动，运动到边缘稍停，这种运条方式可以防止咬边，通过摆动可以控制液体金属流动和焊缝宽度，改善焊缝成形	运条手法操作容易，应用较广，适用于中、厚钢板的平焊、立焊、仰焊的对接接头和立焊的角接接头
月牙形运条	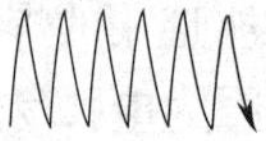	焊条末端沿着焊接方向作月牙形左右摆动，并在两边的适当位置稍作停顿，使焊缝边缘有足够的熔深，防止产生咬边缺陷。此法使焊缝的宽度和余高增大。其优点是，金属熔化良好且有较长的保温时间，熔池中的气体和熔渣易上浮到焊缝表面	适用于仰焊、立焊、平焊以及需要比较饱满焊缝的地方
三角形运条　斜三角形		焊条末端作连续的斜三角形运动，并不断向前移动。通过焊条的摆动控制熔化金属，使焊缝成形良好	适用于焊接 T 形接头的仰焊缝和有坡口的横焊缝
三角形运条　正三角形		一次能焊出较厚的焊缝断面，有利于提高生产率，而且焊缝不易产生夹渣等缺陷	适用于开坡口的对接接头和 T 形接头的立焊
圆圈形运条　斜圆圈		焊条末端连续作斜圆圈运动并不断前进。可控制熔化金属不受重力影响，能防止金属液体下淌，有助于焊缝成形	适用于 T 形接头的横焊（平角焊）和仰焊以及对接接头的横焊
圆圈形运条　正圆圈	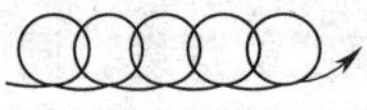	能使熔化金属有足够高的温度，可防止焊缝产生气孔	只适用于焊接较厚工件的平焊缝
单 8 字和双 8 字形运条	 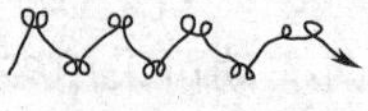	焊缝边缘加热充分，熔化均匀，焊透性好，可控制两边停留时间不同，调节热量分布	适用于开坡口的厚件和不等厚度件的对接焊

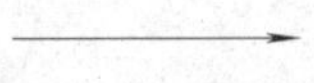

4）焊条角度。焊接时工件表面与焊条所形成的夹角称为焊条角度。焊条角度应根据焊接位置、工件厚度、工作环境、熔池温度等选择，如图 2—1—20 所示。掌握好焊条角度，可以使铁水与熔渣很好地分离，防止熔渣超前现象并可控制一定的熔深。立焊、横焊、仰焊时，还有防止铁水下坠的作用。

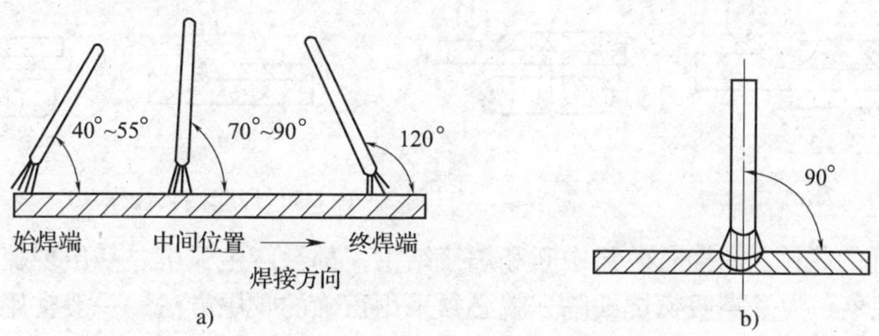

图 2—1—20　焊条的角度

a）焊条与焊缝轴线方向的夹角　b）焊条与焊缝轴线垂直方向的夹角

5）运条注意事项。焊条运至焊缝两侧时应稍作停顿，并压低电弧；作运条、送进和摆动这三个动作时要节奏均匀有规律，应根据焊接位置、接头形式、焊条直径与性能、焊接电流大小以及技术熟练程度等因素来掌握；对于碱性焊条应选用较短电弧进行操作；焊条在向前移动时，应达到匀速运动，不能时快时慢；运条方法的选择应在指导教师的指导下，根据实际情况确定。

（3）焊缝连接接头技术。引弧起始端称为焊缝首，焊接终结端称为焊缝尾。焊缝连接接头的方式一般有以下几种：尾首连接法，即后焊焊缝的起首与先焊焊缝结尾相接，如图 2—1—21a 所示；首首连接法，即后焊焊缝的起首与先焊焊缝起首相接，如图 2—1—21b 所示；尾尾连接法，即后焊焊缝的结尾与先焊焊缝结尾相接，如图 2—1—21c 所示；首尾连接法，即后焊焊缝的结尾与先焊焊缝起首相接，如图 2—1—21d 所示。这些焊缝连接接头在焊接对接管的环形焊缝时均被使用。

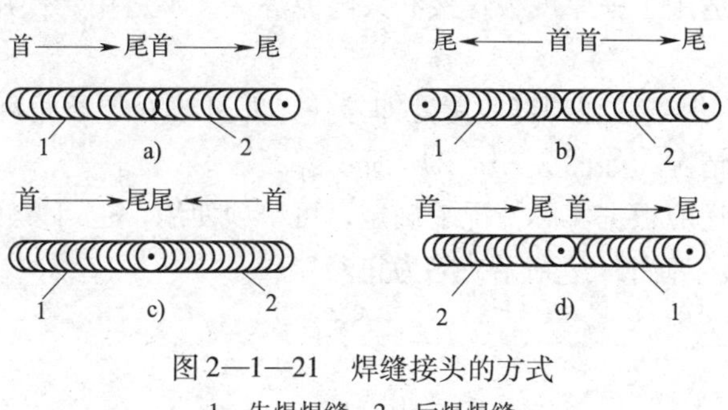

图 2—1—21　焊缝接头的方式

1—先焊焊缝　2—后焊焊缝

焊缝连接注意事项：接头时，引弧应在弧坑前 10 mm 任何一个待焊面上进行，然后迅速移至弧坑处划圈进行正常焊接，如图 2—1—22 所示；接头时，应对前一道焊缝端头进行认真的清理，必要时可对接头处进行修整，这样有利于保证连接接头的质量；温度越高，接头越平整。对于首尾相接的焊缝，接头动作要快，操作方法如图 2—1—23a 所示；对于首首相接的焊缝，接头处应先拉长电弧再压低电弧，操作方法如图 2—1—23b 所示；对于尾尾相接、尾首相接的焊缝应压低电弧，操作方法如图 2—1—23c 所示，且可采用多次点击法加划圆圈法连接。

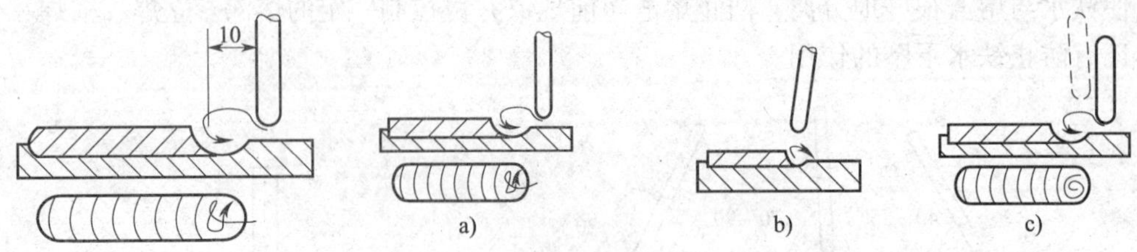

图 2—1—22　接头引弧处　　　　图 2—1—23　焊缝接头操作法

（4）焊缝的收尾。焊接时电弧中断和焊接结束，都会产生弧坑，易出现疏松、裂纹、气孔、夹渣等现象。为了克服弧坑缺陷，就必须采用正确的收尾方法，一般常用的收尾方法有三种。

1）划圈收尾法。焊条移至焊缝终点时，作圆圈运动，直到填满弧坑再拉断电弧。此法适用于厚板收尾，如图 2—1—24a 所示。

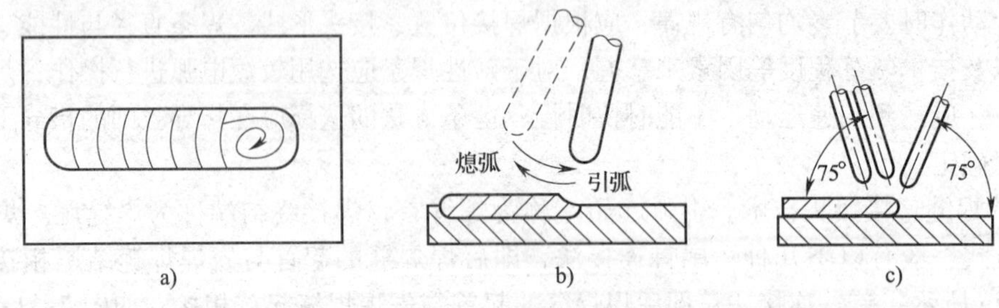

图 2—1—24　焊缝收弧方法

a）划圈收尾法　b）反复断弧收尾法　c）回焊收尾法

2）反复断弧收尾法。焊条移至焊缝终点时，在弧坑处反复熄弧，引弧数次，直到填满弧坑为止。此法一般适用于中厚度板焊接和大电流焊接，不适用于使用碱性焊条的情况，如图 2—1—24b 所示。

3）回焊收尾法。焊条移至焊缝收尾处即停住，并且改变焊条角度回焊一小段。此法适用于使用碱性焊条的情况，如图 2—1—24c 所示。

收尾方法的选用还应根据实际情况来确定，可单项使用，也可多项结合使用。无论选用何种方法都必须将弧坑填满，达到无缺陷为止。

任务实施

为完成图 2—1—1 所示平敷焊接工件，达到掌握引弧、连接接头、收尾的正确操作方法；能熟练正确地选用各种运条方法及操作方法；掌握焊接时的正确操作姿势，焊接任务的实施应按以下步骤进行：

一、焊前准备

1. 按规定穿戴好焊接劳动保护服装和用品，如工作服、工鞋、工帽、皮焊接手套。准备辅助工具，如面罩、护目镜、清渣锤、锉刀、砂布、钢丝刷、划线工具和锤子等必备焊接用具和焊接检验尺。选焊接电缆线 20 m 长，横截面积为 35 mm^2。若长度不够，可用型号 DKJ－35 快速电缆接头连接焊接电缆线。弧焊设备选用 BX3－300 型号电焊机。

2. 准备工件：材质为 Q235B；规格为 300 mm×150 mm×8 mm；数量为 1 块/人。

3. 平敷焊接工件焊接工艺参数，见表 2—1—6。

表 2—1—6　　焊接工艺参数

序号	焊接层数	焊条直径（mm）	焊接电流（A）	电弧电压（V）	焊接速度（cm/min）
1	焊道 1 层	3.2	100～150	21～24	6～9
2	焊道 2 层	4	160～180	25～28	12～16
3	盖面焊道 3 层	4	150～180	25～28	11～14
4	背面焊道 4 层	4	160～200	25～28	11～14

4. 严格按焊接安全操作规程（即本任务讲的焊接安全技术），在专业电工和教师指导下，接两次线（即手把线及工件回路线），并按焊接安全技术和焊接安全注意事项进行安全检查。电弧焊机外壳必须有良好的接地或接零，焊钳绝缘手柄必须完整无缺。

5. 在工件上，用石笔在 300 mm×150 mm×8 mm 钢板上，以 20 mm 的间距画出焊缝中心线。

6. 正确使用焊接设备，以画出的焊缝中心线作为运条的轨迹，采用直线运条法和正圆圈形运条法运条，焊条角度如图 2—1—25 所示。

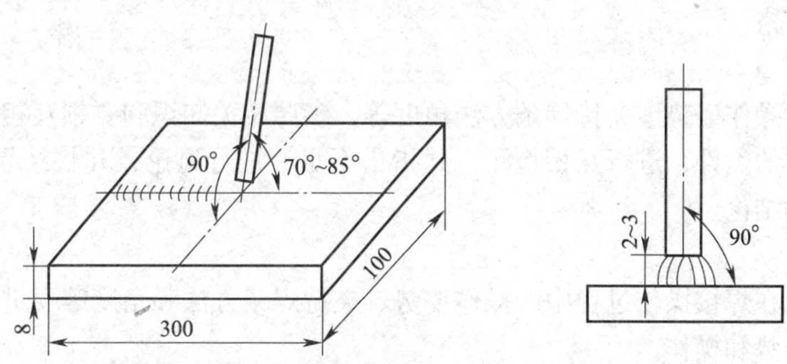

图 2—1—25　焊条电弧焊操作角度示意图

二、焊接操作步骤

1. 焊缝的引弧、运条、连接和收尾的方法要正确，严格按相关知识进行引弧、运条、接头和收尾的操作训练。手持面罩，看准引弧位置，用面罩挡着面部，将焊条端部对准引弧处，用划擦法或直击法引弧，迅速而适当地提起焊条，形成电弧，调试电流。为了延长弧焊电源的使用寿命，调节电流时应在空载状态下进行，调节极性时应在焊接电源未闭合状态下进行。

（1）引弧后看飞溅。电流过大时，电弧吹力大，可看到较大颗粒的铁水向熔池外飞溅，焊接时爆裂声大；电流过小时，电弧吹力小，熔渣和铁水不易分清。

（2）焊接时要注意对熔池的观察，熔池的亮度反映熔池的温度，熔池的大小反映焊缝的宽窄。注意对熔渣和熔化金属的分辨。

（3）看焊缝成形。电流过大时，熔深较大，焊缝余高低，两侧易产生咬边；电流过小时，焊缝窄而高，熔深较浅，且两侧与母材金属熔合不好；电流适中时，焊缝两侧与母材金属熔合得很好，呈圆滑过渡。运条若匀速，焊接波纹就均匀，焊缝缺陷减少，焊件焊后无引弧痕迹。

（4）看焊条熔化状况。电流过大时，当焊条熔化了大半截时，其余部分均已发红；电流过小时，电弧燃烧不稳定，焊条易粘在工件上。焊接的起头引弧和连接处基本平滑，无局部过高、过宽现象，收尾处无缺陷。

操作要求：按指导教师示范动作进行操作，教师巡查指导，主要检查焊接电流、电弧长度、运条方法等，若出现问题，及时解决，可作为评分依据，必要时再进行个别示范。

2．每条焊缝焊完后，清理熔渣，分析焊接中出现的问题，再进行另外一条焊缝的焊接。

3．焊后工件及焊条头应妥善保管或放好，以免烫伤。

4．在实习场所周围应设置灭火器材。

三、检查与检测

1．自检

对自己的操作姿势、运条方法要及时校正。将焊完清理好的工件，依据图2—1—1及表2—1—7评分标准进行自检，检测工件时，要正确使用焊接检验尺，检测的操作内容在评分标准范围内为合格。

2．互检

同组同学对操作姿势、夹持焊条方法角度等，参照相关知识和要领互相监督校正。互相交换焊完清理好的工件，进行互相检测，并指出不足，进行讨论，并将结果报给相应教师，教师要给出准确结论。

3．专检

教师对学生在焊接操作过程中的操作姿势、夹持焊条方法和角度等要进行巡回检查，及时纠正不正确姿势和操作。

教师在接到上交的焊完清理好的工件后，要依据评分标准对工件进行严格检测，准确打分。并对学生在工件的焊接参数的选择、引弧、运条、收弧及连接等各操作步骤中存在的问题进行更正，给出明确解答，这样有利于提高学生焊接操作技能水平。

任务评价

评分标准见表2—1—7。

表 2—1—7　　评 分 标 准

序号	操作内容	评 分 标 准	配分	得分
1	操作姿势	蹲、坐、站姿每项不正确各扣 3 分	9	
2	夹持焊条	焊钳握法、夹持角度不正确各扣 3 分	6	
3	引弧方法	引弧法不正确、粘条各扣 5 分	10	
4	运条方法	运条方法不正确、焊条摆动超差各扣 5 分	10	
5	焊缝宽度	宽 9 ~ 11 mm，每超差 1 mm 扣 4 分	10	
6	焊缝高度	高 1 ~ 3 mm，每超差 1 mm 扣 4 分	10	
7	焊缝成形	要求波纹细、均匀、光滑，否则每处扣 3 分	9	
8	弧坑	弧坑饱满，否则每处扣 4 分	8	
9	接头	要求不脱节、不凸高，否则每处扣 4 分	10	
10	电弧擦伤	若有电弧擦伤每处扣 2 分	6	
11	飞溅	清理干净，否则每处扣 2 分	6	
12	安全文明生产	服从管理、安全操作，否则各扣 3 分	6	
总分合计			100	

注：从开始引弧计时，该工件 40 min 内完成，每超出 1 min，从总分中扣 2.5 分。

思考与练习

1. 什么是平敷焊？基本姿势有哪些？正确的基本姿势是怎样的？

2. 什么是引弧？有哪几种方法？试述几种引弧方法的优缺点和操作要领。

3. 试述引弧注意事项。

4. 什么是运条？试述运条的几个基本运动。

5. 试述运条时的注意事项。

6. 简述本任务介绍的几种运条方法。

7. 简述直线运条、锯齿形运条和月牙形运条的适用范围。

8. 焊缝连接接头有哪几种？

9. 简述焊缝连接注意事项。

10. 简述焊缝收尾的几种方法。

11. 试检几个工件，并对焊件焊接参数的选择、引弧、运条、收弧及连接等进行评价，更正各步骤存在的问题。

任务2 平 角 焊

技能点

◎ 掌握焊条的选择原则；了解并掌握焊条的鉴别；掌握直线运条法；了解并掌握斜圆圈形运条法；掌握多层焊和多层多道焊技术。

知识点

◎ 了解平角焊概念及分类；了解 T 形接头的焊接形式；学会用焊接检验尺测量角焊缝的方法。

任务提出

平角焊在工程中，多用于梁、柱、架及船的球鼻、龙骨的角接或 T 形接头的平焊位焊接结构件中，日常所见的桥梁、大型的高压线柱和各种桁架等基本都采用平角焊。

如图 2—2—1 所示为平角焊工件图，板件材料为 Q235B，正确选择焊条。读懂工件图样，完成平角焊任务，达到工件图样要求。

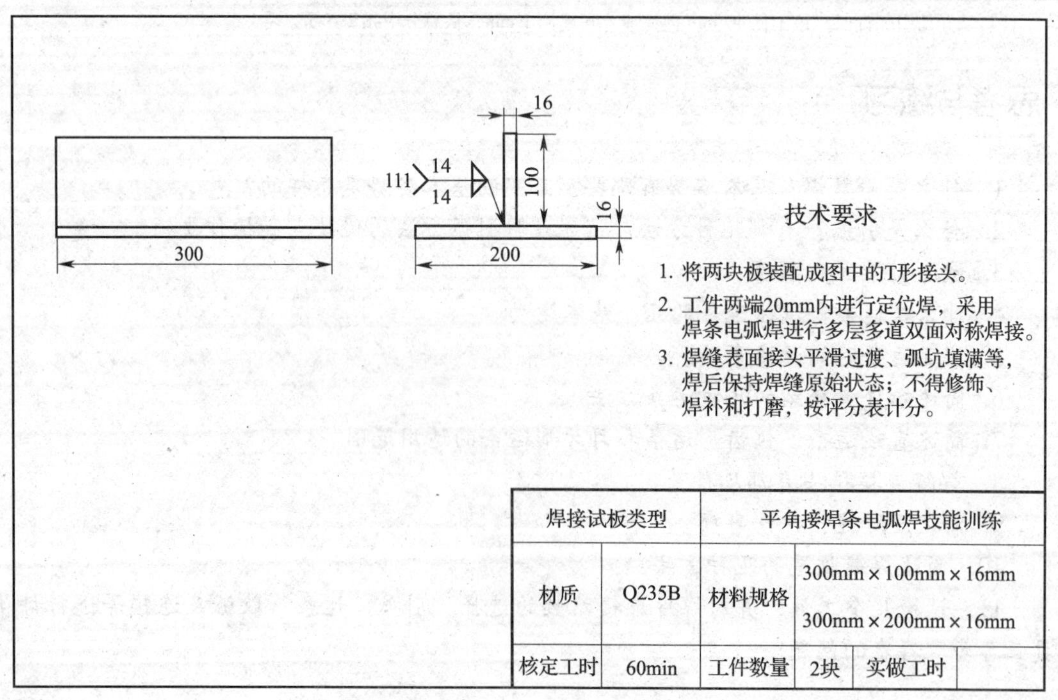

图 2—2—1 平角焊工件图

任务分析

进行平角焊时易出现的问题包括：在平角焊操作过程中，如果焊条放置角度不当、焊接电流过大或电弧过长，在工件的立板面很容易产生咬边缺陷；如果各层间清渣不彻底，或选择的焊接电流过小，熔渣不能及时浮出，在焊道间容易产生夹渣缺陷；焊缝偏下是平角焊接时最容易出现的问题，可通过调整焊条角度，并匹配合适的焊接电流解决。

相关知识

一、平角焊概念及分类

焊接角接接头处于水平位置（即角接焊缝倾角为0°、180°，转角为45°、135°的角焊位置）时的焊接操作为平角焊。平角焊是对平角焊缝施焊时的焊接操作，如图2—2—2所示为平角焊的接头形式。以下仅介绍具有代表性的T形接头的平角焊和船形焊操作技术。

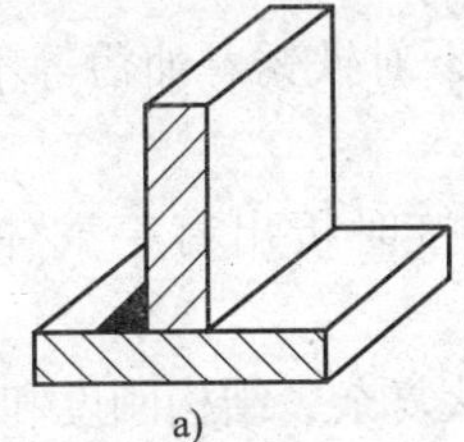
a)

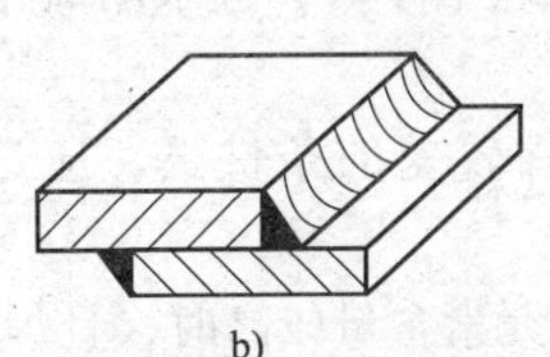
b)

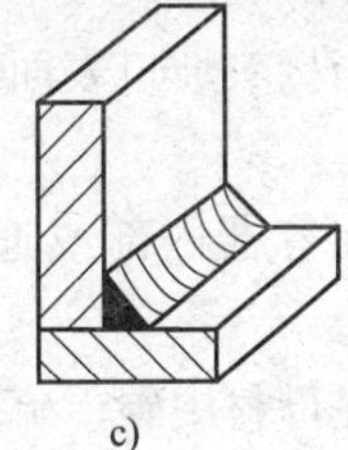
c)

图2—2—2　平角焊的接头形式
a）T形接头　b）搭接接头　c）角接接头

二、焊条的选用原则

根据被焊工件和工况条件，能熟练正确地选择焊条的规格、型号或牌号，也是合格焊工应具备的能力。

1. 工件对焊条酸碱性的要求

酸性焊条和碱性焊条由于药皮的组成成分不同，焊条的工艺性能以及焊缝金属的性能也不同，因此，它们的应用场合有很大的区别。酸性焊条和碱性焊条的性能比较见表2—2—1。

表2—2—1　**酸性焊条和碱性焊条的性能比较**

焊条	酸性焊条	碱性焊条
工艺性能特点	引弧容易，电弧稳定，可用交、直流电源焊接	电弧的稳定性较差，只能用直流电源焊接
	宜长弧操作	须短弧操作，否则易引起气孔
	焊接电流较大	较同规格酸性焊条的焊接电流小
	对铁锈、油污和水分的敏感性不强，抗气孔能力强。焊条使用前须在100～150℃环境下烘焙1 h	对水、锈产生气孔的敏感性较强，焊条使用前须在350～400℃环境下烘焙1～2 h

续表

焊条	酸性焊条	碱性焊条
工艺性能特点	飞溅小，脱渣性好	飞溅大，脱渣性稍差
	焊接时烟尘较少	焊接时烟尘较多
焊缝金属性能	焊缝在常温、低温下冲击性能一般	焊缝在常温、低温下冲击性能较好
	合金元素烧损较多	合金元素过渡效果好，塑性和韧性好，特别是低温冲击韧度好
	脱硫效果差，抗热裂纹性能差	脱氧和脱硫能力强，焊缝含氢、氧、硫低，抗裂性能好

通过比较，可以看出，碱性焊条形成焊缝的塑性、韧性和抗裂性能均比酸性焊条好。所以，在焊接重要结构时，一般均采用碱性焊条。在选择焊条的酸碱性时，一般要考虑以下几方面的因素：

（1）当接头坡口表面难以清理干净时，应采用氧化性强，对铁锈、油污等不敏感的酸性焊条。

（2）在容器内部或通风条件较差的条件下，应选用焊接时析出有害气体少的酸性焊条。

（3）在母材中碳、硫、磷等元素含量较高时，且焊件形状复杂、结构刚度和厚度大时，应选用抗裂性能好的碱性低氢型焊条。

（4）当工件承受振动载荷或冲击载荷时，除保证抗拉强度外，应选用塑性和韧性较好的碱性焊条。

（5）在酸性焊条和碱性焊条均能满足性能要求的前提下，应尽量选用工艺性能较好的酸性焊条。

对于同一强度等级的酸性焊条和碱性焊条，应根据焊件的结构形状和钢材厚度选用焊条，形状复杂、结构刚度大及厚度大的焊件，由于焊接过程中产生较大的焊接应力，因此必须采用抗裂性能好的低氢型焊条。

2. 工件对焊条的力学性能和化学成分的要求

根据工件的力学性能和化学成分，焊条选用一般遵循“等强”和“近性”原则。

（1）低碳钢和低合金高强度钢的焊接，一般情况下应根据设计要求，按强度来选用焊条。选用焊条的抗拉强度与母材相同或稍高于母材，但对于某些裂纹敏感性较高的钢种或刚度较大的焊接结构，为了提高焊接接头在消除应力时的抗裂能力，焊条的抗拉强度应稍低于母材。

（2）焊接低温钢时，应根据设计要求，选用低温冲击韧度等于或高于母材的焊条，同时，焊条强度不应低于母材的强度。

（3）对于耐热钢和不锈钢的焊接，为保证焊接接头的高温冲击性能和耐腐蚀性能，应选用熔敷金属化学成分与母材相同或相近的焊条。当母材中碳、硫、磷等元素的含量较高时，应选用抗裂性能好的低氢型焊条。

（4）低碳钢与低合金高强度钢等异种钢的焊接，应选用与强度等级低的钢材相适应的焊条。

（5）有色金属的焊接，应选用化学成分相近的焊条。

根据母材的化学成分和力学性能推荐选用的焊条见表2—2—2。

表2—2—2　部分焊条的选用

钢材类别		焊条牌号	符合或接近的国际型号	备注
珠光体耐热钢	12CrMo	R207	$E5515-B_1$	视厚度进行热处理
	15CrMo	R307	$E5515-B_2$	焊后消除应力热处理
	12CrMoV	R317	$E5515-B_2V$	焊后消除应力热处理
不锈钢	1Cr18Ni9Ti	A132	E347－16	
	0Cr17Ni12Mo2	A202	E316－16	
碳素结构钢—低合金钢	Q235A＋Q345（16Mn）	J422	E4303	
	20、20R＋16MnR、16MnRC	J427 J507	E4315 E5015	
碳素结构钢—铬钼低合金钢	Q235A＋15CrMo	J427	E4315	视材质厚度决定是否热处理
	16MnR＋15CrMo	J507	E5015	视材质厚度决定是否热处理
	20＋15CrMo	R307	$E5515-B_2$	
$\sigma_b \geqslant 510$ MPa的碳锰钢，如Q345（16Mn）、16MnR、20MnMo		J507	E5015	碱性焊条
		J507D J506D	E5015 E5016	碱性焊条，打底用焊条
$\sigma_b \geqslant 690$ MPa的低合金高强度钢，如18MnMoNbR		J707	$E7015D_2$	碱性焊条
		J707Ni	E7015G	碱性焊条，低温性能和抗裂性能好

3．工件的工作条件

根据工件的工作条件，包括载荷、介质和温度等，选择满足使用要求的焊条。比如，在高温条件下工作的工件，应选择耐热钢焊条；在低温条件下工作的工件，应选择低温钢焊条；接触腐蚀介质的工件应选择不锈钢焊条；承受动载荷或冲击载荷的工件应选择强度足够、塑性和韧性较高的低氢型焊条。

4．考虑劳动条件、生产率和经济性

在满足使用性能和操作性能的基础上，尽量选用效率高、成本低的焊条。焊接空间位置变化大时，尽量选用工艺性能适应范围较大的酸性焊条。在密闭容器内焊接时，应选用低尘、低毒焊条。

三、焊条的优劣鉴别

1．外观检验

焊条药皮表面应细腻光滑，无气孔和机械损伤，药皮无偏心或偏心度小于3%，焊芯无锈蚀现象，引弧端有倒角，引燃剂完好，夹持端牌号标志清晰。

2．药皮强度检验

将焊条平举至离钢板1 m处，松开手让焊条自由落下，发出清脆的“咔咔”响声，药皮不脱落，视为优良焊条，药皮无脱落现象，说明药皮强度合格。

3．工艺性检验

用待验焊条进行焊接试验，若引弧容易，电弧燃烧稳定，飞溅小，药皮熔化均匀，焊缝成形好，不易产生气孔、裂纹、夹渣和咬边等缺陷，脱渣容易，则焊条的工艺性好。

4．理化检验

焊接重要产品用的焊条，应焊接在正式工艺试验试板上，工艺试验试板除进行外观检验外，还要对试板进行X光探伤，取样做金相试验、化学分析及力学性能试验，所有项目都合格时，焊条才合格。当焊工对使用的焊条质量发生怀疑时，可以用下述方法鉴别焊条质量。

（1）将几根焊条放在手掌上滚动，若焊条互相碰撞时发出清脆的金属声，则焊条药皮干燥可用；若发出低沉的沙沙声，则焊条药皮已受潮不能使用。

（2）将焊条在焊接回路中粘条数秒钟，若焊条表面出汗、出现颗粒状斑点，则焊条已受潮不能使用。

（3）焊条的夹持端的焊芯上有锈痕，说明焊条已受潮不能使用。

（4）将厚药皮焊条缓慢弯成120°角，若涂料大块脱落或药皮表面无裂纹，则焊条受潮。干燥的焊条在缓慢弯曲时，有小的脆裂声，继续弯至120°，药皮受拉面出现小裂口。

（5）焊接时，药皮成块脱落，产生大量水蒸气或有爆裂现象，说明焊条已受潮。已受潮的焊条，若药皮脱落，则应报废。若酸性焊条受潮不严重，或焊芯上有轻微锈痕，焊接时基本能保证质量，烘干后可以再用，但不能用来焊接重要结构。若碱性焊条焊芯上有锈痕，则不能使用。

四、T形接头焊接

1．T形接头平角焊

（1）角焊缝各部名称。在焊接结构中，广泛采用角焊缝连接，角焊缝各部位的名称，如

图2—2—3所示。角焊缝的焊脚尺寸应符合国家标准和设计图样要求，以保证焊接接头的强度。一般焊脚尺寸随工件厚度的增大而增加，角焊缝的焊脚尺寸与钢板厚度的关系见表2—2—3。

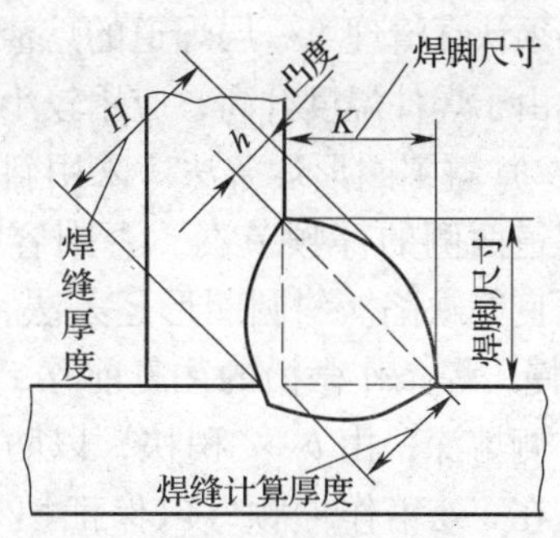

图2—2—3　角焊缝各部位名称

（2）平角焊缝层数的选择。角焊的焊接方式有单层焊、多层焊和多层多道焊，焊接层数和焊道数量，取决于所要求的焊脚尺寸的数值和工件厚度。通常焊脚尺寸在6 mm以下时，选 ϕ4.0 mm直径的焊条，采用单层焊；焊脚尺寸为6～10 mm时，采用多层焊，选 ϕ4.0～ϕ5.0 mm直径的焊条；焊脚尺寸大于10 mm时，采用多层多道焊，选 ϕ5.0 mm直径的焊条。这样便于操作并能提高焊接生产率。

表2—2—3　角焊缝的焊脚尺寸与钢板厚度的关系　mm

钢板厚度	6～10	10～12	12～16	16～23
最小焊脚尺寸	4	5	8	10

当焊脚尺寸大于10 mm时，采用二层三道焊。如果焊脚尺寸大于12 mm，可以采用三层六道、四层十道焊接，如图2—2—4所示。

平角焊时，还可在焊件的立板开单边V形坡口，如图2—2—5a所示；在工件的立板开带钝边双边V形坡口，如图2—2—5b所示。

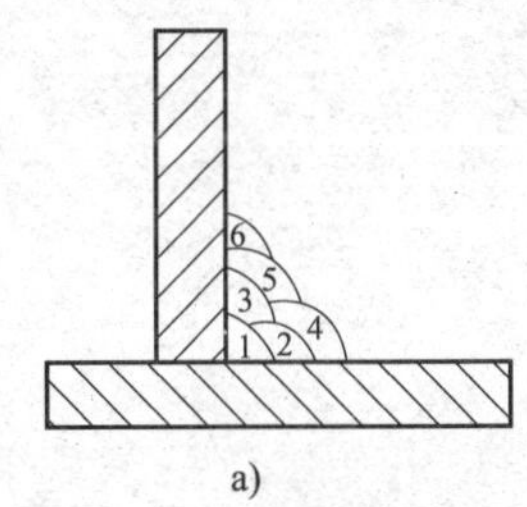

a)

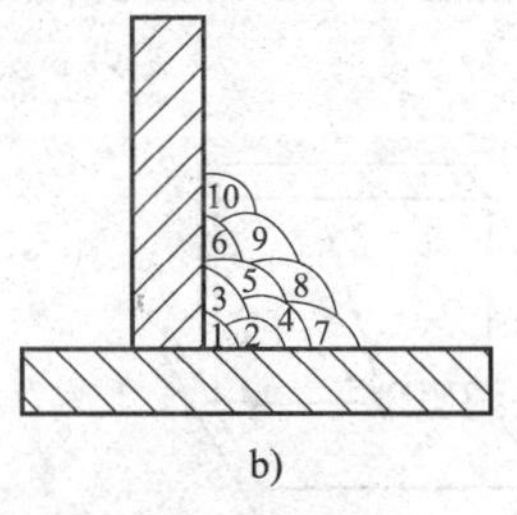

b)

图2—2—4　多层多道焊的焊道排列

a）三层六道焊接　b）四层十道焊接

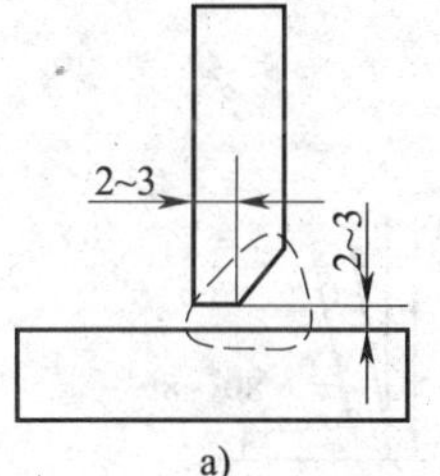

a)

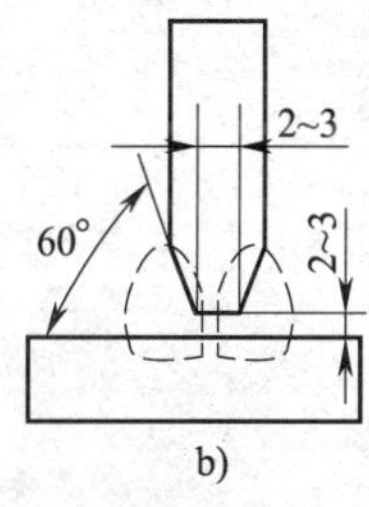

b)

图2—2—5　大厚度工件角焊时的坡口

a）单边V形坡口　b）带钝边双边V形坡口

（3）平角焊缝运条方式的选择

1）直线形运条法。对于角接平焊单层焊可选择直径 ϕ4 mm的焊条。焊接操作时，可采用直线形运条法，短弧焊接，焊接速度要均匀。焊条与平板的夹角为45°，与焊接方向的夹角为70°～80°。运条过程中，要始终注视熔池的熔化情况，一方面要保持熔池在接口处不偏上或偏下，以便使立板与平板焊道充分熔合；另一方面保证熔渣对熔池的保护作用，既不超前，也不拖后。熔渣超前，容易造成夹渣；熔渣拖后，焊缝表面波纹粗糙。运条时通过对焊接速度的调整和适当的焊条摆动，保证工件所要求的焊脚尺寸。

对于角接平焊采用多层多道焊时，焊接第一层，一般选用直径小一些的焊条，焊接电流应稍大些，以达到一定的熔透深度。可以采用直线运条法，收尾时要填满弧坑。焊接第二道焊缝前必须认真清理第一层焊道的熔渣。焊接时，可采用直径 ϕ4 mm 的焊条，以便加大焊道的熔宽。由于焊件温度升高，应用较小的电流和较快的焊接速度，以防止垂直板产生咬边现象。

2）斜圆圈形运条法。采用斜圆圈形运条法时应注意焊条在焊道两侧的停顿节奏，否则容易产生咬边、夹渣、边缘熔合不良等缺陷。斜圆圈形运条法，如图 2—2—6 所示：由 $a \to b$ 要慢，焊条作微微的往复前移，以防熔渣超前，以保证水平焊一侧熔深；由 $b \to c$ 稍快，以防熔化金属下淌，形成焊瘤缺陷；在 c 处稍作停顿，以保证填充适量并确保在垂直一侧熔合，避免咬边；由 $c \to d$ 稍慢，保持各熔池之间形成 1/2 ~ 2/3 的重叠，以利于焊道的成形，防止夹渣；由 $d \to e$ 稍快，到 e 处稍作停顿，如此反复运条。焊道收尾时填满弧坑，能获得满意的焊缝。

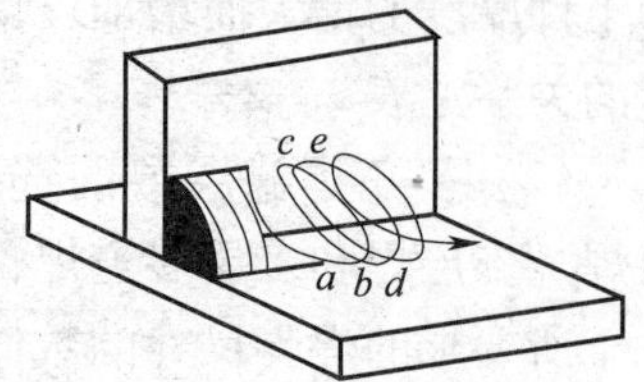

图 2—2—6　平角焊的斜圆圈形运条法

（4）焊条角度的选择。平角焊时，焊条角度因板厚的不同而有所不同，由不等厚度板组装的角焊缝，在角焊时，要相应地调节焊条角度，电弧要偏向于厚板一侧，使厚板所受热量增加。通过焊条角度的调节，使厚、薄两板受热趋于均匀，以保证接头良好熔合，否则，容易产生未焊透、焊偏、咬边、夹渣等缺陷。焊条角度选择如图 2—2—7 所示。另外，多层多道焊时，焊条的角度随每一道焊缝的位置不同而有所不同。

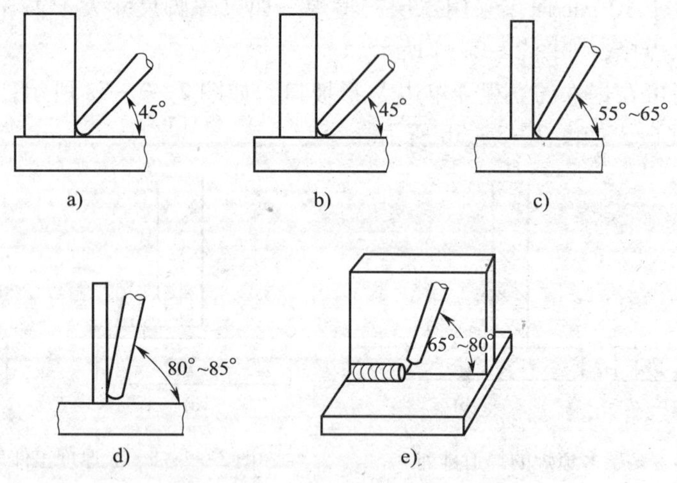

图 2—2—7　平角焊焊条角度选择

a）立板比平板厚　b）两板等厚　c）、d）平板比立板厚　e）焊条与焊接方向的夹角

2. T 形接头船形焊

在角接平焊的实际生产中，将 T 形、十字形或角接接头的工件翻转 45°，使角接接头处于平焊位置进行的焊接，称为船形焊，如图 2—2—8 所示。船形位置焊接时，因熔池处于水平位置，能避免咬边、焊脚下偏等焊接缺陷。焊缝美观平整，同时操作便利，有利于使用大直径焊条和大的焊接电流，而且能一次焊成较大截面的焊缝，即焊脚最大尺寸可超过 10 mm，提高焊接生产率，如果施工条件允许，应尽可能采用船形焊。运条还可用月牙形或锯齿形运条方法。

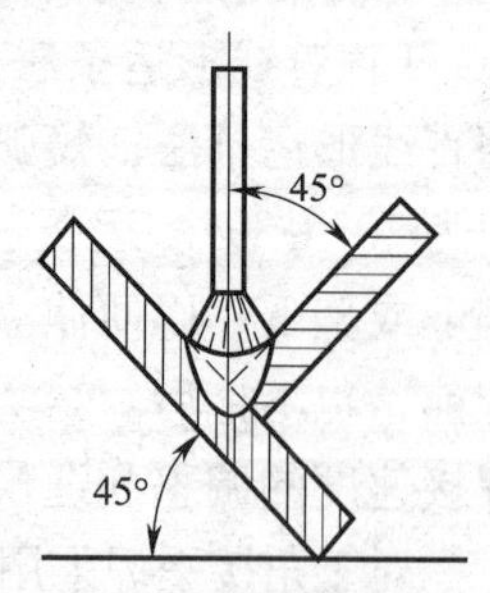

图 2—2—8　船形焊

五、工件角焊缝测量

测量角焊缝厚度，以主尺的90°角处为测量基面，在活动尺的配合下进行测量，活动尺上短线对准的主尺部分的刻度值，即为所测的角焊缝厚度值。一般焊缝厚度范围 $H=1\sim20$ mm。如图 2—2—9 所示，此焊缝厚度 $H=5$ mm。

测量角焊缝焊脚尺寸，以主尺长脚侧面靠紧立板面，以主尺长脚端置于被测焊缝焊脚尺寸最高端，推动活动尺，使活动尺端部置于平板上，这时活动尺上短线对准的主尺部分的刻度值，即为所测的角焊缝焊脚尺寸，一般焊脚尺寸范围 $K=1\sim20$ mm。如图 2—2—10 所示，焊脚尺寸 $K=10$ mm。

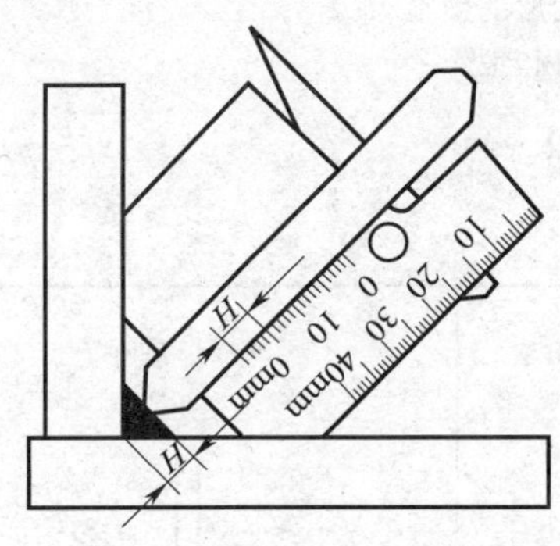

图 2—2—9　角焊缝的厚度测量

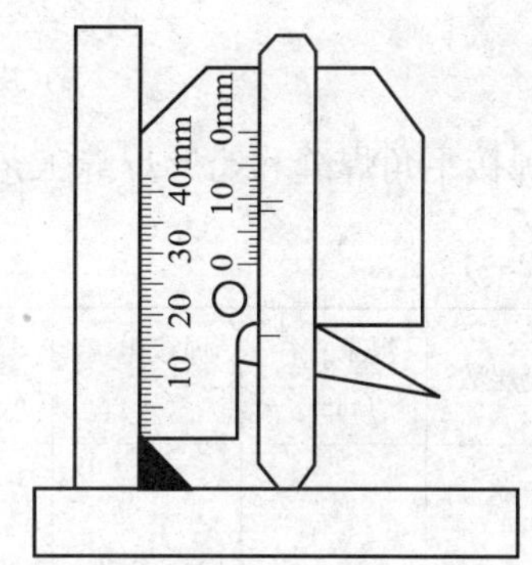

图 2—2—10　角焊缝的焊脚尺寸测量

任务实施

一、焊前准备

1. 按规定穿戴好焊接劳动保护用品、准备焊接辅助工具，详见模块二任务 1 的相应内容。

2. T 形接头平角焊的焊前准备

（1）工件 Q235B 钢板两块为一组，其中一块为 300 mm × 100 mm × 16 mm；另一块为 300 mm × 200 mm × 16 mm，组焊成 T 形接头。为了进行多层多道焊训练，要求焊脚尺寸为 14 mm。

（2）正确选择和鉴别焊条。根据焊条选择和焊条优劣性鉴别的原则，该工件的焊接应选择 E4303 型焊条，直径分别为 ϕ3. 2 mm 和 ϕ4. 0 mm。

（3）装配及定位焊。首先将焊件装配成 90°T 形接头，不留间隙，采用正式焊缝所用的焊条进行定位焊，定位焊的位置应该在焊件两端的前后对称处，定位焊缝的长度均为 10 ~ 15 mm。装配完毕，应矫正焊件，保证立板与平板间的垂直度，并且清理干净接口周围 30 mm 内的油、锈、水等污物。

3. 船形焊的焊前准备

（1）工件与 T 形接头平角焊相同。

（2）组装及定位焊与 T 形接头平角焊相同。在角接平焊的实际生产中，如工件能翻动，应尽可能把焊件放在船形位置进行焊接，要考虑工件焊后产生角变形的可能性，采取适当的预留变形量，即反变形法，如图 2—2—11a 所示；或者在工件两端施焊的另一侧用型钢临时固定焊牢，如图 2—2—11b 所示，待工件焊完后再取下来，以减少焊后变形。

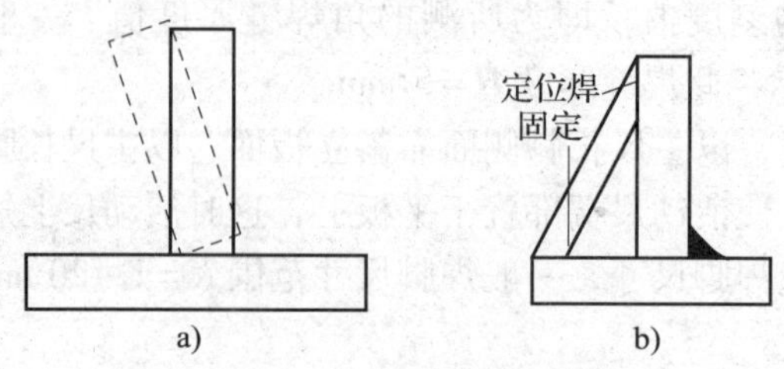

图 2—2—11　减少焊后变形的措施

a）反变形法　b）刚度固定法

（3）焊接平角焊缝和船形焊缝工艺参数见表 2—2—4。

表 2—2—4　　焊接工艺参数

序号	焊接层数	焊条直径（mm）	焊接电流（A）	焊接速度（cm/min）	运条方法	焊条角度
1	焊道 1 层	3.2	100 ~ 130	6 ~ 9	平角焊缝用直线形或斜圆圈形运条，船形焊缝用月牙形运条	45°；45°，45°
2	焊道 2 层	4	180 ~ 190	12 ~ 16	平角焊缝用直线形运条，船形焊缝用锯齿形运条	45°；45°，45°
3	盖面焊道 3 层	4	180 ~ 200	11 ~ 14		50° ~ 55°；40° ~ 50°；45°，45°

二、操作步骤

1. T 形接头平角焊操作步骤

（1）将工件装配成 T 形接头，定位焊牢。

（2）将工件水平放置，采用直线形运条焊接，进行单层焊。

（3）焊接时，采用直线形或斜圆圈形运条法进行两层三道焊。

（4）翻转工件，进行三层多道焊。

2. 船形焊接操作步骤

（1）将工件置于如图 2—2—8 所示的位置，焊接第一层焊道，采用直径 $\phi 4.0$ mm 的焊条，焊接电流比平角焊时要大些，焊条在两板之间保持垂直状态，与前进方向成 80°～85°角，运条时采用直线形运条，焊接速度要均匀，并控制焊道宽度，收尾时要填满弧坑。

（2）当焊完第一条焊道后，为控制工件的角变形，翻转工件应用同样的操作方法焊接另一侧焊道。

（3）焊接其他各层焊道也要两侧交替进行，均应选择直径 $\phi 4.0$ mm 的焊条，并适当调大焊接电流。焊接过程中采用锯齿形运条法或正圆圈形运条法，焊条作适当的摆动，电弧应更多地在焊道两侧停留，使钢板有足够的热量，以保证焊缝得到良好的熔合。要短弧焊接，保持熔渣对熔池的覆盖，有利于焊缝的成形。通过多层的焊接，直至达到工件所要求的 14 mm的焊脚尺寸。

三、焊缝外观检测

1. 自检

对焊完清理好的 T 形工件，依据图 2—2—1 技术要求内容及表 2—2—5 的评分标准，进行自己校正和检测，检测工件时，要正确运用焊接检验尺，检测的操作内容在评分标准范围内为合格。

2. 互检

与同组同学对各自焊完清理好的 T 形工件，参照相关评分标准，进行互相检测，并指出不足，相互讨论，并将结果报给相应教师，教师要给出准确结论。

3. 专检

教师对学生焊接操作过程中的不准确动作、焊接运条动作、方法及各参数的选定等要进行巡回检查，及时纠正。

教师在接到学生上交的焊完清理好的工件后，对工件要依据评分标准的内容进行严格检测，给出分值。并对焊接参数选择的准确性及引弧、运条、收弧操作的正确性等给出明确指导，做出准确解答，有利于提高学生焊接操作技能水平。

任务评价

评分标准见表 2—2—5。

表 2—2—5　　评 分 标 准

序号	操作内容	评 分 标 准	配分	得分
1	焊脚尺寸	$13 \leqslant K \leqslant 15$，每超差一处扣 3 分	12	
2	工件角变形	$\alpha \leqslant 3°$，超差不得分	12	
3	焊缝凸度	$0 \leqslant h \leqslant 3$，每超差一处扣 5 分	10	
4	焊缝成形	要求波纹均匀、光滑，否则每处扣 2 分	12	
5	弧坑	弧坑饱满，否则每处扣 2 分	10	
6	连接接头	要求不脱节、不超高，否则每处扣 2 分	10	
7	夹渣	有点状夹渣扣 4 分，有条块状夹渣扣 8 分	8	
8	电弧擦伤	若有电弧擦伤每处扣 2 分	10	
9	飞溅	清干净，否则每处扣 2 分	8	
10	安全文明生产	服从管理、安全操作，否则扣 8 分	8	
总分合计			100	

注：从开始引弧计时，该工件 40 min 内完成，每超出 1 min，从总分中扣 2.5 分。

思考与练习

1. 简述平角焊概念。平角焊包括哪几种焊接接头形式？
2. 焊条的选择原则是什么？
3. 焊条的鉴别原则是什么？
4. 试画图标出角焊缝的各部位名称。
5. 不等厚度的工件平角焊时，焊条角度应如何变化？
6. 平角焊常采用哪几种运条方法？操作时应如何选择？
7. 试比较平角焊和船形焊的操作有什么不同之处。
8. 试用焊接检验尺检测几个角焊缝的焊脚尺寸、焊缝厚度及确定焊缝计算厚度。

任务 3　板对接双面平焊

技能点

◎ 掌握焊条电弧焊的平焊操作技术。

知识点

◎ 了解焊接电弧的概念；了解熔滴过渡形式、熔池的概念；了解电弧偏吹及防止偏吹方法；学会焊接检验尺测量坡口角度及间隙的方法。

任务提出

工件开 V 形坡口工艺较开其他形式的坡口工艺简单。一般情况下，焊接其他形式的坡口工艺与焊接 V 形坡口工艺类似。因此，在焊接实训中，多数都用开 V 形坡口工件进行焊接训练。为降低实训成本，本书也将遵循这一原则，以后提到的工件也均用开 V 形坡口工件进行焊接实训。

在实践中，双面平焊多用于大型容器和大口径管线的平位焊缝的焊接生产，为提高生产效率，这种焊接方式可以在容器内外错位情况下，同时施焊，这样既提高了生产效率，又可以减小一些因焊接热源引起的工件变形。如图 2—3—1 所示为 V 形坡口对接双面平焊工件图，板件材料为 Q235B。读懂工件图样，完成焊接任务，达到工件图样要求。

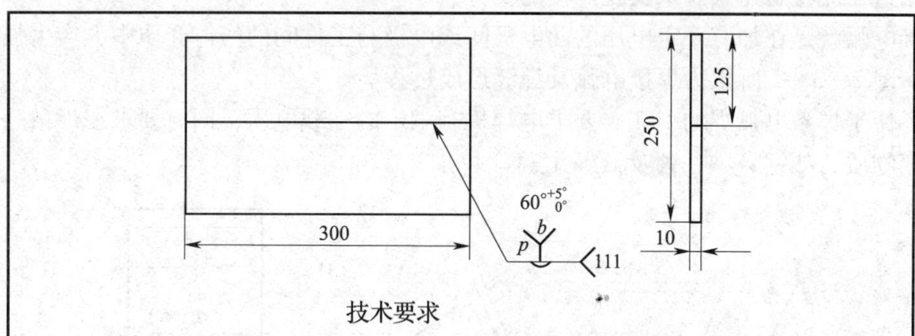

技术要求

1. 组装平齐成对接接头，p值取1～2mm，b值取2.7～3.2mm，工件两端20mm内定位。

2. 采用双面焊，焊缝表面接头平滑过渡、弧坑填满等。焊缝正面与背面每边比坡口增宽＜2mm，正面余高为0～2mm，背面余高为0～1.5mm，正面余高差≤1.5mm，背面余高差≤1 mm。整体焊缝要求匀、齐、圆滑。

3. 焊后保持焊缝原始状态，不得修饰、焊补和打磨。

焊接试板类型		V形坡口对接双面平焊技能训练			
材　　质	Q235B	材料规格	300mm×125mm×10mm		
核定工时	60min	工件数量	2块	实做工时	

图 2—3—1　V 形坡口对接双面平焊工件图

任务分析

平焊时，金属熔滴借助自重能够顺利进入熔池，熔池为液态金属，易控制成形，操作较容易。V 形坡口对接平焊多层焊（3 层以上称多层焊）时，因焊缝处于水平焊位置，操作与平敷焊相似。只是打底焊和盖面焊时，焊接操作有所差别。因此，在操作过程中应注意：打底焊时，若焊接速度过慢、焊接电流过大，易在焊件背面出现焊瘤；若焊接速度过快、焊接电流太小，将导致液态金属与熔渣混合，使熔渣来不及浮出而留在焊缝中形成焊接缺陷。盖面焊和封底焊时，可能会因为焊接电流过大、电弧过长而导致焊缝两侧出现咬边。若焊条作横向摆动时，有在焊缝两侧停顿时间不足或焊条角度不正确等因素，会在坡口边缘处造成填充量不足的焊接缺陷。中间层的填充焊接和平敷焊相似，但焊条作横向摆动时，在焊缝两侧停顿时间要适当、焊条角度要正确，否则会使坡口内填充量不足而形成焊接缺陷。

相关知识

一、焊接电弧

电弧是一种加有一定电压的两电极间的气体放电现象。当气体被加热到一定温度时，产生大量带电荷的离子和电子，这样便能传导电流，即把电能转化为热能和光能。所有电弧焊都是利用这一能量熔化金属来实现焊接的。

焊接电弧就是在加有一定电压的两电极间或电极与工件间的气体介质中，产生强烈的放电现象。图 2—3—2 所示为焊接电弧及焊缝形成过程。

为了便于焊条电弧焊的引弧，要求电焊机有一定的空载电压，同时要求在焊条药皮中加入易电离物质，如钾、钠、钙及钛等元素。

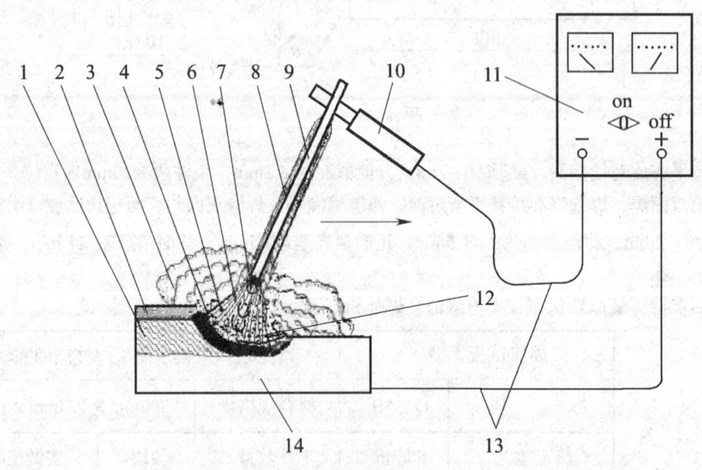

图 2—3—2　焊接电弧及焊缝形成过程

1—焊缝　2—固态熔渣　3—气体和烟尘　4—液态熔渣　5—电弧　6—保护气体　7—熔滴　8—焊条药皮　9—焊芯　10—焊钳　11—电焊机　12—熔池　13—焊接电缆　14—工件

二、焊条金属的过渡特性

1. 熔滴过渡的影响

焊条金属在引燃电弧熔化后，虽然加热温度超过金属的沸点，但其中只有一部分（10%以下）的蒸发损失，而 90% ~95% 是以熔滴状过渡到熔池中的。随着选用焊接参数的不同，熔滴过渡的形式、熔滴的质量、熔滴过渡频率等过渡特性将随之变化，并对焊接过程产生以下的影响：

（1）熔滴过渡的速度和熔滴的尺寸影响焊接过程的稳定性、飞溅程度以及焊缝成形的好坏。

（2）熔滴尺寸大小和长大的情况决定了熔滴反应的作用时间和比表面积（指熔滴的表面积与其体积之比），决定了熔滴反应速度和反应充分程度。

（3）熔滴过渡的形式与频率直接影响焊接生产率。

（4）熔滴过渡的特性对焊接热输入（即熔焊时，由焊接热源输入给单位长度焊缝上的热能）有一定的影响，改变熔滴过渡的特件可以在一定程度上调节焊接热输入，从而改变焊缝的结晶过程和热影响区的尺寸及性能。

2. 熔滴过渡的形式

熔滴过渡的形式与焊接方法有关。焊条电弧焊时，关于焊条金属的熔滴过渡的形式，目前划分为粗滴过渡（即颗粒过渡）、短路过渡、喷射过渡和附壁过渡四种。

（1）粗滴过渡。在短弧焊时，熔滴呈粗大颗粒状向熔池自由过渡，熔滴在尚未达到自由成形所需的尺寸时，就与熔池接触而形成短路。粗滴过渡时，由于交替进行空载过程，因此电弧稳定性较差，飞溅大，如图 2—3—3a 所示。

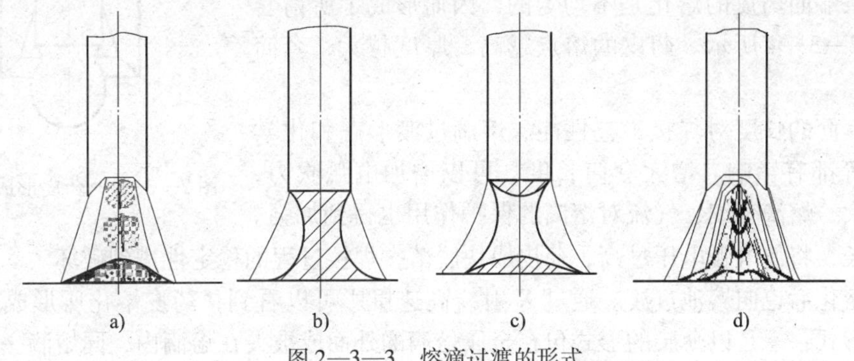

图 2—3—3　熔滴过渡的形式

a）粗滴过渡　b）、c）短路过渡　d）喷射过渡

（2）短路过渡。焊条端部的熔滴与熔池短路接触，由于强烈过热和磁收缩的作用使其爆断，熔滴直接向熔池过渡的形式。短路过渡的熔滴尺寸、过渡频率与电弧长度（电弧电压）和焊接电流有关。当电弧长度或焊接电流增加到一定程度时，由于电弧间隙增大或熔滴质量减小，短路过渡难以形成，而转变为喷射过渡或附壁过渡。短路过渡时，由于交替进行空载与短路过程，因此电弧稳定性较差，飞溅大，如图 2—3—3b、c 所示。一般情况下，E5015 型焊条焊接时以短路过渡形式为主。

（3）喷射过渡。熔滴以细小的颗粒、高的速度、高的过渡频率从焊条套筒内喷出。过渡过程稳定，飞溅小，熔深大，焊缝成形美观，但是只有在很大的电流密度下才会出现，如图 2—3—3d 所示。

（4）附壁过渡。是焊条电弧焊独有的过渡形式，熔滴沿着焊条药皮套筒壁向熔池过渡。与粗滴、短路过渡相比，附壁过渡的明显特点是熔滴尺寸比较小，焊芯端部可同时存在 2 ~ 3 个熔滴，是一种细熔滴过渡形式。

熔滴过渡的形式对焊条的工艺性能有明显的影响，见表 2—3—1。

表 2—3—1　　焊条熔滴过渡对工艺性能的影响

熔滴过渡形式	电弧燃烧连续性	电弧稳定性	焊接参数的稳定性	飞溅	焊条温升	焊条熔敷效率
粗滴过渡	差	差	差	大	高	低
短路过渡	差	差	差	大	高	低
喷射过渡	最好	最好	最好	小	低	高
附壁过渡	好	好	好	最小	低	高

注：焊条熔敷效率指熔敷金属与熔化焊芯质量的百分比。

3. 药皮的熔化与过渡

药皮的温度、熔化及过渡特点对焊接化学冶金反应有极其重要的影响。在一般情况下，药皮的导热性比焊芯小得多，再加上药皮表面的散热作用，造成焊条端部横截面上的温度分布很不均匀，由焊芯内部至药皮外表面逐渐降温。这就是说，在焊条端面药皮的熔化是不均匀的，因而形成了所谓套筒，如图 2—3—4 所示。药皮的熔点越高，厚度越大，套筒越长。

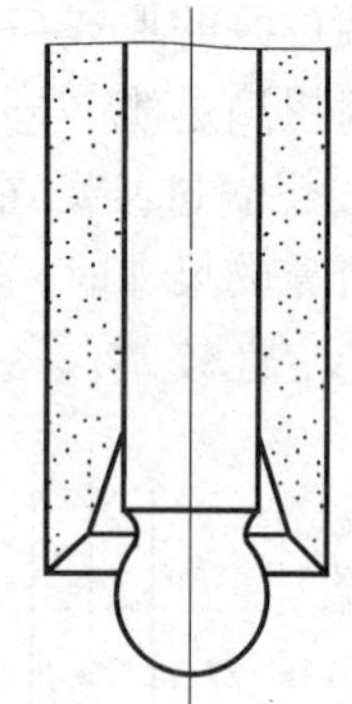

图 2—3—4　药皮形成的套筒

药皮套筒的长度对焊接工艺性能、熔滴过渡形态和化学冶金反应等都有影响。增大套筒长度，可以增加电弧吹力，使熔深增大，熔滴变细，气流对熔滴的保护作用也得到加强。但套筒过长，将使电弧电压过高，药皮成块脱落，焊接过程的稳定性遭到破坏。

药皮熔化后也向熔池过渡。通过 X 射线高速摄影可以看到，药皮熔化所形成的熔渣有两种过渡形式：一是以薄膜的形式包在金属熔滴的外面或被夹在熔滴内，同熔滴一起落入熔池；二是熔渣直接从焊条端部以滴状落入熔池。在第一种情况下，熔滴与熔渣能很好地接触，二者之间冶金反应可充分进行。第二种过渡形式只有药皮厚度大时才会出现，在这种情况下，直接流入熔池的那一部分熔渣没有与熔滴接触，因而二者之间不可能进行冶金反应，这部分熔渣只能与熔池金属发生冶金反应。

三、控制熔池的形状与尺寸

在热源的作用下，在焊条金属熔化的同时，被焊金属即母材也发生局部熔化。焊条电弧焊时，由熔化的焊条金属和熔化的母材组成的具有一定几何形状的液体金属部分叫熔池。

液态熔池的形状、尺寸、体积、存在的时间以及其中流体的运动状态等，对熔池中冶金反应进行的方向和程度、熔池结晶方向、晶体结构和焊缝中夹杂物的数量及分布、焊接缺陷（如气孔、结晶裂纹等）的产生和焊缝的形状都有极其重要的影响。

焊接开始后，经过一段过渡，工件的热输入进入一个准稳定状态，此时，熔池的形状与尺寸不再有大的变化，母材的熔化速度与结晶速度相等，熔池与热源作同步移动。熔池的外形示意图如图 2—3—5 所示，其轮廓应刚好是熔点的等温面，形状接近于不太规则的半个椭球。熔池的宽度和深度沿 x 轴（即焊接方向）连续变化。熔池主要尺寸为熔池长度 L、最大宽度 B_{max}、最大熔深 H_{max}。一般情况下，增加焊接电流，B_{max} 减小，H_{max} 增加；增加电弧电压，则 B_{max}增加，H_{max}减小。熔池长度 L 的大小与电弧能量成正比。焊条电弧焊时，选好焊接电流、电弧电压和焊接速度至关重要，并应保证焊缝的宽度与深度之比即焊缝形状系数 ψ 为 1.3 ~2。

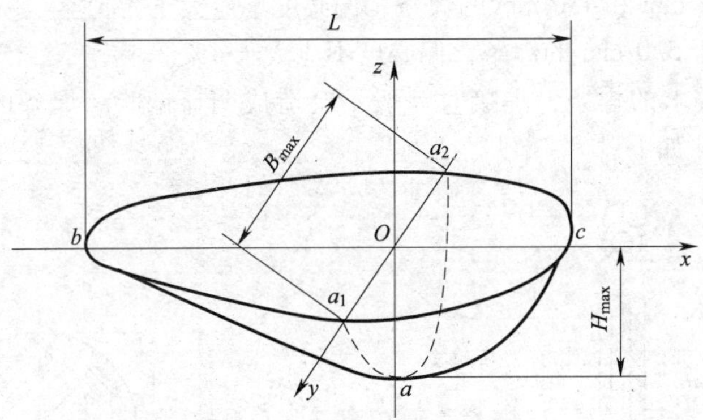

图 2—3—5　熔池外形示意图

熔池的表面积，即熔池中液体金属与熔渣的接触面积。由于熔池表面形状不规则，且受焊接方法与焊接热功率的影响，因而，其表面积难以通过理论计算求出。实验测定，在电弧焊条件下，熔池的表面积 A_H一般为 1 ~3 cm^2。熔池的比表面积根据焊接参数不同，在 0.3×10^{-3} ~ 13×10^{-3} m^2/kg 范围内变化，比熔滴的比表面积小。焊条电弧焊时，控制熔池保持稳定的形状是焊缝焊透、熔合、成形美观的前提。

四、焊接电弧的偏吹及防止方法

焊条电弧焊在正常情况下，电弧轴线和焊条轴线重合。当焊条倾斜时，电弧轴线也会随着焊条的轴线倾斜，如图 2—3—6 所示。在焊接过程中，因气流的干扰、磁场的作用或焊条偏心的影响，电弧中心偏离焊芯轴线的现象叫做电弧偏吹。

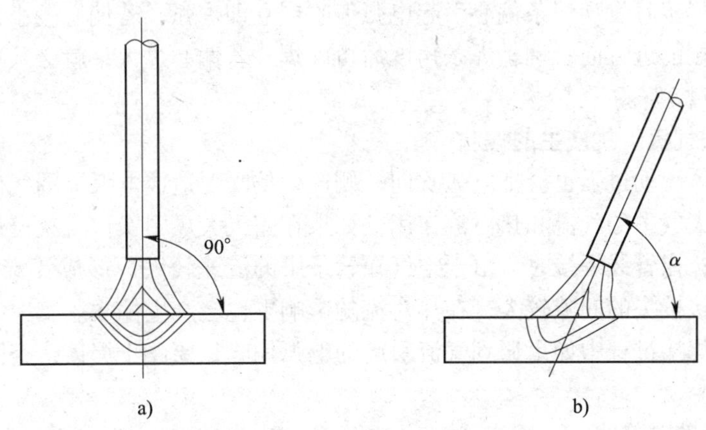

图 2—3—6　正常情况下的焊接电弧

a）焊条与焊件垂直　b）焊条与焊件倾斜

1. 焊条偏心产生的偏吹

焊条的偏心度过大，就会产生电弧偏吹，如图 2—3—7 所示。这时由于焊条药皮厚薄不均匀，药皮较厚的一边比药皮较薄的一边熔化时吸收的热量多，药皮较薄的一边很快熔化而使电弧外露，造成电弧偏吹。因此，为了保证焊条质量，在焊条生产中，对焊条的偏心度有一定的限制，GB/T 5117—1995《碳钢焊条》对焊条偏心度的要求如下：

（1）直径不大于2.5 mm 的焊条，偏心度不应大于7%。

（2）直径为3.2 mm 和4.0 mm 的焊条，偏心度不应大于5%。

（3）直径不小于5.0 mm 的焊条，偏心度不应大于4%。

符合以上标准要求的焊条，焊接时一般不会造成明显偏吹。焊条的偏心度，如图2—3—8 所示。计算方法如下：

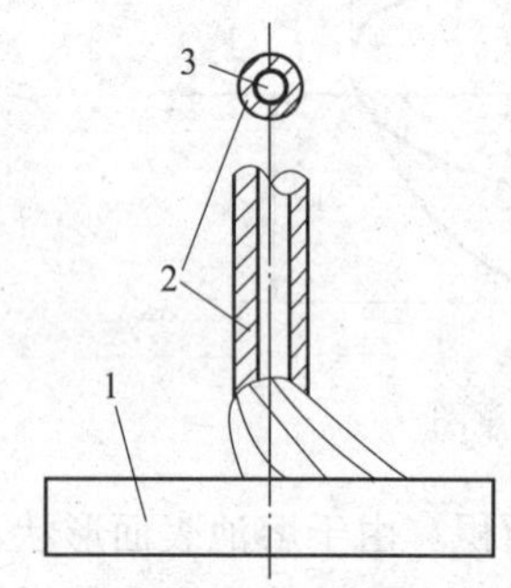

图2—3—7　焊条偏心引起的电弧偏吹

1—焊件　2—药皮　3—焊芯

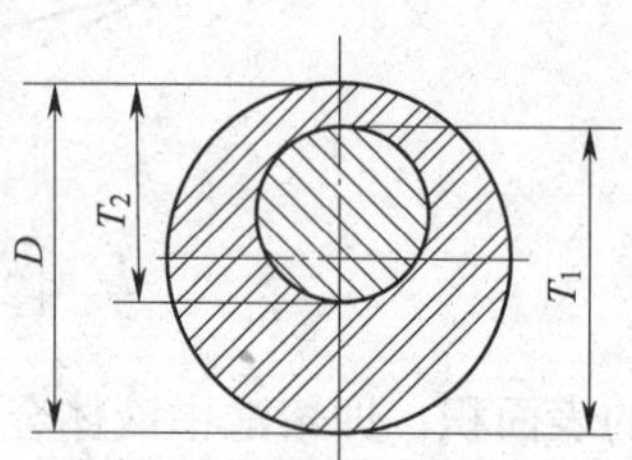

图2—3—8　焊条偏心度

$$e = \frac{T_1 - T_2}{(T_1 + T_2)/2} \times 100\%$$

式中　e——焊条偏心度；

T_1——焊条断面药皮层最大厚度与焊芯直径的和，mm；

T_2——焊条断面药皮层最小厚度与焊芯直径的和，mm。

防止方法：焊接时发现焊条偏心引起电弧偏吹应立即熄弧；若偏心较小，可转动焊条将偏心位置移到焊接前进方向，调整焊条角度后再施焊；若偏心过大，就必须更换焊条。焊条的偏心度不宜超过3%。

2. 电弧周围气流干扰产生的偏吹

电弧周围气体流动过强也会把电弧吹向一侧产生偏吹。造成电弧周围气体流动过强的因素很多，主要是大气中的气流和热对流作用。如果在露天大风中操作或狭窄焊缝处焊接，电弧偏吹就很严重；在管线焊接时，由于空气在管子中的流速较大，形成“穿堂风”，产生电弧偏吹；如果对接接头的间隙较大，在热对流的影响下也会产生偏吹。

防止方法：焊接过程中如果遇到气流引起的电弧偏吹，要停止焊接，查明原因，采用遮挡等方法来解决。

3. 焊接电弧的磁偏吹

直流电弧焊时，因受到焊接回路中电磁力的作用而产生的电弧偏吹现象，称为焊接电弧的磁偏吹。

（1）接地线位置引起的磁偏吹。焊接时，不仅电流通过焊条与电弧时在空间产生磁场，而且通过焊件的电流也会在空间产生磁场。如图2—3—9 所示，当焊条与焊件垂直时，电弧左侧的磁力线密度较大，而电弧右侧的磁力线稀疏，根据左手定则，磁力线的不均匀分布致使密度大的一侧对电弧产生推力，使电弧偏离轴线。

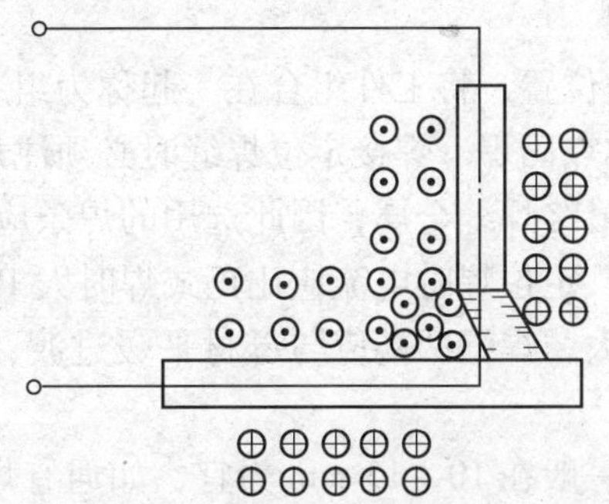

图 2—3—9 导线接地线位置引起的磁偏吹

（2）不对称铁磁物质引起的磁偏吹。焊接时，在电弧一侧放置一块钢板（导磁体）时，电弧将离开焊条轴线偏向钢板一侧，如图 2—3—10 所示。这是由于铁磁物质（钢板、铁块等）的导磁能力远远大于空气，当焊接电弧周围有铁磁物质存在时，铁磁物质侧的磁力线大部分都通过铁磁物质形成封闭曲线，致使电弧同铁磁物质之间的磁力线密度降低，所以在电磁力作用下电弧向铁磁物质一侧偏吹。

图 2—3—10 不对称铁磁物质引起的磁偏吹

（3）电弧运动至钢板一端的磁偏吹。当焊接电弧移动至钢板的端部时也容易发生电弧向钢板中心偏吹的现象，如图 2—3—11 所示。这是因为电弧到达钢板端头时，导磁面积发生变化，引起空间磁力线在靠近焊件边缘的地方密度增加，所以，在电磁力作用下，产生了指向焊件内侧的磁偏吹。

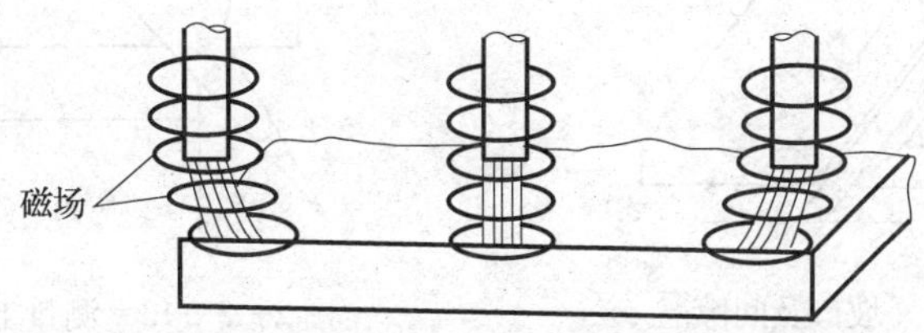

图 2—3—11 在焊件一端焊接时引起的磁偏吹

（4）防止磁偏吹的措施。发生磁偏吹时，可将焊条向磁偏吹相反的方向倾斜，以改变电弧左右空间的大小，使磁力线密度趋于均匀，可减少偏吹量；改变接地线位置或在工件两侧对称加接地线，可减少因导线接地位置不当引起的磁偏吹；因交流的电流和磁场的方向是不断变化的，所以采用交流弧焊电源也可以防止磁偏吹；另外采用短弧焊，也可以减小磁偏吹。

五、工件的组装与定位焊

在焊前，确定工件的相对位置，将工件组合在一起称为组装，为固定工件的相对位置进行的焊接操作叫定位焊，俗称点固焊。焊接定位焊缝时必须注意以下几点：

1. 定位焊缝一般要形成最终焊缝金属，因此选用的焊条应与正式焊接所用的焊条相同。

2. 为防止未焊透等缺陷，定位焊时电流应比正式焊时大 10% ~15%。

3. 定位焊缝余高不能过大，焊缝两端应与母材平缓过渡，以防止焊接时产生未焊透等缺陷。

4. 定位焊缝的焊接长度一般在 10 ~15 mm 为宜，如遇有焊缝交叉时，定位焊缝应离交叉处 50 mm 以上。

5. 定位焊重要工件，最好设置引弧板，不要在工件上随意地引弧。如发现定位焊缝有开裂、未焊透、超高等缺陷时，必须铲除或打磨焊点，必要时用碳弧气刨刨除，重新进行定位焊。

6. 定位焊之后如出现接头不平齐，应进行及时矫正，然后才能正式焊接。

六、工件坡口角度及间隙的测量

焊接检验尺的使用，在本模块任务 1 中讲过，除测量焊缝宽和焊缝余高外，还可以用它来测量工件单边开坡口的角度 α（0° ~60°）及测量工件间隙 b（1 ~3 mm），如图 2—3—12 所示。

1. 工件坡口角度的测量

将焊接检验尺的主尺长脚外侧置于被测工件开坡口侧，面对测角尺一侧，转动测角尺，使测角尺小角和大角的公共边的外侧与被测坡口面重合，这时，测角尺的大角基准线所对应的主尺背面的角度即为被测坡口角度。如图 2—3—13 所示，被测坡口角度 α 为 30°。

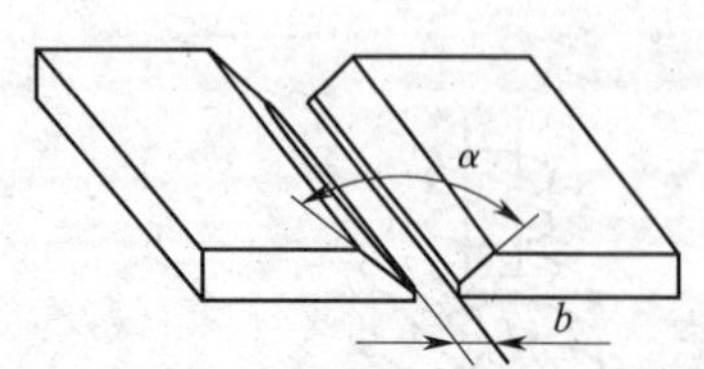

图 2—3—12　坡口及间隙

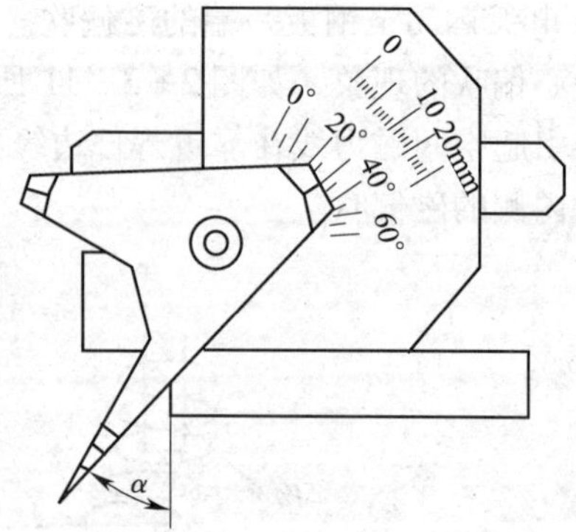

图 2—3—13　测量工件坡口角度

2. 工件对接间隙的测量

将焊接检验尺的主尺长脚外侧置于两个被测工件间，这时，焊接检验尺的主尺所测尺寸即为工件对接间隙。如图 2—3—14a 所示，两工件对接间隙的测量值 L 为 20 mm。

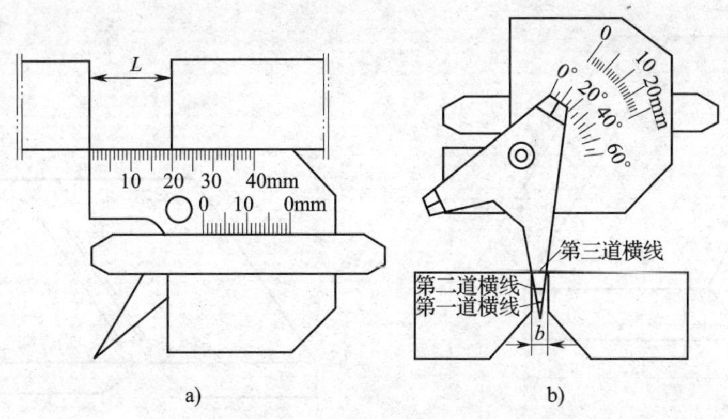

图 2—3—14　焊接检验尺测量间隙

将焊接检验尺的测角尺的小角置于两个被测工件间，测角尺的小角的尖端部刻着三道横线，从测角尺的小角端向测角尺的大角方向数，第一道横线长为 1 mm，第二道横线长为 2 mm，第三道横线长为 3 mm，如图 2—3—14b 所示，此时，焊接检验尺测得的工件间距 *b* 为 3 mm。

任务实施

为完成图 2—3—1 中 V 形坡口对接双面平焊工件，达到掌握引弧、连接接头、收尾的正确操作方法，能熟练地正确选用一种或几种运条操作方法，掌握运用焊接检验尺测量坡口角度、工件组对间隙的方法，掌握运用碳弧气刨的操作技术，应从以下步骤进行。

一、焊前准备

1. 按规定穿戴好焊接劳动保护用品、准备焊接辅助工具等，详见模块二中任务 1 的相应内容。

2. 按图样要求准备工件：材质为 Q235B，规格为 300 mm × 125 mm × 10 mm。数量为 2 块/人。用剪板机或氧—乙炔切割下料，钝边值为 2 mm，单边坡口为 30°，如图 2—3—15 所示。

3. 选用 ϕ3. 2 mm 和 ϕ4. 0 mm 两种规格的 E4303（J422）型焊条。根部焊道选用 ϕ3. 2 mm的焊条，填充焊及盖面焊选用 ϕ4. 0 mm 的焊条。焊条不得受潮变质，焊芯应无锈，药皮不能开裂和脱落。焊条在使用前烘至 150 ~ 250℃，保温 1 ~ 1. 5 h。

4. 工件的组装与定位焊

（1）工件在组装定位焊时，所使用的焊条和正式焊接时所使用的焊条相同。定位焊的位置在试件背面的两端头 10 mm 处，如图 2—3—16 所示，两种坡口均相同。始焊端可适当减少定位焊缝长度，终焊端必须定位牢固，以防止焊接过程中的收缩，造成未焊段坡口间隙变小而影响施焊。进行定位焊时，要留有收缩余量，即焊缝终焊端的间隙要稍大于始焊端间隙约 0. 5 mm。平焊位置始焊端的间隙为 2. 7 mm，终焊端间隙以 3. 2 mm 为宜，反变形为 3° 左右。

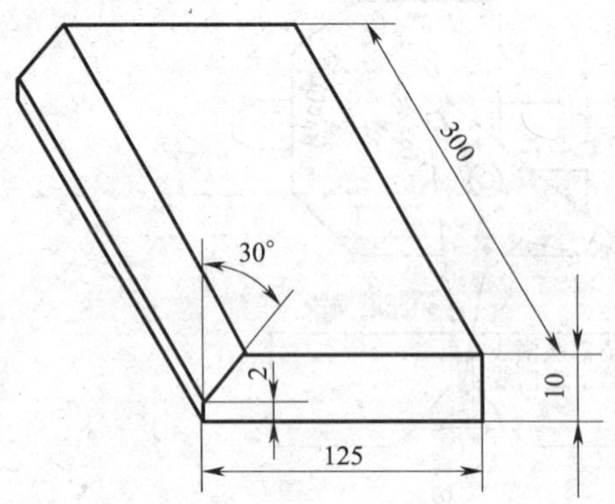

图 2—3—15 单件钝边 V 形坡口焊接试板

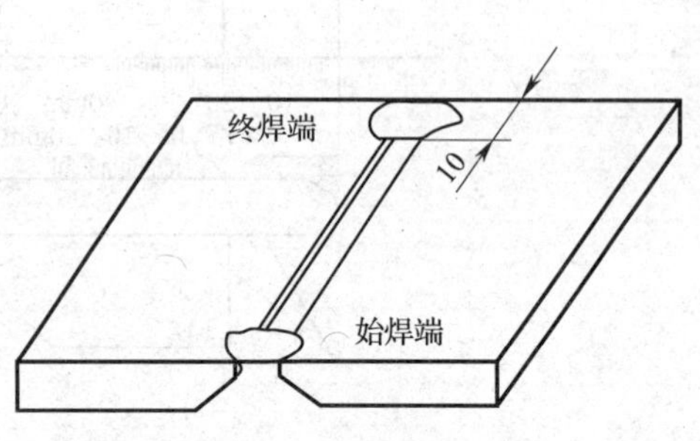

图 2—3—16 定位焊位置

（2）工件组装尺寸，一般组装间隙尺寸比工件钝边大 0.7 ~ 1.2 mm，如图 2—3—17 所示。试件装配尺寸见表 2—3—2。焊接这类焊缝常用的锯齿形运条方法，如图 2—3—18 所示。焊接层数由焊件厚度除以所用焊条直径来确定，焊接分为四层四道，如图 2—3—19 所示。焊接工艺参数及碳弧气刨工艺参数见表 2—3—3。

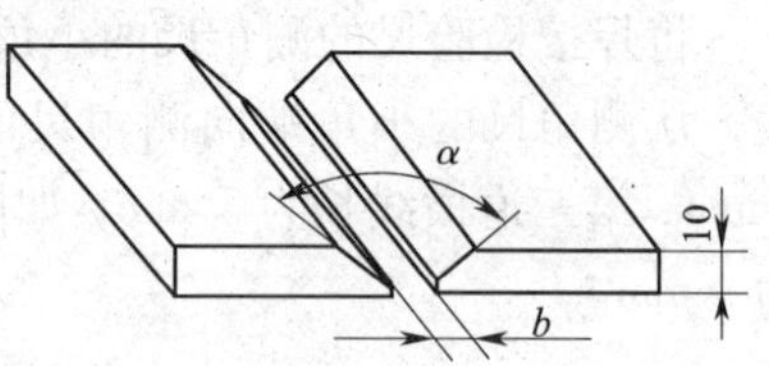

图 2—3—17 组装尺寸

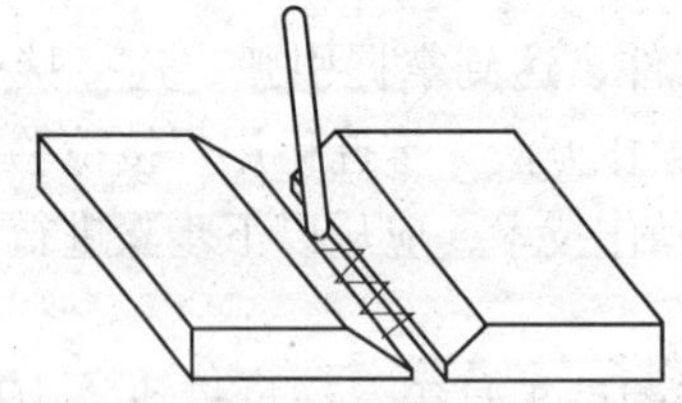

图 2—3—18 常用的锯齿形运条方法

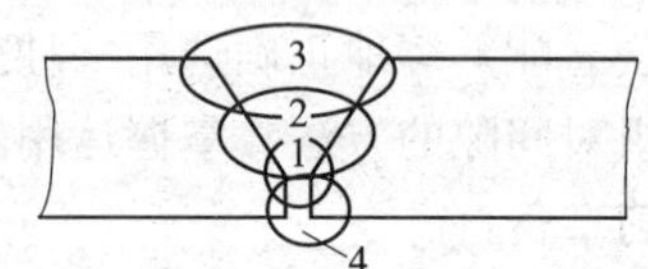

图 2—3—19 开 V 形坡口多层焊

表 2—3—2　试件装配尺寸

坡口角度 α（°）	间隙 b（mm）	钝边（mm）	反变形（°）	错边量（mm）
60	始焊端 2.7 终焊端 3.2	2	3	≤1

表 2—3—3　焊接工艺参数及碳弧气刨工艺参数

序号	焊接层数	焊条（碳棒）直径（mm）	焊接（气刨）电流（A）	电弧电压（V）（气刨气压，MPa）	焊接（气刨）速度（cm/min）	备注
1	打底焊道 1 层	3.2	70 ~ 80	21 ~ 24	6 ~ 9	
2	填充焊道 2 层	4	160 ~ 180	25 ~ 28	12 ~ 16	
3	盖面焊道 3 层	4	150 ~ 180	25 ~ 28	11 ~ 14	

续表

序号	焊接层数	焊条（碳棒）直径（mm）	焊接（气刨）电流（A）	电弧电压（V）（气刨气压，MPa）	焊接（气刨）速度（cm/min）	备注
4	碳弧气刨	（7）	（200～350）	（0.5～0.55）	（50～120）	反接
5	背面焊道4层	4	160～200	25～28	11～14	

5．焊接设备的接线等基本操作与本模块任务1相同。

6．工件的清理用锉刀、砂布、钢丝刷等工具，在坡口正背面20 mm范围内清除铁锈、油质、氧化皮等，呈现出金属光泽。

7．用焊接检验尺测量工件坡口角度和钝边尺寸，达到图2—3—1的要求。

二、焊接和气刨操作步骤

1．打底焊

应采用小直径焊条，运条方法根据间隙的大小而定。间隙小时可用直线运条法，间隙大时应用直线往复式运条法，以防烧穿。当间隙逐步增大而无法一次焊成时，则可用缩小间隙法来完成根部的焊接，如图2—3—20所示。即先在坡口两侧各堆覆一条焊道1、2，使间隙缩小，然后再焊中间焊道3。

（1）引弧及运条。在试件的定位焊缝处引燃电弧后，电弧稍作停顿，预热1～2 s，然后作横向锯齿形运条。焊条角度（焊条与工件在焊接方向的夹角）为70°～80°。正常运条时，焊条端部离坡口底2 mm左右。1/3电弧将在背面燃烧，电弧深度L及焊条端部位置，如图2—3—21所示。

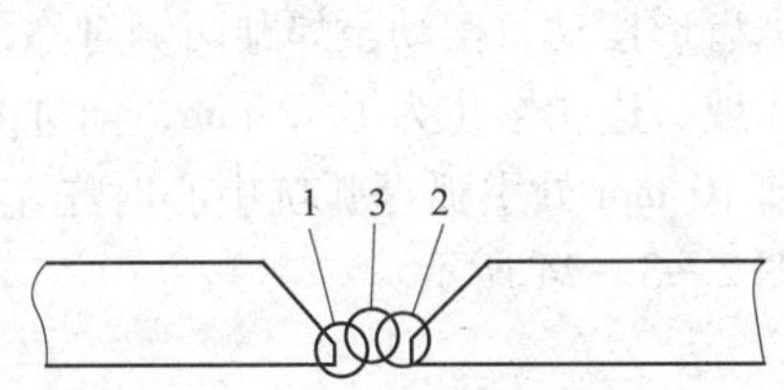

图2—3—20 缩小间隙根部焊法

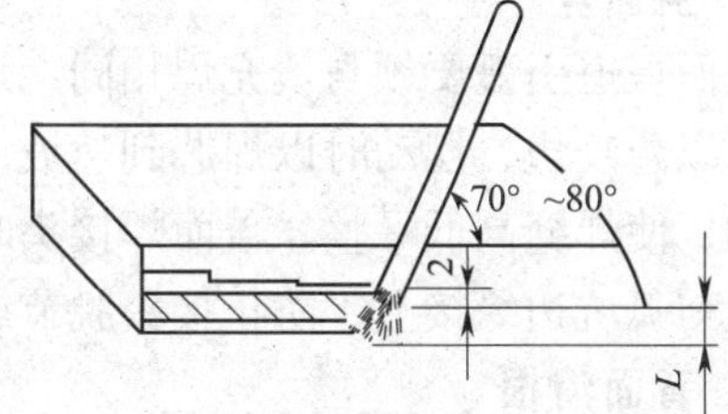

图2—3—21 电弧深度及焊条端部位置

（2）收弧。打底焊道焊接时，需要更换焊条或熄弧，将焊条下压使熔孔稍增大后，慢慢向右方一侧引弧10 mm衰减焊接电弧直至熄弧，使之形成一个斜坡，为下一根焊条的引弧打下良好的焊接基础。同时可以把冷缩孔引到正面，以利于重新熔化，否则，将在背面形成焊接缺陷，如图2—3—22所示。

（3）连接接头。在收弧熔池前约10 mm处引弧，引燃电弧后立即将电弧引向上一根焊条的收弧熔池中心，达到中心后即作折返，同时作横向锯齿形摆动并向前运条。电弧击穿试件根部时，按前述进行正常焊接，作横向锯齿形向前运条。待电弧到达收弧熔池前端时，电弧下压（约2 s）并稍作摆动。电弧击穿试件根部时，按前述进行正常焊接，如图2—3—23所示。

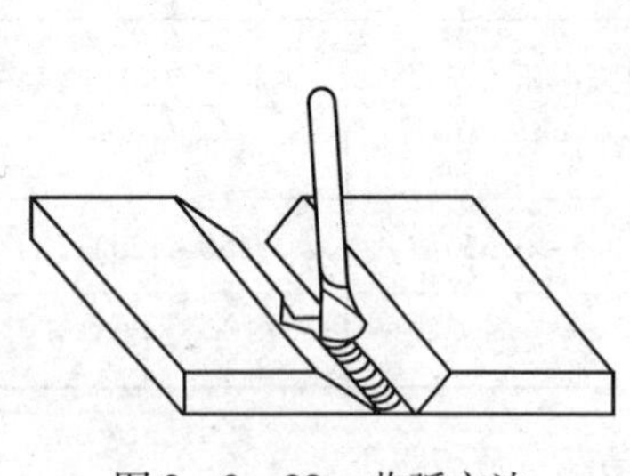

图 2—3—22　收弧方法

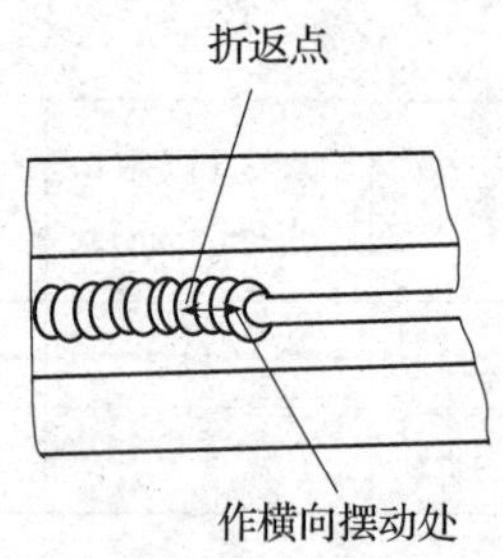

图 2—3—23　接头方法（根部焊道）

在打底焊道焊接过程中，接头是关键。要得到良好的接头，必须掌握以下两点：更换焊条速度要快，即在收弧时熔池还没有完全冷却下来就立即引弧焊接。这样，接头熔合得好，而且接头连续成形平滑。通过练习掌握好电弧下压时间，时间过长接头过高，时间过短易形成接头脱节，因此，要根据收弧时打底焊道的高度来选择焊条电弧下压的时间。

焊接打底焊道的要领是电弧要短，手法要稳，运条要匀，焊道要薄，接头要快。只要掌握了这些要领，一定能焊出好的打底焊道。

2. 填充焊

填充焊道焊接时，在距离焊缝端部 10 mm 左右处引弧，然后将电弧拉回开头处施焊，运条作横向锯齿形摆动，在坡口两侧稍加停顿，以保证熔池及坡口两边温度均衡，并有利于良好熔合及排渣。填充焊道焊接时，焊条角度（与焊接前进方向的夹角）为 80° ~ 85°。要注意，一定要压低电弧，电弧过长会出现气孔等缺陷。填充焊道的焊缝余高距母材表面 0.5 mm左右。

3. 盖面焊

盖面焊道引弧要领与填充焊相同。运条作横向锯齿形摆动，摆动至焊趾两侧对称，稍作停留，以防咬边，摆动时以焊芯到达坡口边缘为止，坡口边缘熔化为 1 ~ 2 mm，前进的速度要均匀，使焊缝高低平整。盖面焊接头时，在弧坑前 10 mm 处引弧至弧坑中心时先左后右，使焊缝与弧坑边缘接上，防止接头脱节或过高，如图 2—3—24 所示。

4. 背面清根

用气刨轻快操作法可清除焊接工件背面打底焊接时焊成的成形不良的焊缝。气刨时，手向下轻按，刨出的凹槽较浅，将不良焊缝清除，刨削速度应稍快一些，这样得到的刨槽底部呈 U 形，图 2—3—25 所示为背面气刨清根。依照表 2—3—3 采用相应的碳弧气刨参数，选较大的刨削电流时，刨削出的刨槽表面光滑，熔渣容易清除。

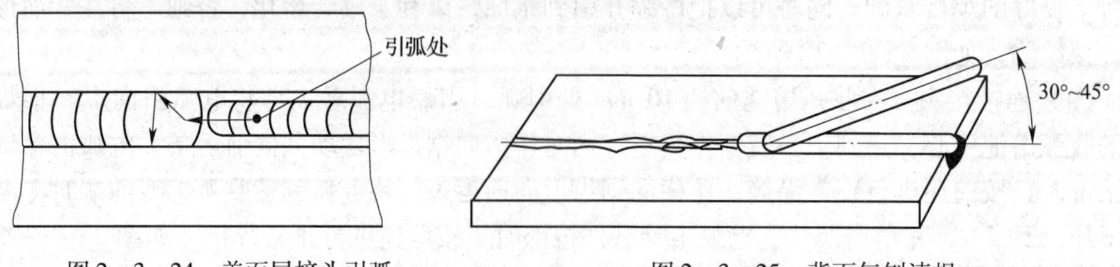

图 2—3—24　盖面层接头引弧　　图 2—3—25　背面气刨清根

5. 封底焊

按照表2—3—3的要求，背面封底焊采用相应工艺参数焊接，引弧要领与填充层相同。运条作锯齿形横向摆动，摆动至刨槽口两侧对称，稍作停留，以防咬边，前进的速度要均匀一致，使焊缝高低平整。背面焊道接头与盖面层接头相同，即在弧坑前10 mm处引弧至弧坑中心时先左后右，使焊缝与弧坑边缘接上，防止接头脱节或过高。待电弧到达收弧熔池前端时，电弧下压（约2 s）并稍作摆动快速收弧。

三、焊缝外观检测

1. 自检

对焊完清理好的工件，依据图2—3—1中技术要求和表2—3—4评分标准，进行自己校正和检测，检测工件时，要正确运用焊接检验尺，检测的操作内容在评分标准范围内为合格。

2. 互检和专检

可参照模块二中任务2的相关内容进行。

任务评价

评分标准见表2—3—4。

表2—3—4　　评 分 标 准

序号	操作内容	评 分 标 准	配分	得分
1	焊接检验尺的使用	焊接检验尺使用正确、读数准确无误不扣分，否则各扣4分	8	
2	工件组装定位	工件各尺寸组装正确、符合要求不扣分，否则各扣5分	10	
3	焊缝正面成形	要求波纹细、均匀、光滑，否则每处扣2分	10	
4	焊缝宽度差	宽窄允许差1 mm，每超差1 mm扣5分	10	
5	焊缝余高	允许为0.5～1.5 mm，每超差0.5 mm扣4分	8	
6	工件角变形	允许1°，每超1°扣5分	10	
7	引弧痕迹	无引弧痕迹，不扣分，若有，每处扣2分	6	
8	接头成形	成形良好不扣分，脱节或超高一处扣4分	8	
9	收弧弧坑	弧坑饱满不扣分，否则每处扣4分	8	
10	焊缝背面成形	宽窄均匀、整齐，圆滑过渡、美观，否则每项扣5分	10	
11	工件清理	清洁不扣分，否则每处扣2分	6	
12	安全文明生产	服从管理、安全操作，否则每项扣3分	6	
总分合计			100	

注：从开始引弧计时，该试件60 min内完成，每超出1 min，从总分中扣2.5分。

思考与练习

1. 什么是焊接电弧?

2. 焊条金属的过渡特性有哪些?焊条金属的熔滴过渡形式有哪些?焊条药皮的过渡有哪些?

3. 什么是焊接熔池?什么是焊缝形状系数?应控制为多少?

4. 焊缝的熔宽和熔深与焊接电流和焊接电压的关系如何?

5. 为什么说熔池中的液态金属是在运动状态下结晶的?

6. 什么是电弧偏吹?有几种?都如何防止?

7. 简述焊接填充焊道时的操作要领。

8. 结合以前学过的知识,用焊接检验尺测量3~5个焊接工件的坡口角度、工件组对间隙或间距、焊缝宽度和焊缝余高,与同学相对照这组数据,找出差值及产生的原因,必要时请教师解答。

9. 有一根直径4.0 mm的焊条,测量出焊条断面药皮层最大厚度为5.3 mm,焊条断面药皮层最小厚度为5.12 mm,试求出该焊条的偏心度,判断该焊条是否符合要求。

任务4 板对接单面平焊双面成型

技能点

◎ 掌握焊条电弧焊的定位焊;掌握焊条电弧焊的连弧和断弧焊法;掌握焊条电弧焊钝边V形坡口平对接多层单面焊双面成型操作技术。

知识点

◎ 了解电源极性、电弧偏吹的基础知识;学会正确选用焊接工艺参数。

任务提出

在生产实践中,单面平焊双面成型多用于人进不去施工的小型容器或小直径管道的平位纵环焊缝的焊接生产中,为提高生产效率,这种焊接方式可以实现在容器外面施焊而里面也能形成焊缝。

如图2—4—1所示为钝边V形坡口板对接单面焊双面成型焊接工件图,板件材料为Q235B。读懂工件图样,完成焊接任务,达到工件图样技术要求。

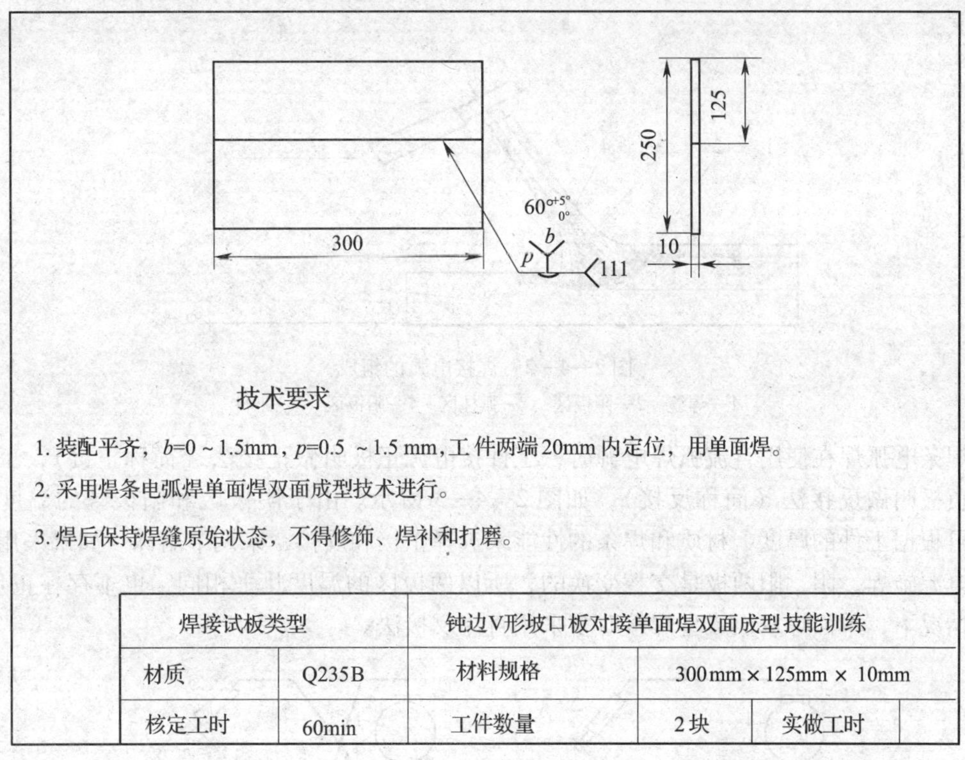

技术要求

1. 装配平齐，b=0 ~ 1.5mm，p=0.5 ~ 1.5 mm，工件两端20mm内定位，用单面焊。
2. 采用焊条电弧焊单面焊双面成型技术进行。
3. 焊后保持焊缝原始状态，不得修饰、焊补和打磨。

焊接试板类型		钝边V形坡口板对接单面焊双面成型技能训练			
材质	Q235B	材料规格	300mm × 125mm × 10mm		
核定工时	60min	工件数量	2块	实做工时	

图 2—4—1　钝边 V 形坡口板对接单面焊双面成型焊接工件图

任务分析

钝边 V 形坡口板对接单面焊双面成型填充焊接时，与 V 形坡口板对接多层双面的填充焊和盖面焊相似，差别在于第一层打底焊时，工件组对间隙 b 和钝边 p 的值要求较严格。另外，焊接电弧不能出现偏吹，否则，由于操作不当和焊接工艺参数选得不当，容易在焊道背面产生未焊透、超高、焊瘤等缺陷。

相关知识

一、焊接电弧的极性选择

在使用直流电焊机焊接时，焊接电弧由阴极区、弧柱区和阳极区三部分组成，如图 2—4—2 所示。阴极区是电弧的重要部分，电子就是从阴极发射的。阴极发射电子要消耗掉部分能量，所以阴极温度较低，约占电弧总热量的 36%。弧柱区主要是阳离子和自由电子，同时也有阴离子和中性微粒，由于弧柱区是电子和离子移动最频繁的地方，所以温度最高。但大部分热量被辐射掉及这一区的液态金属停留时间短，所以该区热量约占电弧总热量的 21% 左右。因此，焊接时应尽量压低电弧，使能量得到充分利用。阳极区表面受高速电子的撞击，传给大量的热能，所以该区热量约占电弧总热量的43%。故阳极区的表面温度高于阴极区。

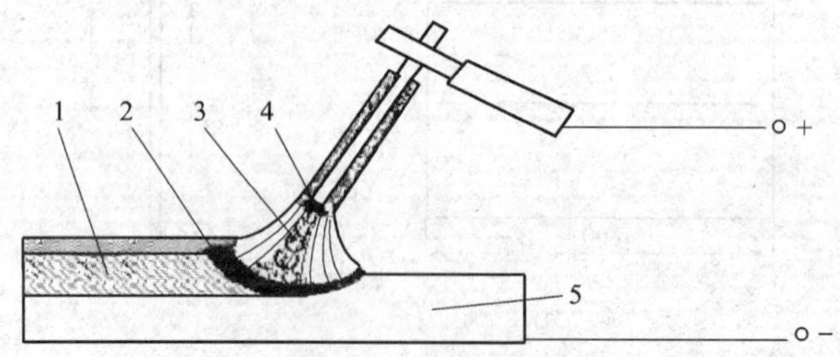

图2—4—2　焊接电弧的组成

1—焊缝　2—阴极区　3—弧柱区　4—阳极区　5—工件

焊条电弧焊在使用直流弧焊电源时，工件接电源正极叫做正接法（简称正接），工件接电源负极叫做反接法（简称反接），如图2—4—3所示。由于阴极区和阳极区的温度不一样，可根据工件的厚度、材质和焊条的性能来选择正接和反接，来调节熔深。如果采用交流弧焊电源施焊，阴、阳两极是交替变换的，所以两极区的温度几乎相同，也不存在正反接。一般情况下，单面焊双面成型焊接时多采用直流反接法。

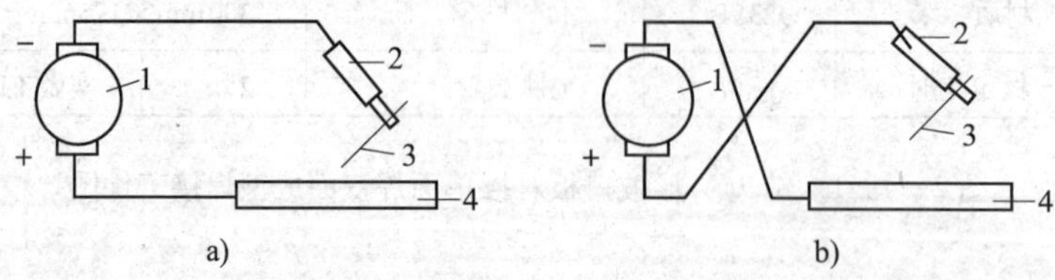

图2—4—3　用直流电焊机焊接时的正接与反接

a）正接　b）反接

1—直流电焊机　2—焊钳　3—焊条　4—工件

二、工艺参数的选择

焊条电弧焊工艺参数，是指焊接时为保证焊接质量而选定的诸多物理量（如焊条直径、焊接电流、电弧电压、焊接速度、焊接层数等）的总称。

焊条电弧焊的工艺参数，除上述几项外，通常还包括焊条型号、牌号、电源种类与极性等。焊接工艺参数选择得正确与否，直接影响焊缝的形状、尺寸、焊接质量和生产效率，是焊条电弧焊焊接工作应该注意的首要问题。

1. 焊条直径的选择

焊条直径是根据工件厚度、焊接位置、接头形式、焊接层数等进行选择的。根据工件的厚度选取焊条直径，厚度越大，所选焊条直径越大，选取时可参照表2—4—1。

焊接位置不同时，选取焊条直径也不同。在平焊位置焊接时，可选用直径较大的焊条，直径可为4~6 mm；立焊和仰焊时，选用直径为3.2~4 mm的焊条；而横焊一般选用直径为3.2~5 mm的焊条；在焊接固定位置的管道环焊缝时，为适应各种位置的操作，宜选用小直径焊条。

表 2—4—1　　焊条直径与工件厚度的关系

工件的厚度（mm）	焊条直径（mm）	工件的厚度（mm）	焊条直径（mm）
≤1.5	1.5	4～6	3.2～4.0
2	1.5～2.0	8～12	3.2～4.0
3	2.0～3.2	≥33	4.0～5.0

多层焊时，为防根部未焊透，打底层焊接采用小直径焊条进行，以后各层根据板厚情况选用较大直径的焊条。对于根部不要求完全焊透的搭接接头、T 形接头，可以选用较大直径的焊条，以提高生产效率。对要求防止过热和变形量大的工件可控制热输入量，宜选用小直径焊条。

2．焊接电流的选择

焊接时，流经焊接回路的电流称为焊接电流。焊接电流是焊条电弧焊主要的焊接工艺参数。焊接电流越大，焊条熔化越快，焊接效率也越高。但是，焊接电流太大，电弧飞溅越大，焊条药皮易发红而脱落，且易产生咬边、焊瘤、烧穿等缺陷。电流太小时，则引弧困难，会出现焊条粘在工件上的现象，且电弧不稳定，熔池温度低，焊缝窄而高，熔合不好，易产生夹渣、未焊透、未熔合等缺陷，生产效率降低。

选择焊接电流时需要考虑的因素很多，如焊条直径、药皮类型、工件厚度、接头形式、焊接位置、焊道、焊层和工件材料等，但主要由焊条直径、焊接位置、焊道及层数决定。

（1）根据焊条直径选择焊接电流。焊条直径越大，熔化焊条所需要的热量越大，需要的焊接电流越大。每种焊条都有一个合适的焊接电流范围，其值参考表 2—4—2。

表 2—4—2　　焊条直径与焊接电流的关系

焊条直径（mm）	1.6	2.0	2.5	3.2	4.0	5.0	6.0
焊接电流（A）	25～40	40～65	50～80	80～130	140～200	200～270	260～300

平焊时，焊接电流的大小还可以用下面的经验公式来计算：

$$I = (30 \sim 50)\ d$$

式中　I——焊接电流，A；

　　d——焊条直径，mm。

一般情况下，平焊位焊接电流要大些。非平焊位焊接时，焊接电流比平焊位焊接电流小 10%～20%。根据上式计算所得的焊接电流，还需根据实际情况进行修正。

（2）根据焊接位置选择焊接电流。当焊接位置不同时，所用的焊接电流大小也不同。平焊时，由于运条和控制熔池中的液态金属都比较容易，可选用较大的焊接电流。立焊时，较难控制熔池中的液态金属，所用的电流比平时小 10%～15%；而横焊、仰焊时，更难控制熔池中的液态金属，所以焊接电流比平时要减小 15%～20%。

（3）根据焊接层数不同选择焊接电流。通常情况下，焊接打底焊道时，使用的焊接电流较小，有利于控制熔池中的液态金属和保证焊接质量；焊填充焊道时，通常采用较大的焊接电流；而焊盖面焊道时，为了防止咬边和获得美观的焊缝，使用较小的焊接电流。

(4) 根据焊接材料选择焊接电流。在焊接不锈钢时，不锈钢焊条电阻较大，易过热发红，一般情况下，不锈钢焊条比同一规格的碳素钢焊条焊接电流小20%，同时，为了减小晶间腐蚀倾向，焊接电流应选用低系数或下限值。有些材质和结构需要通过工艺试验和评定以确定焊接电流范围。使用碱性焊条时，比使用酸性焊条时的焊接电流减小10%左右。

(5) 其他几种影响选择焊接电流的形式和参数。T字接头和十字接头因散热方向多，故焊接电流应比对接接头大些。工件厚度大时，焊接电流也应相应增大。薄件焊接电流应较小。若气温低，热量损失大，也应加大焊接电流。

3. 电弧电压选择

电弧两端的电压降即电弧电压。当焊条和母材一定时，主要由电弧长度来确定。电弧电压由弧长（弧长是指从熔化的焊条端部到熔池表面的最短距离）决定，电弧越长，则电弧电压越高；电弧越短，则电弧电压越低。焊接过程中，焊接弧长对焊接质量有很大的影响。弧长可按下面的公式确定：

$$L=(0.5\sim1.0)\ d$$

式中 L——电弧长度，mm；

d——焊条直径，mm。

电弧长度大于焊条直径时称为长弧，小于焊条直径时称为短弧。采用酸性焊条时，用长弧，焊接电压控制在25～28 V；而选用碱性焊条时，用短弧，焊接电压控制在20～22 V，以提高电弧的稳定性。

电弧长度与坡口形式等因素也有关。V形坡口对接、角接的打底层应使电弧短些，以保证焊透和避免咬边；第二层可使电弧稍长，以填满焊缝。焊缝间隙小时用短电弧，间隙大时电弧可稍长。焊接薄钢板时，为了防止烧穿，电弧不宜过长；仰焊时电弧应最短，防止熔池液态金属下淌；立焊或横焊时，为了控制熔池温度，应用小电流、短电弧施焊。

焊接过程中，不管选用哪种类型的焊条，都尽可能保持电弧长度基本不变。

4. 焊接速度的选择

焊接速度是指单位时间焊条相对工件移动的直线长度，即焊接时焊条向前的移动速度。焊接速度可由焊工根据具体情况灵活掌握，以保证焊缝具有所要求的外形尺寸，熔合良好。焊接速度取决于焊条熔化速度、焊缝尺寸、组装质量和焊接空间位置。

焊接对焊接热输入有严格要求的材料时，焊接速度按照工艺文件要求进行确定。在焊接过程中，焊工应适时调整焊接速度，以保证焊缝宽窄、高低一致。焊接速度过快，焊缝较窄，焊缝成形不良，易发生未焊透、夹渣等缺陷；焊接速度过慢，则焊缝过高、过宽，会出现焊瘤、溢流等情况，焊接薄板时容易烧穿。

5. 焊接层数的选择

在中厚板上进行焊条电弧焊接时，需开坡口，采用多层多道焊。前一层焊道对后一层焊道有预热作用，而后一层焊道对前一层焊道有热处理作用，能细化晶粒，提高焊接接头的塑性和韧性。特别是易淬火钢，后一层焊道对前一层焊道有回火作用，可以改善焊接接头的组织和性能。但每层焊道不宜过厚，否则会使焊缝金属的组织晶粒变粗，降低焊缝力学性能；

层数过少，每层厚度过大时，焊接热输入量大，焊缝金属易过热，会使焊缝的塑性和韧性降低，易产生焊接缺陷。所以，应选择适当的焊接层数和每一层的焊接厚度，一般每层焊缝的厚度不应大于4 mm。对于低碳钢和低合金钢，焊缝层数对焊接接头性能影响不大，焊接层数可按下面的公式确定：

$$N = S/d$$

式中 N——焊接层数；

S——焊接工件厚度，mm；

d——焊条直径，mm。

低碳钢和低合金钢焊条电弧焊常用的焊接工艺参数见表2—4—3，仅供参考。

表2—4—3　　低碳钢和低合金钢焊条电弧焊常用焊接工艺参数

焊缝空间位置	焊缝断面形状	工件厚度（mm）	第一层焊缝		其他各层焊缝	
			焊条直径（mm）	焊接电流（A）	焊条直径（mm）	焊接电流（A）
对接平焊	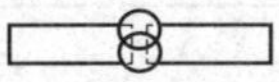	2 2.5～3.5	2 3.2	55～60 90～120		
		4～5	3.2 4	100～130 160～200		
		5～6	3.2 4	100～130 160～250		
		≥6	3.2 4	100～130 160～210	4 5	160～210 220～280
	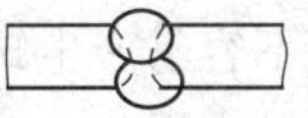	≥12	4	160～210	4 5	160～210 220～280
立对接焊缝		2 2.5～4	2 3.2	50～55 80～110		
		5～6 7～10	3.2 3.2 4	90～120 90～120 120～160	4	120～160
		≥11	3.2 4	90～120 120～160	4 5	120～160 160～200
		12～18	3.2 4	90～120 120～160	4	120～160
		≥19	3.2 4	90～120 120～160	4 5	120～160 160～200

续表

焊缝空间位置	焊缝断面形状	工件厚度（mm）	第一层焊缝		其他各层焊缝	
			焊条直径（mm）	焊接电流（A）	焊条直径（mm）	焊接电流（A）
横对接焊缝		2 2.5	2 3.2	50～55 80～110		
		3～4	3.2 4	90～120 120～160		
		5～8	3.2	90～120	3.2 4	90～120 140～160
		≥9	3.2 4	90～120 140～160	4	140～160
		14～18	3.2 4	90～120 140～160	4	140～160
		≥9	4	140～160	4	140～160

6. 单面平焊双面成型焊接操作

单面平焊双面成型技术的关键是第一层打底焊缝的操作，其他各填充层的操作要点与各种位置的普通焊接操作技术相同。打底层单面焊双面成型技术可分为连弧焊法和断弧焊法两大类。而断弧焊法又分为一点法、二点法和三点法。

（1）连弧焊法打底焊。电弧引燃后，中间不允许人为地熄弧，一直采用短弧连续运条，直至应换另一根焊条才熄弧。由于在连弧焊接时，熔池始终处在电弧连续燃烧的保护下，液态金属和熔渣容易分离，气体也容易从熔池中逸出，因此，焊缝不容易产生缺陷，焊缝金属力学性能也较好。用碱性焊条焊接时，连弧焊的操作方法应用比较广泛。

（2）断弧焊法打底焊。采用断弧焊法打底层焊接时，利用电弧周期性的燃弧—断弧（熄弧）过程，使母材坡口两侧金属有规律地熔化成一定尺寸的熔孔，当电弧作用在正面熔池的同时，使1/3～2/3的电弧穿过熔孔而形成背面焊缝。

任务实施

完成如图2—4—1所示工件焊接任务，掌握引弧、连接接头、收弧的正确操作方法，能熟练地正确选用一种或几种运条操作方法，应按照以下步骤进行。

一、焊前准备

1. 按规定穿戴好焊接劳动保护用品、准备焊接辅助工具，详见模块二中任务1的相应内容。

2. 准备工件：按图样要求准备焊件，材质为Q235B，规格为300 mm×125 mm×10 mm。数量为2块/人。用剪板机或氧—乙炔切割下料，钝边值为0.5～1.5 mm，单边坡口为30°，如图2—4—4所示。

3．选用ϕ3.2 mm和ϕ4.0 mm两种规格的E5016（J506）型焊条。根部焊道选用直径为3.2 mm的焊条，填充及盖面焊道选用直径为4.0 mm的焊条。要求焊条不得受潮变质，焊芯无锈，药皮不得开裂和脱落。用前烘至350～400℃，保温1～2 h。

4．工件的组装与定位焊

工件在组装定位焊时所使用的焊条和正式焊接时所使用的焊条相同。平焊位置始焊端的间隙为0，终焊端间隙以1.5 mm为宜，反变形为3°左右，如图2—4—5所示，即$\Delta H = L\sin\alpha = 125\text{mm} \times \sin 3° = 6.54\ \text{mm}$。

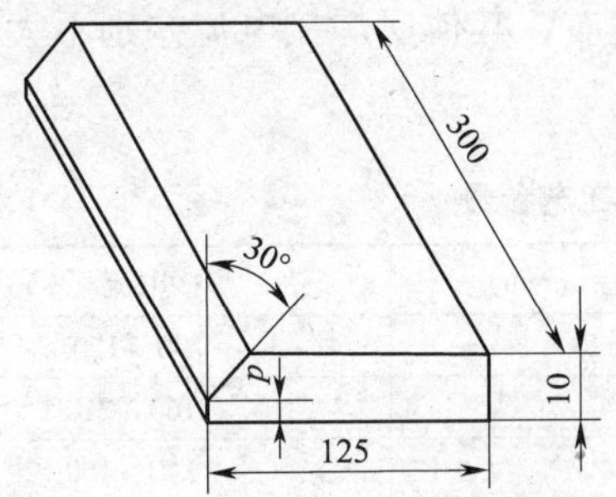

图2—4—4 单件钝边V形坡口焊接试板

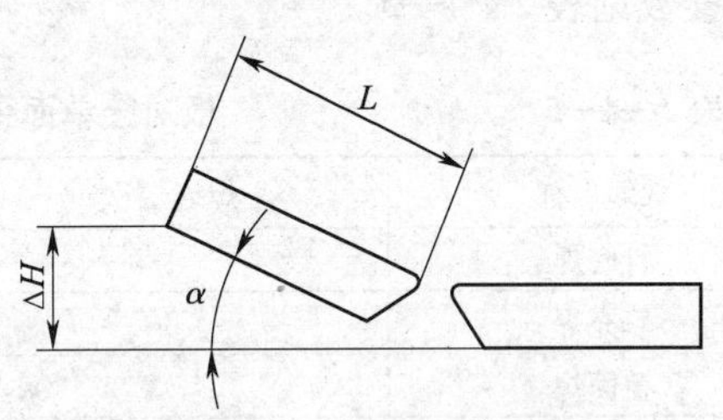

图2—4—5 反变形量

定位焊的位置在工件背面的两端头10 mm处，如图2—4—6所示，两种坡口均相同。始焊端可适当减少定位焊的点数，终焊端必须定位牢固，以防止因焊接过程中的收缩，造成未焊段坡口间隙变小而影响施焊。进行定位焊时，要留有收缩余量，即焊缝终焊端间隙要稍大于始焊端间隙约0.5 mm。

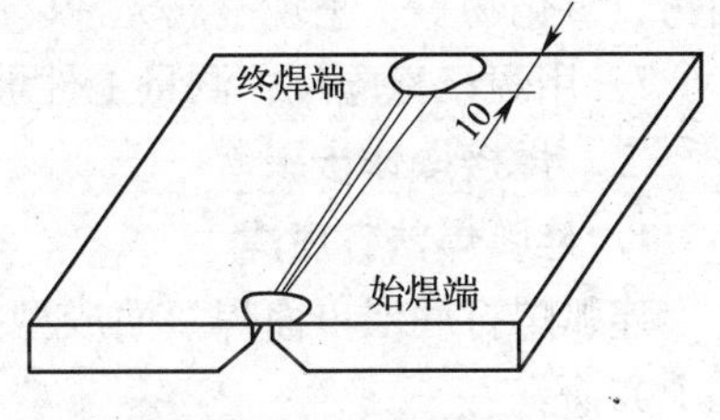

图2—4—6 定位焊位置

一般组装间隙尺寸比工件钝边大0～1.5 mm，如图2—4—7所示，具体组装尺寸见表2—4—4。焊接这类焊缝常用的锯齿形运条方法，如图2—4—8所示。焊接层数由工件厚度除以所用焊条直径来确定，焊接分为三层三道，如图2—4—9所示。

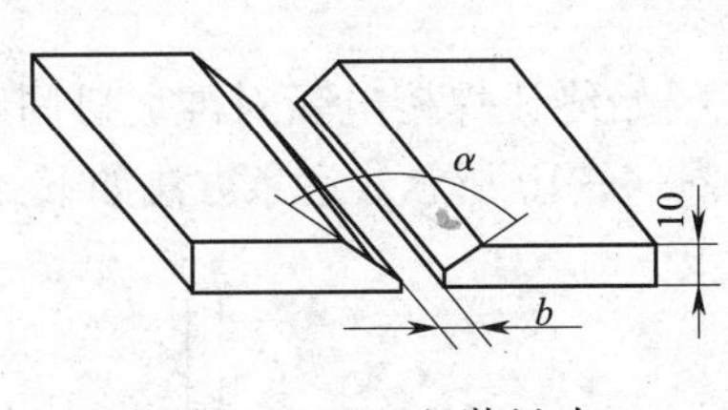

图2—4—7 组装尺寸

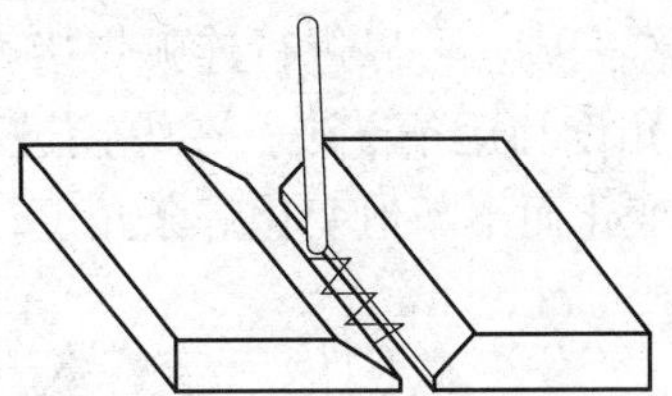
图2—4—8 常用的锯齿形运条方法

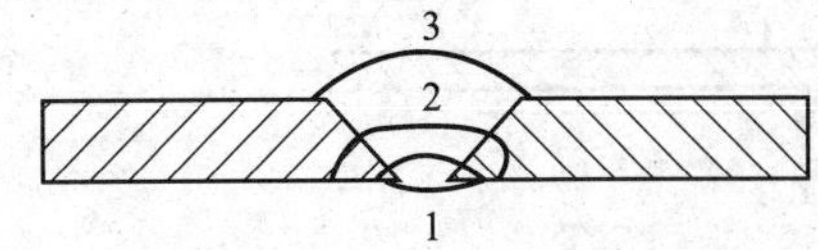

图2—4—9 开V形坡口多层焊

表 2—4—4　　工件组装尺寸

坡口角度 α（°）	间隙 b（mm）	钝边（mm）	反变形（°）	错边量（mm）
60	始焊端 0 终焊端 1.5	0.5～1.5	3	≤1

5．工艺参数选择

根据工件的厚度（打底层工件厚度为钝边量）选择焊条直径，再根据焊条直径选择焊接电流，一般情况下，因单面平焊双面成型打底焊易出现焊穿或塌腰等焊接缺陷，造成反面成形不良，所以打底焊电流比双面平焊电流小 10 A 左右，其他层焊接电流差别不大。焊接工艺参数见表 2—4—5。

表 2—4—5　　板对接单面平焊双面成型的工艺参数

焊缝名称	焊缝层次	焊条直径（mm）	焊接电流（A）
打底焊	1	3.2	90～120
填充焊	3	4	160～210
盖面焊	1	4	140～160

6．工件的清理用锉刀、砂布、钢丝刷等工具，在坡口正背面 20 mm 范围内清除铁锈、油污、氧化物等，呈现金属光泽。

7．用焊接检验尺，测量工件坡口，达到图 2—4—1 的要求即可。

二、焊接操作步骤

1．连弧焊法打底焊

连弧焊打底层单面焊双面成型技术包括引弧、焊条角度和运条方法、收弧和接头方法等几个方面。

（1）引弧。在定位焊缝上划擦引弧，焊至定位焊缝尾部时，以弧长约为 3.5 mm 的稍长电弧在该处摆动 2～3 个来回，进行预热。当看到定位焊缝和坡口根部有“出汗”现象时，说明预热温度已合适，此时立即压低电弧，使弧长约为 2 mm，等大约 1 s 后，听到电弧穿透坡口而发出“噗噗”声，同时看到定位焊缝以及坡口根部两侧金属开始熔化并形成熔池，即说明引弧工作完成，可以进行连弧焊接。

（2）焊条角度和运条方法。在焊接过程中，要始终让焊接电弧对准坡口间隙中间，并随着熔池温度变化而不断地变化焊条角度，如图 2—4—10 所示。运条方法如下：

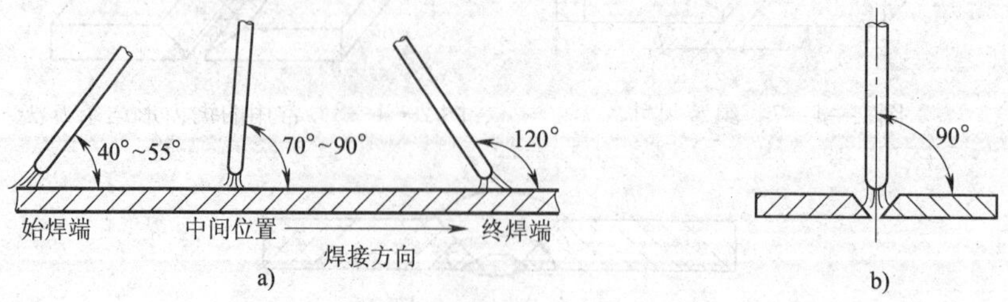

图 2—4—10　单面焊双面成型平焊连弧焊打底层焊条角度

a）焊条在焊缝纵向上与工件的夹角　b）焊条在焊缝横向上与工件的夹角

1）采用直线小摆动运条方法。焊条摆动应始终保持在钝边口两侧之间进行，每边熔化缺口控制在 0.5 mm 为宜。

2）进退清根法。焊接过程中，运条采用前后进退操作，焊条向前进时为焊接，时间较长；焊条向后退是为了降低熔池金属温度，看清熔孔大小，为后面的焊接做准备，这个过程时间较短。进退清根法如图 2—4—11 所示。

3）左右清根法。主要应用在焊接坡口间隙大的焊缝上，焊接过程中，电弧在坡口两侧交替进退清根，如图 2—4—12 所示。

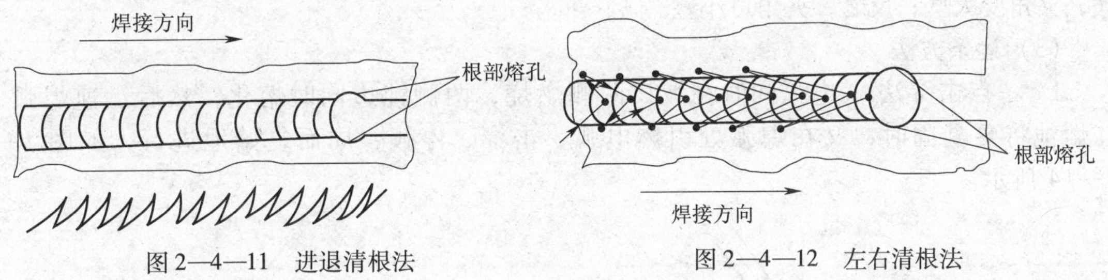

图 2—4—11　进退清根法　　图 2—4—12　左右清根法

（3）焊接工艺过程

1）注意观察熔池的形状和熔孔的大小。在焊接过程中，要认真观察熔池的形状和熔孔的大小，注意将熔渣与液态金属分开，熔池是明亮而清晰的，熔渣在熔池内是黑色的。熔孔的大小以电弧能将两侧钝边完全熔化并深入每侧母材 0.5 ~ 1 mm 为宜，熔孔过大，背面焊缝余高大，甚至形成焊瘤或烧穿；熔孔过小，坡口两侧根部容易产生未焊透现象。

2）熔透的标志。焊接时，电弧击穿工件坡口根部时会发出“噗噗”声，表明焊缝熔透良好。如果没有这种声音出现，说明坡口根部没有被电弧击穿，继续向前焊接，会造成未焊透的缺陷。

3）熔孔的控制。在焊接过程中，要准确地掌握好熔孔形成的尺寸，即每一个新焊点应与前一个焊点搭接 2/3，保持电弧的 1/3 部分在工件表面燃烧，用于加热和击穿坡口钝边，形成新的焊点。与此同时，在控制熔孔形成尺寸的过程中，电弧应将坡口两侧钝边完全熔化，并准确地深入每侧母材 0.5 ~ 1 mm。

（4）收弧。在需要更换焊条时，熄弧之前，应将焊条下压，使熔孔稍微扩大后往回焊接 15 ~ 20 mm，形成斜坡形再熄弧，为下一根焊条引弧打下良好的接头基础。

（5）焊缝接头方法

1）冷接。更换焊条时，要把距弧坑 15 ~ 20 mm 长斜坡上的熔渣敲掉并清理干净，这时弧坑已经冷却，起弧点应该在距弧坑 15 ~ 20 mm 的斜坡上。电弧引燃后，将其引至弧坑处预热，当有“出汗”现象时，将电弧下压，直至听到“噗噗”声后，提起焊条再向前继续施焊。

2）热接。当弧坑还处在红热状态时，迅速更换焊条，在距弧坑 15 ~ 20 mm 的焊缝斜坡上引弧并焊至收弧处，这时弧坑处的温度升高很快，当有“出汗”现象时，迅速将焊条向熔孔下压，听到“噗噗”声后，提起焊条再向前继续施焊。

2. 断弧焊法打底焊

断弧焊打底层单面焊双面成型技术包括引弧、焊条角度和运条方法、收弧等几个方面。

（1）引弧。断弧焊打底层单面焊双面成型的引弧技术与连弧焊打底层单面焊双面成型的引弧技术基本一致。在定位焊缝上划擦引弧，然后沿直线运条至定位焊缝与坡口根部相接处，以弧长约为3mm的稍长电弧在该处摆动2～3个来回进行预热，当出现“出汗”现象时，立即将电弧压低至弧长约2 mm，听到“噗噗”声，即电弧穿透坡口发出的声音，同时还看到坡口两侧、定位焊缝与坡口根部相接的金属开始熔化，形成熔池并有熔孔，说明引弧结束，可以进行断弧打底层的焊接。

（2）焊条角度。焊条与焊接方向夹角为45°～55°，如图2—4—13所示。坡口根部钝边大，夹角要大些；反之，夹角可小些。

（3）运条方法

1）一点击穿法 。电弧同时在坡口两侧燃烧，两侧钝边同时熔化，然后迅速熄弧，在熔池将要凝固时，又在熄弧处引燃电弧、击穿、停顿，周而复始地进行，如图2—4—14所示。

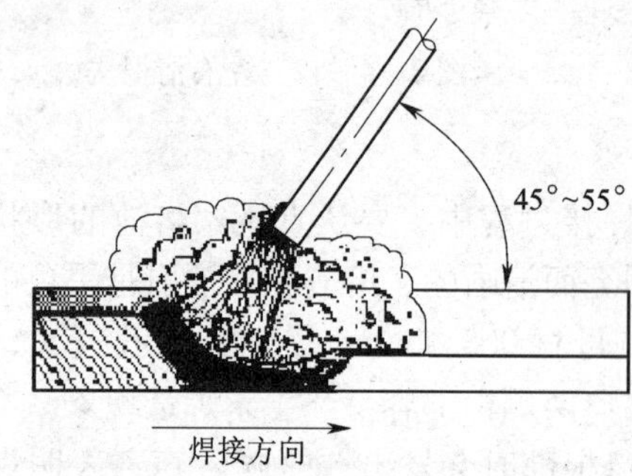

图2—4—13　打底层焊条角度

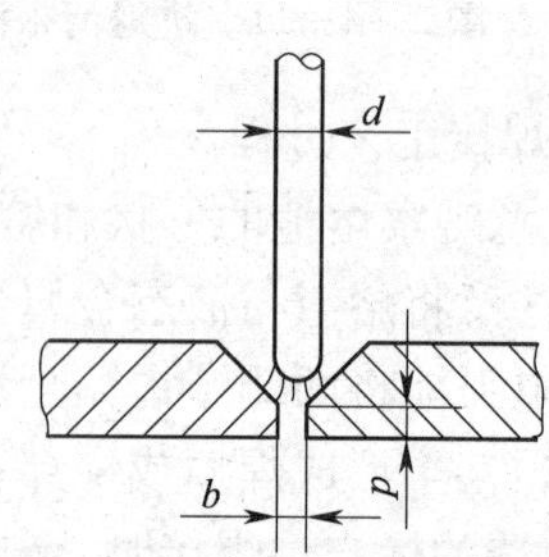

图2—4—14　断弧焊一点击穿法

熔池始终是逐个叠加的集合，熔池在液态存在的时间较长，冶金反应充分，不易出现夹渣、气孔等缺陷。但是，熔池温度不易控制，温度低，容易出现未焊透现象，温度高，可能会使背面余高过大，甚至出现焊瘤。一点击穿法适用于焊条直径 d 大于坡口间隙 b 的情况，坡口钝边 p 小于0.5 mm。

2）二点击穿法。电弧分别在坡口两侧交替引燃，左侧钝边给一滴熔化金属，右侧钝边也给一滴熔化金属，依次循环，如图2—4—15所示。

二点击穿法比较容易掌握，熔池温度也容易控制，钝边熔化良好。但是，由于焊道是两个熔池叠加形成的，熔池反应时间不太充分，使气体及熔渣上浮受到一定的限制，容易出现夹渣、气孔等缺陷。如果将后一个熔池的温度控制在前一个熔池尚未凝固时，两个熔池能充分叠加在一起共同结晶，就能避免产生气孔和夹渣。二点击穿法适用于焊条直径 d 小于等于坡口间隙 b 的情况，坡口钝边 p 为0.5～1 mm。

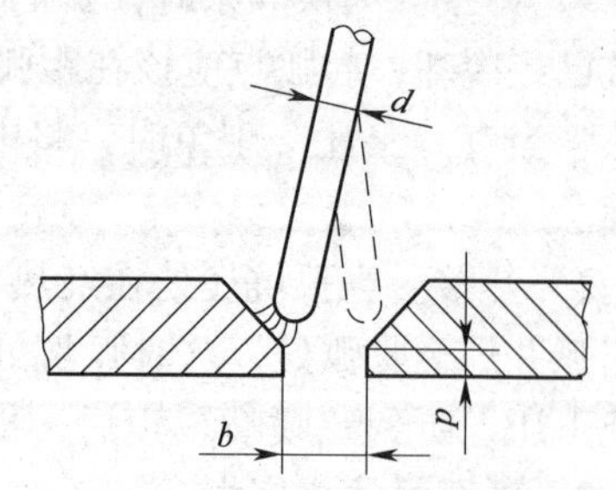

图2—4—15　断弧焊二点击穿法

3）三点击穿法。电弧引燃后，左侧钝边给一滴熔化金属，右侧钝边给一滴熔化金属，中间间隙给一滴熔化金属，如图2—4—16所示。

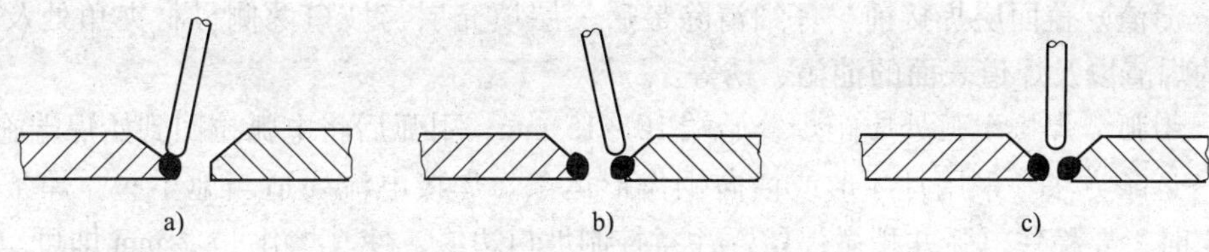

图 2—4—16　断弧焊三点击穿法

a）左侧钝边给一滴熔化金属　b）右侧钝边给一滴熔化金属　c）中间间隙给一滴熔化金属

这种方法比较适合根部间隙较大的情况，因为两焊点中间熔化金属较少，第三滴熔化金属补在中央是非常必要的。否则，在熔池凝固前析出气体时，由于没有较多的熔化金属愈合孔穴，在背面容易出现冷缩孔缺陷。

三点击穿法适用于焊条直径 d 比坡口间隙 b 小很多，坡口钝边 p 为 1 ~1.5 mm 的焊接情况。

4）断弧焊接操作。熄弧与重新引燃电弧之间的时间要短，间隔时间过长，熔池温度过低，熔池存在的时间较短，冶金反应不充分，容易造成气孔、夹渣等缺陷；如果间隔时间过短，熔池温度过高，会使背面焊缝余高过大，可能会出现焊瘤或烧穿。

3. 填充层焊接

（1）焊接基本要求

1）焊接单面焊双面成型填充层时，焊条除了向前移动外，还要有横向摆动。在摆动过程中，焊道中央移弧要快，即滑弧。电弧在两侧时要稍作停留，使熔池左右侧温度均衡，两侧圆滑过渡。

2）在焊接第一层填充层时，应注意焊接电流的选择。过大的焊接电流会使金属组织过烧，使焊缝根部的塑性、韧性降低。单面焊双面成型工件在弯曲实验时，背弯不合格的较多，除了焊缝熔合不良，有气孔、夹渣、裂纹、未焊透等缺陷之外，大部分是由于第一层填充层焊接电流过大，造成金属组织过烧、晶粒粗大、塑性和韧性降低。因而，填充层焊接也要限制焊接电流。

（2）清渣。对前一层焊缝仔细清渣，注意清除打底层焊缝与坡口两侧之间夹角处的熔渣。此外，填充层之间、焊点叠加处、各填充层与坡口两侧夹角处的熔渣也要仔细清除。

（3）引弧。在距焊缝起始端 10 ~ 15 mm 处引弧后，将电弧拉回到起始端施焊，每次接头或其他填充层也都按此方法操作，防止产生焊接缺陷。

（4）运条方法。采用月牙形或横向锯齿形运条法。焊条摆动到坡口两侧处要稍微停顿，使熔池和坡口两侧的温度均衡，防止填充金属与母材交界处形成死角，因清渣不彻底而造成焊缝夹渣。

最后一层填充层应比母材表面低 0.5 ~ 1.5 mm，并且焊缝中心要凹下去，而两边与母材交界处要高，使盖面层焊接时，能看清坡口，保证盖面焊缝边缘平直。

（5）焊条角度。焊条与焊接方向成 75° ~ 85°夹角，如图 2—4—17 所示。

4. 盖面焊

盖面层焊缝是金属结构上最外面的一层焊缝，除了要具有足够的强度、气密性外，还要求焊缝成形美观，鱼鳞纹整齐。在焊接过程中，焊条角度应尽可能与焊缝垂直，以便在焊接电弧的直吹作用下，使盖面层焊缝的熔深尽可能大，与最后一层填充层焊缝能够熔合良好。

（1）清渣。盖面层焊接前，仔细清除最后一层填充层与坡口两侧母材夹角处及填充层焊道间的焊渣以及焊道表面的油污、锈等。

（2）引弧。焊接引弧处应距焊缝始端 10 ~ 15 mm，引弧后将电弧拉回到始焊端施焊。

（3）运条方法。采用月牙形或横向锯齿形运条。焊接电流要适当地小些，焊条摆动到坡口边缘时，要稳住电弧并稍微停留。注意控制坡口边缘，使其熔化 1 ~ 2 mm 即可。

控制弧长及摆动幅度，防止焊缝发生咬边及背面焊缝下凹过大等缺陷。焊接速度要均匀一致，焊点与焊点搭接要均匀，焊缝余高的高低差应符合要求。

采用多道焊时，在焊接过程中，也可以用直线运条法，由起点焊至终点，其后各道焊缝也是由起点焊至终点。但是，后一道焊缝要熔合 1/3 的前一道焊缝，长焊缝可以采用分段焊法或退步焊法。两道焊缝互相搭接 1/3，每道焊缝焊接前，应仔细清除焊缝处的熔渣。

（4）焊条角度。焊条与焊接方向的夹角为 75° ~80°，如图 2—4—18 所示。

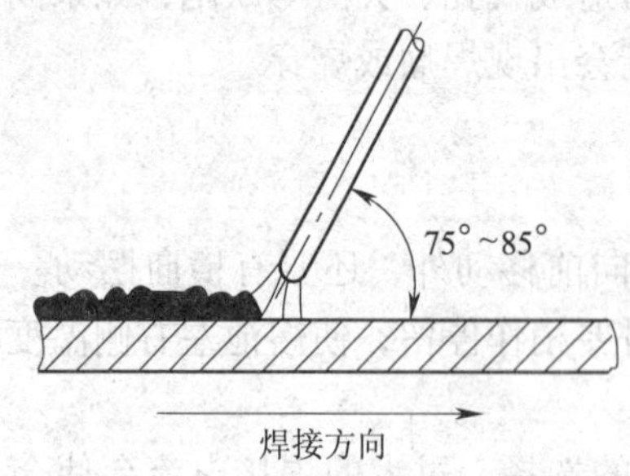

图 2—4—17 单面焊双面成型断弧焊法平焊时填充层焊条角度

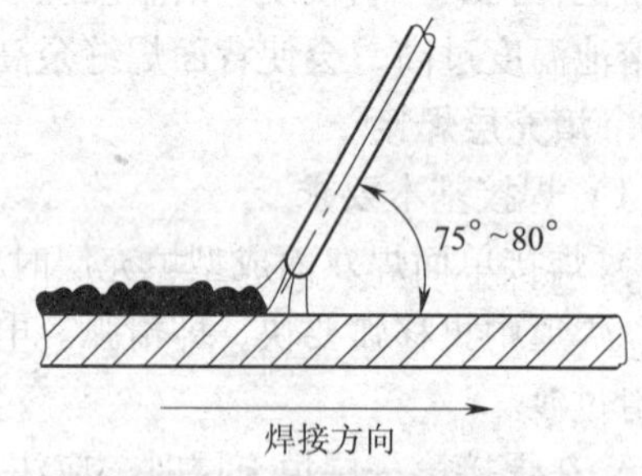

图 2—4—18 单面焊双面成型平焊时盖面层焊条角度

（5）焊缝接头操作。采用热接法。更换焊条前，往熔池中稍加些液态金属，然后迅速更换焊条，在弧坑前 10 ~ 15 mm 处引弧，并将其引至弧坑处划一个小圆圈预热，当弧坑重新熔化，形成的熔池延伸进坡口两侧边缘内各 1 ~ 2 mm 时，即可开始正常焊接。

接头的位置很重要，如果接头部位离弧坑较远且偏后，盖面层接头的焊缝就偏高；如果接头部位离弧坑较近且偏前，在盖面层焊缝接头部位会造成焊缝脱节。

三、焊缝外观检测

1. 自检

对焊完清理好的工件，依据图 2—4—1 中技术要求和表 2—4—6 中评分标准，进行自己校正和检测，检测工件时，要正确运用焊接检验尺，检测的操作内容在评分标准范围内为合格。

2. 互检和专检

可参照模块二中任务 2 相关内容进行。

任务评价

评分标准见表 2—4—6。

表 2—4—6　　评分标准

序号	操作内容	评分标准	配分	得分
1	焊接检验尺的使用	焊接检验尺使用正确、读数准确无误不扣分，否则各扣4分	8	
2	工件组装定位	工件各尺寸组装正确、符合要求不扣分，否则各扣5分	10	
3	焊缝正面成形	要求波纹细、均匀、光滑，否则每处扣2分	10	
4	焊缝宽度差	宽窄允许差1 mm，每超差1 mm扣5分	10	
5	焊缝余高	允许0.5~1.5 mm，每超差0.5 mm扣4分	8	
6	工件角变形	允许1°，每超1°扣4分	10	
7	引弧痕迹	无引弧痕迹，不扣分，若有，每处扣2分	6	
8	接头成形	良好不扣分，脱节或超高一处扣4分	8	
9	收弧弧坑	弧坑饱满不扣分，否则每处扣4分	8	
10	焊缝背面成形	宽窄均匀、整齐，圆滑过渡、美观，否则每项扣5分	10	
11	工件清理	清洁不扣分，否则每处扣2分	6	
12	安全文明生产	服从管理、安全操作，否则每项扣3分	6	
		总分合计	100	

注：从开始引弧计时，该试件60 min内完成，每超出1 min，从总分中扣2.5分。

思考与练习

1. 直流电源或交流电源焊接时，焊接电弧分多少区？各占电弧总热量多少？

2. 什么是焊条电弧焊正接法和反接法？

3. 焊接规范有哪些？请简述。

4. 试设计一个产品的焊接工艺卡。

5. 试用焊缝检验尺测量2~3个焊接试件，测出焊缝宽度差、焊缝余高、焊缝余高的高低差和焊件变形量等。

6. 试述单面焊双面成型断弧焊法平焊时打底的一点法、二点法和三点法，并比较它们的不同之处。

模块三　立焊位焊条电弧焊

立焊位焊条电弧焊是焊接基本的焊法之一。在板对接立焊位双面焊里可以学到焊钳的基本握法及挑弧焊法、断弧焊法等操作技术；在板对接立焊位单面焊双面成型里能学到立焊时上下运条法、左右挑弧焊法和左右凸摆法等操作技术；在立角焊里可以学到焊条电弧焊立角焊时焊条角度控制、焊条电弧焊立角焊锯齿形运条法、焊条电弧焊立角焊三角形运条法等操作技术。这些焊法在机械制造中都经常使用。

任务1　板对接立焊位双面焊

技能点

◎ 掌握立焊时握焊钳的方法；掌握焊条电弧焊挑弧焊法和断弧焊法；掌握月牙形运条法和锯齿形运条法在立焊时的操作技术。

知识点

◎ 了解冷接法、热接法；了解板对接立焊操作方法。

任务提出

在工程实际中，双面立焊多用于大型容器、大口径管线及船甲板的立焊位焊缝的焊接生产。为提高生产效率，这种焊接方式可以在容器内外错开焊位的情况下同时施焊，这样，既提高了生产效率，又可以减少一些因焊接热源引起的工件变形。

如图3—1—1所示为钝边V形坡口板对接立焊位双面焊工件图，钢板材料为Q235B，要求读懂工件图样，完成焊接任务，达到技术要求。

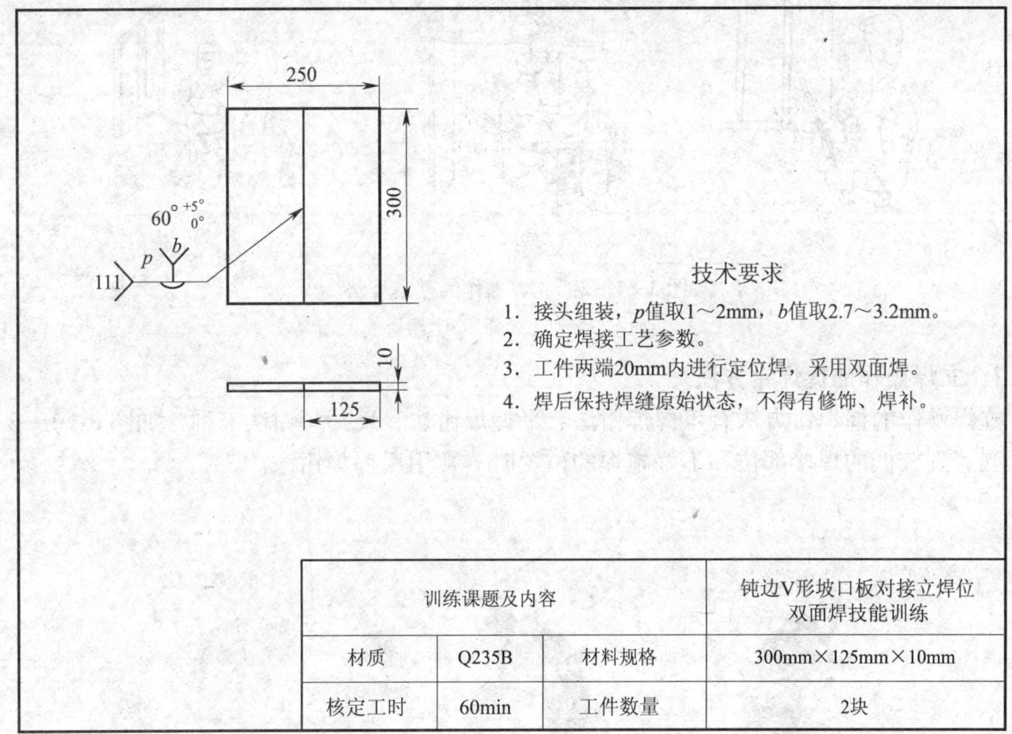

训练课题及内容			钝边V形坡口板对接立焊位双面焊技能训练
材质	Q235B	材料规格	300mm×125mm×10mm
核定工时	60min	工件数量	2块

图 3—1—1　钝边 V 形坡口板对接立焊位双面焊工件图

任务分析

钝边 V 形坡口板对接立焊位双面焊时，熔化的液态金属和熔渣受重力作用容易下淌，易形成焊接缺陷。操作方法不当、熔池形状控制不好以及焊条角度不正确，都会直接影响焊缝质量。因此，采用短弧焊，适当地调整焊条倾角和相应的运条方法成为立焊位焊接的关键技术。

相关知识

一、立焊位焊接（简称立焊）的基本技术

1. 立焊操作姿势

操作时，可采取胳臂有依托和无依托两种姿势。有依托是胳臂轻轻地托在肋部或大腿、膝盖位置，这种方法比较平稳、省力。无依托是把胳臂半伸开悬空操作，要靠胳臂的伸缩来调节焊条位置，胳臂活动范围大，但操作难度也较大。基本功训练应以无依托操作姿势为主。立焊操作的基本姿势有站姿、坐姿、蹲姿三种，如图 3—1—2 所示。

a)

b)

c)

图 3—1—2　立焊操作的基本姿势

a）站姿　b）坐姿　c）蹲姿

2. 立焊操作的握焊钳方法

立焊操作的握焊钳方法有正握焊钳法、平握焊钳法、反握焊钳法三种，如图 3—1—3 所示。当遇到较低的焊接部位和不好施焊的位置时，常用反握焊钳法。

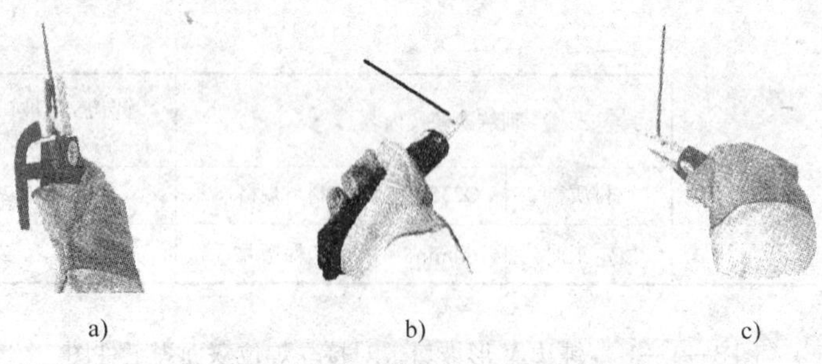
a)　b)　c)

图 3—1— 3　立焊操作的握焊钳方法

a）正握焊钳法　b）平握焊钳法　c）反握焊钳法

3. 焊条角度

一般情况下，焊条角度向下倾斜 60°～80°，焊条与工件夹角为 90°，电弧指向熔池中心，如图 3—1—4 所示。

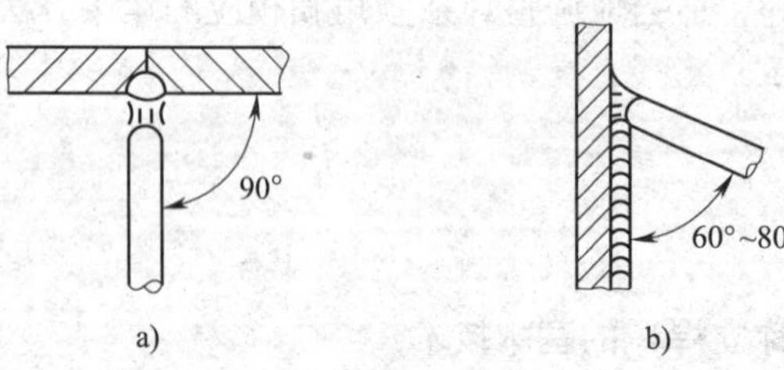

a)　b)

图 3—1—4　对接立焊的焊条角度

a）立焊俯视焊条角度　b）立焊左视焊条角度

4. 选用工艺参数

立焊时，应选用小直径焊条，所用焊接电流应比平焊时小 10%～15%，以避免过多的熔化金属下淌，采用短弧焊。

5. 选用运条方法

立焊对接焊缝可选用月牙形、锯齿形、三角形等运条方法，如图3—1—5所示。月牙形运条法适用于间隙为焊条直径1~1.5倍的工件，采取对准根部间隙直接击穿，同时在坡口两侧作轻微的月牙形摆动运条；当工件间隙大于焊条直径1.5倍时采用锯齿形运条，从坡口一侧落弧摆动到另一侧，始终控制熔池温度；当工件间隙更大时，则采用三角形运条方法。

在立焊过程中，眼睛和手要协调配合，采用长短电弧交替起落焊接法。当电弧向上抬高时，电弧自然拉长些，但不应超过6 mm；电弧自然下降，在接近冷却的熔池边缘时，迅速恢复短弧。电弧沿焊缝轴线纵向移动的速度应根据电流大小及熔池冷却情况而定，其上下移动的间距一般不超过12 mm。焊条的运条手法要根据焊缝的熔宽来决定。有时在薄板对接立焊间隙较大时，采取由上向下施焊，这种焊法熔深浅，薄件不易烧穿，有利于焊缝成形。除此以外，生产实际中经常采取的是由下向上施焊。在焊接操作过程中，可以通过以下措施来保证焊接质量：

焊接时要特别注意对熔池温度的控制，温度不要过高；为控制温度也可选用断弧焊法施焊，以避免电弧过长所造成的熔滴下淌，形成焊瘤。焊接厚板开坡口的工件时，当焊条运至坡口两侧时应稍作停顿，以增加焊缝熔合性。

当盖面焊缝较宽时，若采用月牙形或锯齿形运条法，一次摆动往往达不到焊缝边缘良好的熔合，而采用8字形运条法能得到较宽的焊波，焊缝表面是鱼鳞状的花纹。8字形运条法焊接时，自左向右把熔滴放置在焊缝宽度的1/3处，稍微停顿一下。接着，把焊条抬高并引到焊缝的2/3处，再向焊缝右边瞬间划弧以后，将焊条降落到焊缝的2/3处。此时，瞬间变成短弧，停顿一下，使熔化金属与前面的焊波熔合好。然后把焊条抬高，向左引到焊缝宽度的1/3处。这种有规律的运条方法要求焊条有节奏地均匀摆动，摆动时要求快而稳，熔滴下落的位置要准确。

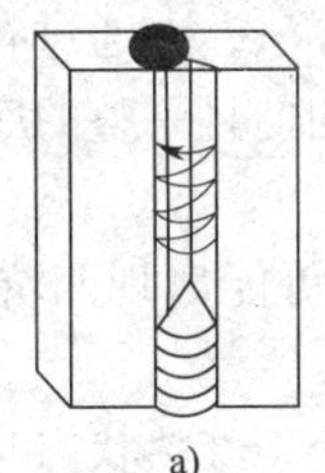
a)

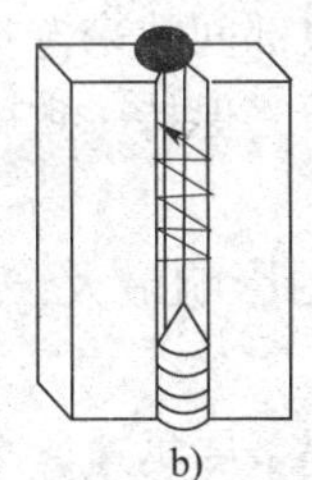
b)

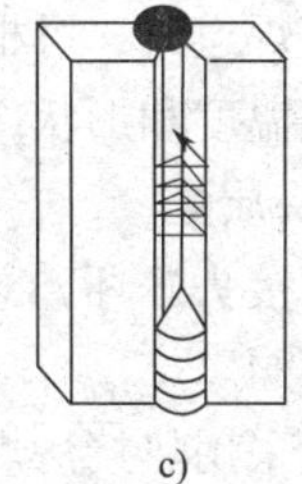
c)

图3—1—5 立焊对接运条方法
a）月牙形 b）锯齿形 c）三角形

6. 控制熔孔大小和形状

立焊时，不论是立向上焊，还是立向下焊，都要控制好熔池，如图3—1—6所示。焊接过程中，电弧要尽可能地短些，使焊条端头约1/2覆盖在熔池上，电弧的1/2在熔池的上部坡口间隙中燃烧，利用熔渣和焊条药皮产生的气体保护熔池，可避免产生气孔。每当焊完一根焊条后收弧时，先在熔池上方稍做停留，这样不使弧坑过大，然后回焊10 mm再断弧，并使其形成缓坡，为下面的接头做好准备。

7．挑弧焊法

工件根部间隙不大，而且不要求背面焊缝成形的第一层焊道可采用挑弧焊法。挑弧焊法的要领是将电弧引燃后，拉长弧预热始焊端的定位焊缝，适时压弧并开始焊接。当熔滴过渡到熔池后，立即将电弧向焊接方向（向上）挑起，弧长不超过 6 mm，如图 3—1—7 所示。但电弧不熄灭，使熔池金属凝固，等熔池颜色由亮变暗时，将电弧立刻拉回到熔池。当熔滴过渡到熔池后，再向上挑起电弧，如此不断地重复直至焊完第一层焊道。

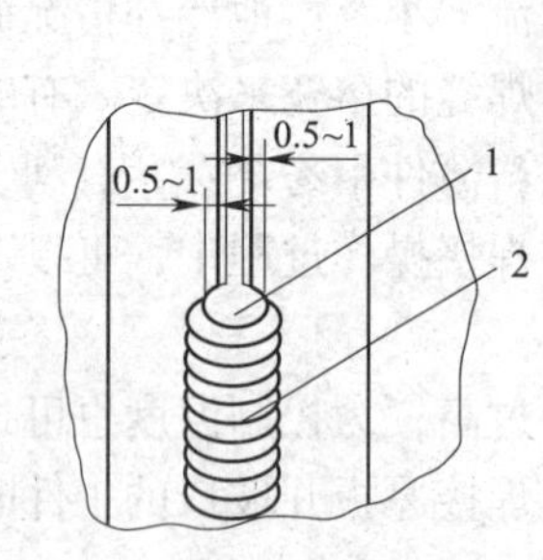

图 3—1—6　板对接立焊熔池尺寸
1—熔池　2—焊缝

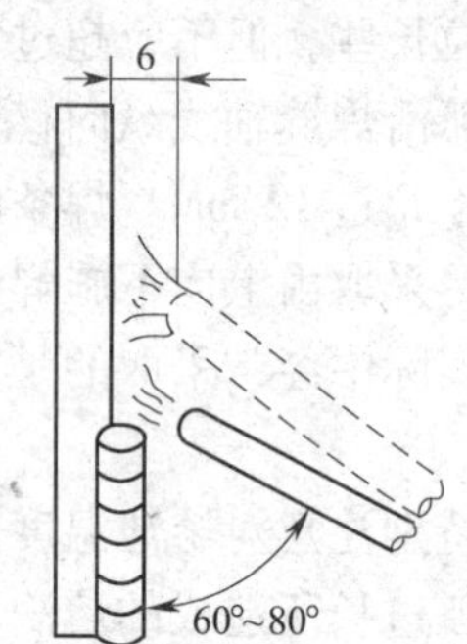

图 3—1—7　立焊挑弧法

8．断弧焊法

当工件根部间隙较大时采用断弧焊法。断弧焊法的要领是当熔滴过渡到熔池后，因熔池温度较高，而且根部间隙较大，熔池金属有下淌的趋势，此时立即将电弧熄灭，使熔池金属有瞬时凝固的机会。随后重新在熄弧处引弧，当形成的新熔池良好熔合后，再立即熄弧，如此燃弧—熄弧—燃弧—熄弧交替地进行。熄弧停留的时间长短需根据熔池温度的高低作相应的调节，燃弧时间也根据熔池的熔合状况灵活掌握。

焊接第一层焊道时，可根据工件的根部间隙来选择上述的焊法，并通过有节奏的运条动作，控制好熔池温度和形状，上述情况始终保持一致就可获得均匀且平整的底层焊道。

9．控制接头质量

打底焊缝的接头好坏，对背面焊道的影响最大，接头不好可能出现凹坑或局部凸起太高，甚至产生焊瘤。

接头应尽量采用热接法焊接，更换焊条要迅速，在熔池尚处于红热状态时，立即在熔池上端 10 ~ 15 mm 处引弧，稍拉长弧，并退至原焊接熔池处进行预热（1 ~ 2 s）。然后逐渐压低电弧，将焊条向焊道背面压送，并稍作停留。不宜急于熄弧，最好连弧锯齿形摆动几下之后，再恢复正常的断弧焊法。

冷接法一般是在最初练习阶段或耽搁了热接时间时采用。冷接时要将熔池周围的熔渣和飞溅物清理干净，必要时将接头打磨成缓坡。然后在熔池的上方 10 ~ 15 mm 处引燃电弧，迅速移至原熔池下部 10 mm 处并将电弧稍稍拉长，轻轻摆动 2 ~ 3 s，对熔池及其附近区域预热。接下来将电弧压下，作向上的预热焊接，然后采用与热接法相同的操作方法进行焊接。如果操作得当，效果与热接法基本一样，只是预热焊所产生的局部高出部分，需要在进行填充焊时将其熔合，使熔池与工件良好熔合后，转入正常的焊接。

预热法是起头、接头时常用的操作手法，要通过反复的训练逐渐掌握。

二、对接立焊

对接立焊可采用自上而下和自下而上两种焊接方法，分别称立向下焊和立向上焊。

1. 不开坡口的立向上焊

采用立向上焊时，根据焊条选择的原则可选用碱性焊条，焊条直径为 2.5 mm 或 3.2 mm，焊接电流要比平焊时小。对于不开坡口的对接立焊，当焊接薄板时，容易产生烧穿、咬边和变形等缺陷。采用短弧焊接，可使熔滴过渡的距离缩短，易于操作，有利于避免烧穿，缩小受热面积。运条手法可用直线形、月牙形或锯齿形等。如发现有熔化金属下淌，焊缝成形不良的部位应立即铲去，一般可用电弧吹掉后再向上焊接。当发现有烧穿时，应立即停止焊接，将烧穿部位焊补后，再进行焊接。

2. 不开坡口的立向下焊

采用立向下焊时，应采用立向下焊焊条，焊接时焊条不摆动，焊条套筒直接放在工件表面，直拖而下。向下立焊时，所用焊条的熔渣凝固温度范围较小，这样焊接时既不淌渣，又能盖住焊缝，焊接速度比立向上焊快一倍，焊缝成形良好，是一种值得推广的焊接技术。立向下焊一般用于薄板的焊接，在造船行业中用得比较多。

当采用酸性焊条时，也必须用小直径焊条，并注意焊条的角度，一般采用长电弧焊接法。在操作中应注意观察焊缝的中心线、焊接熔池和焊条的起落位置。由于酸性焊条的熔渣为长渣，所以要求焊条摆动速度快而准确。焊条的摆动方法是以焊缝中心线为准的，应从左右两侧往中间作半圆形摆动。

3. 开 V 形坡口对接的多层立焊（其他形式的坡口立焊操作可照此执行）

开 V 形坡口的对接立焊，一般采用多层焊，层数的多少根据工件的厚度而定。在焊接时，一定要注意每层焊缝的成形。如果焊缝不平，中间高，两侧低，甚至形成尖角，则不仅给清渣带来困难，而且因成形不良会造成夹渣、未焊透等缺陷。开坡口的对接立焊分为打底焊、中间层焊缝焊接和盖面焊接。

（1）打底焊。多层焊时，在焊接接头根部焊接的焊道为打底焊道。打底焊时应选用直径较小的焊条和较小的焊接电流。对开 V 形坡口的厚板可采用小三角形运条法；对开 V 形坡口的中厚板或较薄板，可采用小月牙形运条法。打底焊时一定要保证焊缝质量，特别要注意避免产生气孔。如果第一层焊缝产生了气孔，就会形成自下而上的贯穿气孔。在焊接厚板时，打底焊宜采用逐步退焊法，每段长度不宜过长，应按每根焊条可能焊接的长度来计算。

（2）中间层焊缝焊接。中间层焊缝的焊接主要是填满焊缝。为提高生产效率，可采用月牙形运条，焊接时应避免产生未熔合、夹渣等缺陷。接近表面的一层焊缝的焊接非常重要，一方面要将以前各层焊缝凸凹不平处加以平整，为焊接盖面焊缝打下基础；另一方面，这层焊缝一般比板面低 1 mm 左右，而且焊缝中间应有些凹，以保证表面焊缝成形美观。

（3）盖面焊接。盖面焊多层焊的最外层焊缝，应满足焊缝外观尺寸的要求。运条手法可按要求的焊缝余高加以选择。如果余高要求较高，焊条可作月牙形摆动；如果对余高要求稍平整，焊条可作锯齿形或单“8”字形摆动。在盖面焊缝焊接时，应注意运条的速度必须均匀一致。当焊条在焊缝两侧时，要将电弧进一步缩短，并稍微停留，这样有利于熔滴的过渡和减小电弧的辐射面积，以防止产生咬边等缺陷。

（4）封底焊。封底焊是正面对接坡口焊完后，在焊缝背面施焊的最终焊道。封底焊焊前应用碳弧气刨清除焊根。立焊时，这一焊缝的操作与盖面焊接相似，只是横向摆动幅度小些。

任务实施

一、焊前准备

1. 按规定穿戴好焊接劳动保护用品、准备焊接辅助工具，详见模块二中任务1的相应内容。

2. 准备工件。按图样要求准备工件：材质为Q235B，规格为300 mm×125 mm×10 mm。数量为2块/人。用剪板机或氧—乙炔切割下料，钝边值为1~2 mm，单边坡口为30°。工件的清理用锉刀、砂布、钢丝刷等工具，在坡口正、反面20 mm范围内清除铁锈、油质、氧化物等，使其呈现金属光泽。用焊接检验尺，测量工件坡口达到图3—1—1的要求。

3. 焊条选用E4303（J422）型或E5016（J506）型，直径分别为3.2 mm、4.0 mm。焊前，E4303型焊条需经过150~200℃烘干1~2 h，E5016型焊条需经过350~400℃烘干1~2 h，烘好的焊条放在保温桶内以备使用。使用前应认真检查焊条药皮有无偏心、开裂、脱落等现象。焊机选择BX3-300。

4. 组装与定位焊：将工件坡口钝边锉削好，并矫平工件。然后，将焊件背面朝上进行组对，检查有无错边现象，留出合适的根部间隙，始焊端预留间隙3.2 mm，终焊端预留间隙4.0 mm。在焊件两端10~15 mm范围内进行定位焊，终焊端定位焊缝要牢固，以防焊接过程中焊缝收缩使间隙尺寸减小或开裂。

定位焊后的工件表面应平整，错边量不大于1.2 mm。检查无误后，将工件通过磕打留出反变形量。定位焊所使用的焊条和正式焊接时所使用的焊条相同。

5. 确定焊接运条方法，选用合适工艺参数，见表3—1—1。

表3—1—1　　运条方法及工艺参数

焊接层次	运条方法	焊条直径（mm）	焊接电流（A）
根部焊层	断弧焊法	3.2	100~110
填充层	锯齿形运条法	4.0	110~120
盖面层	锯齿形运条法	3.2	95~105
封底焊缝	锯齿形运条法	3.2	95~105

二、焊接操作步骤

1. 引弧

将工件垂直固定在工作台上，焊条与工件下侧成70°~80°角，电弧引燃后迅速将电弧拉至定位焊缝上，向坡口根部两侧作小幅度的摆动。

2. 填充焊

应仔细清理打底层焊道焊接时产生的熔渣及飞溅物。然后在距离焊缝始端 10 mm 处引弧，将电弧拉回到始焊端，采用连弧焊法、锯齿形横向摆动运条进行施焊。焊条摆动到坡口两侧要稍作停顿，以利于熔合及排渣，避免焊道两边出现死角。

最后一层填充厚度，应比坡口棱边低 1 ~ 1. 5 mm，且应呈凹形，便于盖面层焊接时借助于棱边来控制焊缝宽度，以保证形成良好焊缝。

3. 盖面焊

应将前一层熔渣清理干净，其引弧与填充焊相同，采用锯齿形运条方法，焊条与焊件的下倾角为 75° ~ 80°。

施焊时，焊接电弧要控制短些，焊条摆动的频率应比平焊时稍快，运条速度要均匀一致，向上运条时的间距力求相等，使每个新熔池覆盖前一个熔池的 2/3 ~ 3/4。焊条摆动到坡口边缘 *a*、*b* 两点时，要稍作停留，如图 3—1—8 所示，始终控制电弧熔化母材棱边 1 mm 左右内的金属，可有效地获得宽度一致的平直焊缝。

焊缝接头时，在弧坑上方 10 mm 左右的填充层焊道上引弧，将电弧拉至原弧坑处稍加预热。当熔池出现熔化状态时，逐渐将电弧压向弧坑，使新形成的熔池边缘与弧坑边缘吻合，并转入正常的锯齿形运条，直至完成盖面焊接。

4. 背面气刨清根

气刨工艺参数和操作参照模块一任务 3，用轻快操作法清除焊接试件背面打底焊接时造成的成形不良的焊缝，这样得到刨槽底部 2 ~ 3 mm 的 U 形坡口。背面气刨清根，如图 3—1—9 所示，刨削出的刨槽表面要光滑，熔渣容易清除。

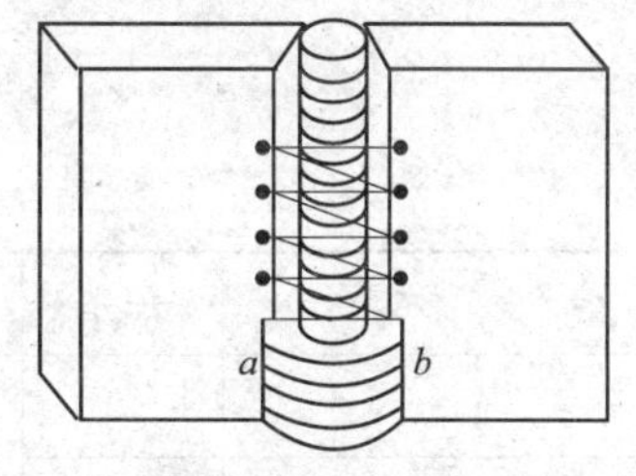

图 3—1—8　盖面层操作运条方法

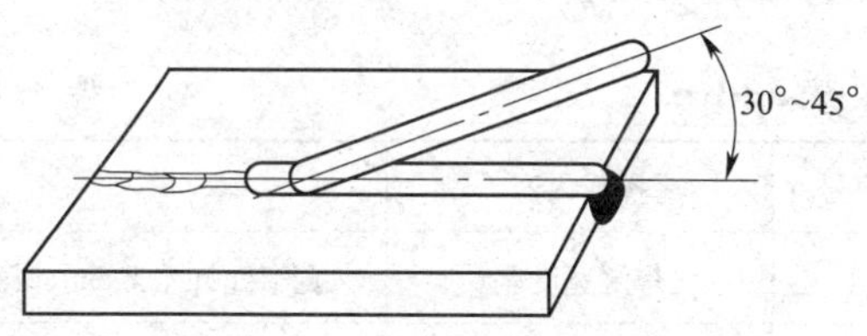

图 3—1—9　背面气刨清根

5. 背面封底焊缝

背面的立焊封底焊缝与立焊盖面焊缝相似，只是横向摆动幅度小些。

三、焊缝外观检测

1. 自检

对自己的操作姿势、握焊枪手法、焊条角度及焊完清理好的工件，依据图 3—1—1 中技术要求和表 3—1—2 中评分标准，进行自己校正和检测，检测的操作内容在评分标准范围内为合格。

2. 互检

与同组同学对相互的操作姿势、握焊枪手法及焊条角度等，参照相关知识和要领互相监督校正。相互交换焊完清理好的工件，进行互相检测，指出不足，相互讨论，并将结果报给指导教师，教师要给出准确结论。

3. 专检

教师对学生焊接操作过程中的操作姿势、握焊枪手法及焊条角度等，要进行巡回检查，及时纠正不正确的姿势和操作。

教师在接到学生上交的焊完并清理好的工件后，依据评分标准进行严格检测，准确打分；并对学生对该工件的焊接参数的选择、引弧、运条、收弧及连接等各步骤及动作存在的问题进行更正，做出明确解答，以利于提高学生焊接操作技能水平。合格与不合格的焊缝外形如图 3—1—10 所示。

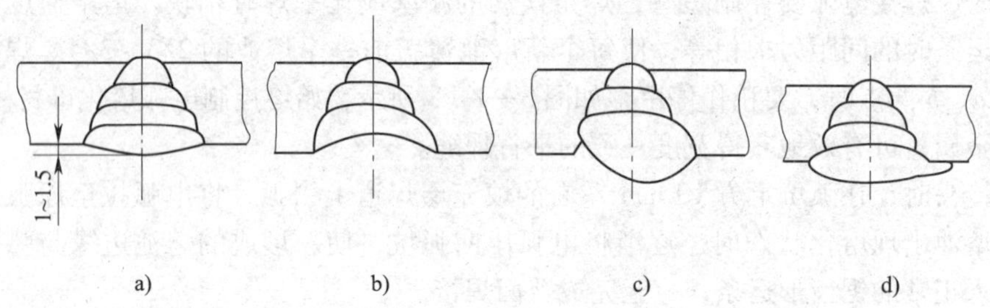

图 3—1—10　合格与不合格的焊缝外形

a）合格的焊缝（表面平整）　b）、c）、d）不合格焊缝（凹处太低或凸起太高）

任务评价

评分标准见表 3—1—2。

表 3—1—2　　**评 分 标 准**

序号	操作内容	评 分 标 准	配分	得分
1	焊缝宽度差	宽窄允许差 1 mm，每超差 1 mm 扣 5 分	10	
2	焊缝成形	要求波纹细、均匀、光滑，否则每处扣 2 分	6	
3	正面焊缝余高	允许 0.5 ~1.5 mm，每超差 0.5 mm 扣 4 分	8	
4	焊缝余高差	允许 1 mm，每超差 1 mm 扣 3 分	6	
5	背面焊缝余高	允许 0.5 ~1.0 mm，每超差 0.5 mm 扣 2 分	6	
6	咬边	咬边深度应≤0.5 mm，每 1 mm 长扣 1 分，咬边连续长度≥6 mm 或深度 >0.5 mm 本项不得分	6	
7	焊缝填充不足	出现焊道填充不足不得分	4	
8	接头成形	良好不扣分，脱节或超高一处扣 4 分	8	
9	收弧弧坑	弧坑饱满不扣分，否则每处扣 4 分	8	
10	焊瘤	出现焊瘤不得分	8	

续表

序号	操作内容	评 分 标 准	配分	得分
11	背面焊缝成形	宽窄均匀、整齐，圆滑过渡、美观，否则每项扣5分	10	
12	工件角变形	允许1°，每超1°扣5分	10	
13	工件清理	清洁不扣分，否则每处扣2分	4	
14	安全文明生产	服从管理、安全操作，否则每项扣3分	6	
总分合计			100	

注：从开始引弧计时，该试件60 min内完成，每超出1 min，从总分中扣2.5分。

思考与练习

1. 立焊时的操作基本姿势、握焊钳方法和运条方法各有哪几种？各适用于什么情况？
2. 与平焊相比，立焊时有哪些困难？如何克服？
3. V形坡口立焊时的立向下焊和立向上焊有何不同？各适用于什么情况？
4. 对接立焊时，什么情况下适合用挑弧焊法焊接？什么情况下适合用断弧焊法焊接？
5. 在立焊时，如何进行预热起头及冷接法和热接法焊接？
6. V形坡口对接立焊时的运条有什么特点？

任务2　板对接立焊位单面焊双面成型

技能点

◎ 掌握钝边V形坡口板对接立焊时打底焊的操作技术；掌握焊条电弧焊立焊时上下运条法、左右挑弧焊法和左右凸摆法操作技术；掌握钝边V形坡口板对接立焊时单面焊双面成型技能及操作技术。

知识点

◎ 了解焊条电弧焊连弧焊、断弧焊法；了解立焊时单面焊双面成型焊接操作方法。

任务提出

在生产实践中，单面立焊双面成型多用于人进不去施工的小型容器或小口径管道的纵、环立位焊缝的焊接生产，这种焊接方式可以在容器外面施焊而内面也能形成规则的焊缝。

如图3—2—1所示为钝边V形坡口板对接立焊单面焊双面成型工件图，板件材料为Q235B。读懂工件图样，完成焊接任务，达到工件图样技术要求。

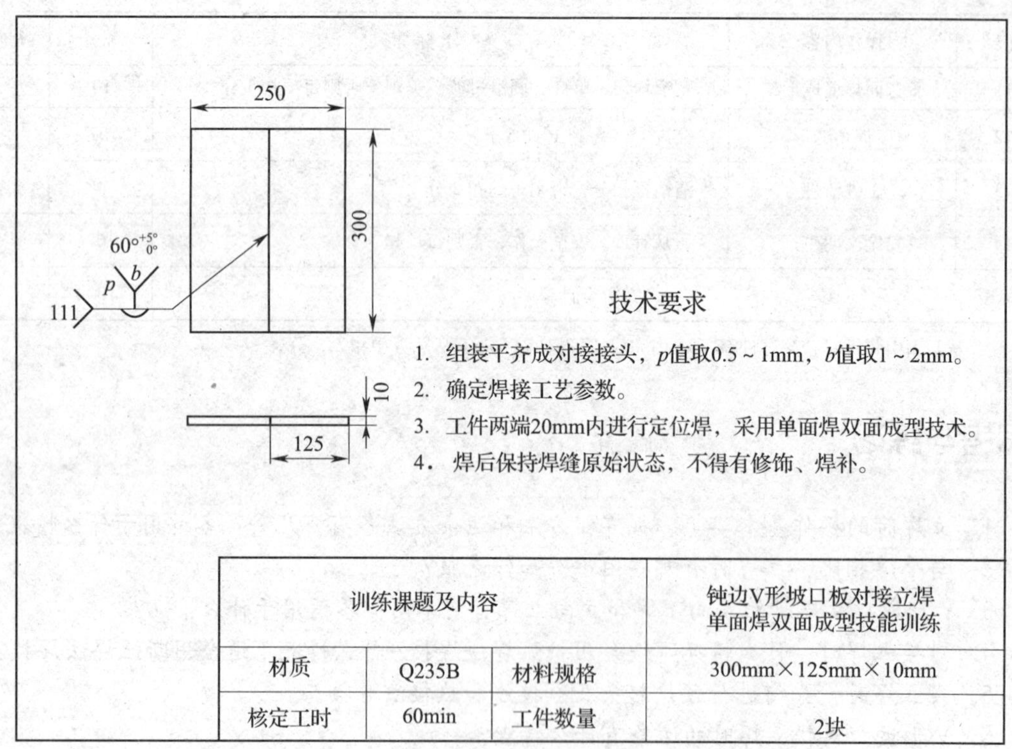

技术要求

1. 组装平齐成对接接头，p值取0.5～1mm，b值取1～2mm。
2. 确定焊接工艺参数。
3. 工件两端20mm内进行定位焊，采用单面焊双面成型技术。
4. 焊后保持焊缝原始状态，不得有修饰、焊补。

训练课题及内容			钝边V形坡口板对接立焊单面焊双面成型技能训练
材质	Q235B	材料规格	300mm×125mm×10mm
核定工时	60min	工件数量	2块

图 3—2—1　钝边 V 形坡口板对接立焊单面焊双面成型工件图

任务分析

钝边 V 形坡口板对接立焊单面焊双面成型时，只是在工件组装和打底焊时与 V 形坡口对接立焊双面焊有所不同，其他层的焊接与 V 形坡口对接立焊双面焊一样。因此，采用打底焊接、正确的焊条倾角和运条方法成为立焊位单面焊双面成型的关键。

相关知识

一、V 形坡口板对接立焊打底层焊接技术

1. 连弧焊法

连续焊一般也称连弧焊，即为完成工件上的连续焊缝而进行的焊接。在俯视时，焊条与两侧板成 90°，如图 3—2—2a 所示。自下而上地进行焊接，始焊端焊条与焊接方向成 65°～80°角，如图 3—2—2b 所示。焊到中间位置时，焊条与焊接方向夹角为 45°～60°，如图 3—2—2c 所示。终端焊缝处的温度较高，为了防止背面余高过大，可使焊条与板夹角变小为 20°～30°，如图 3—2—2d 所示。

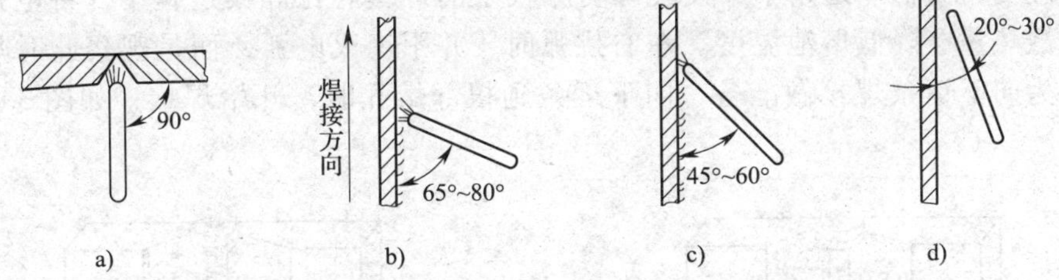

图 3—2—2　连弧焊打底层立焊位单面焊双面成型焊条角度

a）俯视时焊条与两侧板的夹角　b）侧视时始焊端焊条与板的夹角

c）焊到中间位置时焊条与板的夹角　d）到终焊端时焊条与板的夹角

2. 断弧焊法

断弧焊是为控制焊接熔池和工件的温度而采取的间歇性、有规律、有意识的熄灭和引燃（1 ~ 2 s）焊接电弧的焊接方法，在板对接立焊单面焊双面成型打底层焊接时采用，焊条与焊接方向的夹角为 65° ~ 75°。始焊端温度较低，夹角应大些；终焊端温度较高，夹角可以小些，一般上下偏差在 5°范围内，如图 3—2—3 所示。

3. 控制熔孔大小和形状

立焊位单面焊双面成型焊接时，控制好熔孔（即电弧在熔池前穿透工件形成的小孔）大小和形状是保证单面焊双面成型的关键。不论是立向上焊，还是立向下焊，都要控制好熔孔，如图 3—2—4 所示。焊接过程中，电弧要尽可能地短些，使焊条端头约 1/2 覆盖在熔池上，电弧的 1/2 在熔池的上部坡口间隙中燃烧，利用熔渣和焊条药皮产生的气体保护熔池，可避免产生气孔。熔孔可以比平焊时稍大些，并呈水平的椭圆形。每当焊完一根焊条收弧时，先在熔池上方做一个稍大些的熔孔，然后回焊 10 mm 再断弧，并使其形成缓坡，为下面的接头做好准备。

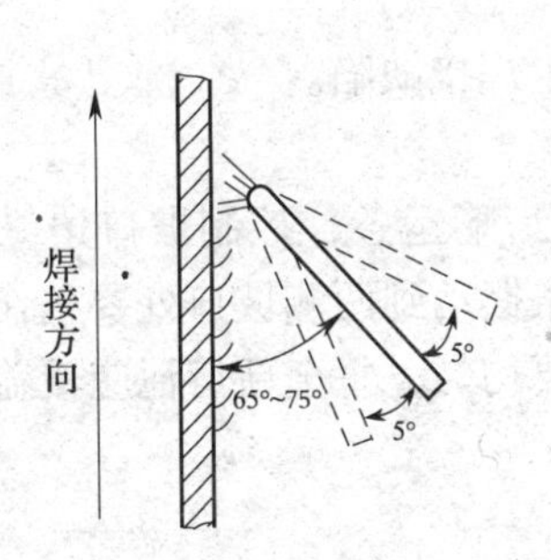

图 3—2—3　断弧焊侧视时焊条与焊接方向的夹角

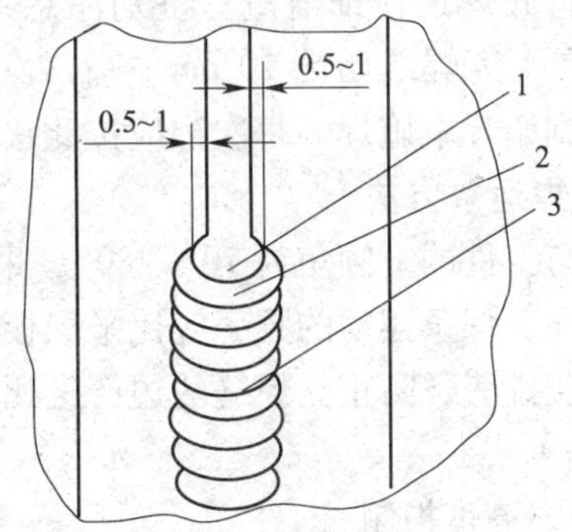

图 3—2—4　板对接立焊熔孔尺寸

1—熔孔　2—熔池　3—焊缝

4. 运条方法

（1）上下运条法。适用于焊接坡口间隙较小的焊缝。向上运条时，可以降低熔池温度，不拉断电弧是为了观察熔孔的大小，为向下运条焊接做准备。向下运条到根部熔孔时开始焊接，如图 3—2—5 所示。

（2）左右挑弧法。适用于焊接坡口间隙较小的焊缝。在焊接过程中，将电弧左右挑起，以分散热量、降低熔池温度。左右挑弧时，并不熄灭电弧，而是观察此时焊缝熔孔的大小，为向下运条焊接做准备，向下运条到根部熔孔时，开始焊接，如图 3—2—6 所示。

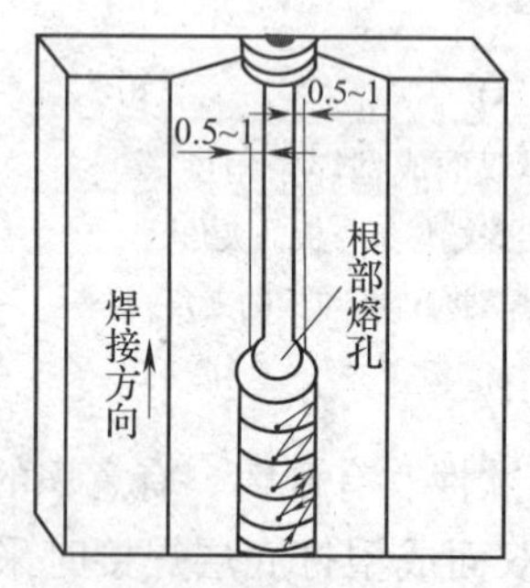

图 3—2—5　上下运条法

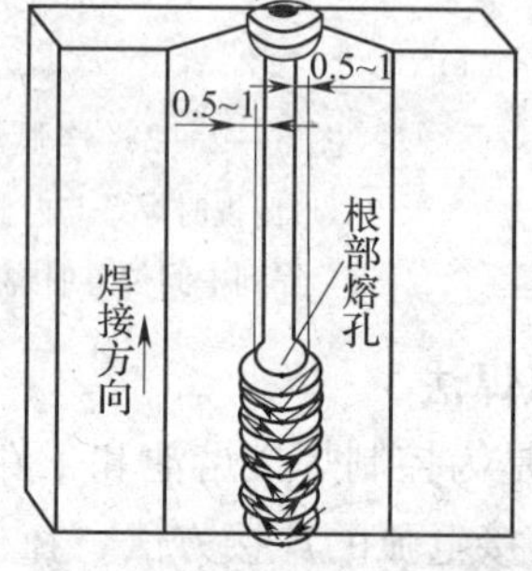

图 3—2—6　左右挑弧法

（3）左右凸摆法。此法在左右摆动过程中不熄弧，多用于间隙偏大的焊缝。在焊接过程中，焊接电弧在坡口间隙中左右交替焊接，以分散焊接电弧热量，使熔池温度不过热，防止液态金属因温度过高而外溢流淌。电弧左右摆动时，中间为凸形圆弧，如图 3—2—7 所示。

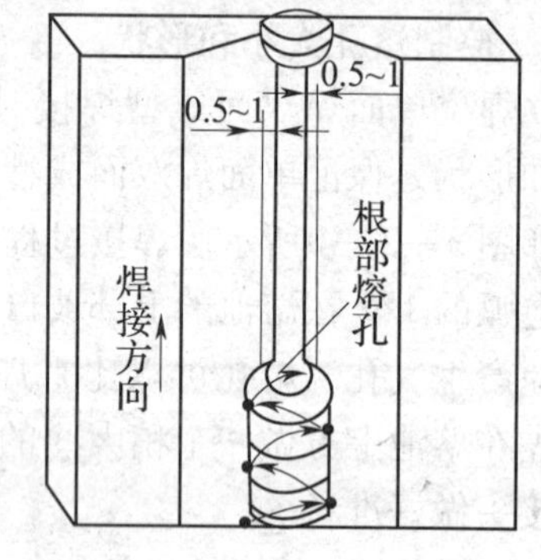

图 3—2—7　左右凸摆法

二、V 形坡口板对接立焊填充层焊接技术

1．立焊引弧

应对打底焊道仔细清渣，特别注意死角处的焊渣清理。在距离焊缝始端 10 mm 左右处引弧后，将电弧拉回到始焊端施焊。每次都应按此法操作，以防产生焊接缺陷。

2．立焊运条方法

焊条与工件的下倾角为 70°～80°。采用月牙形或锯齿形运条，控制坡口边缘的母材熔化 1～2 mm。焊条摆动的频率应比平焊板对接稍快，焊条摆动到两侧坡口处要稍作停顿，以利于熔合及排渣，防止立焊缝两边产生死角。焊接速度要均匀，每个新熔池应覆盖前一个熔池 2/3～3/4。

3．焊缝高度控制

最后一层填充焊层厚度，应比母材表面低 1～1.5 mm 且呈凹形，不得熔化坡口棱边，以利于盖面层保持平直。

三、V 形坡口板对接立焊盖面层焊接技术

1．立焊运条方法

（1）焊条与工件的下倾角为 70°～75°。焊条摆动到坡口边缘时，要稍作停留，并注意控制坡口边缘的母材熔化 1～2 mm。

（2）认真控制弧长及摆动幅度，防止出现咬边缺陷。

(3) 焊条的摆动频率应比平焊缝稍快些，前进速度要均匀一致，使每个新熔池覆盖前一个熔池的2/3 ~3/4。

2. 立焊缝接头技术

换焊条前收弧时，应对熔池填些铁液，迅速更换焊条后，再在弧坑上方10 mm左右的填充层焊缝金属上引弧，将电弧拉至原弧坑处，填满弧坑后，继续施焊。

(1) 热接法。迅速更换焊条使熔池仍处于红热状态，立即在熔池上端10 ~15 mm处的斜坡上引弧并焊至收弧处，使弧坑根部温度逐步升高，然后将焊条沿着预先做好的熔孔向坡口根部顶一下的焊接焊缝接头的方法称热接法。接头应尽量采用热接法焊接，稍拉长电弧，并退至原焊接熔池处进行预热（1 ~2 s）。然后逐渐压低电弧并移到熔孔处，将焊条向焊道背面压送，使焊条与试件的下倾角增大到90°左右，听到“噗噗”声后，稍作停顿，恢复正常焊接。停顿时间一定要适当，若过长，易使背面产生焊瘤；若过短，则不易接上接头。另外，换焊条的动作越快越好。当听到击穿声，形成新熔孔时，不宜急于熄弧，最好连弧锯齿形摆动几下之后，再恢复正常的断弧焊法。

(2) 冷接法。焊接时，若弧坑已经冷却，可将焊道收弧处打磨成一个10 ~15 mm长的斜坡。在斜坡上引弧并预热，使弧坑根部温度逐步升高并引燃电弧焊接焊缝接头的方法称冷接法。在把冷却的熔池周围的熔渣和飞溅物清理干净的情况下，在最初练习阶段或耽搁了热接时间时可采用冷接法焊接。冷接时要迅速将焊接电弧移至原熔池下部10 mm处，将电弧稍稍拉长，轻轻摆动2 ~3 s，对熔池及其附近区域预热。接下来将电弧压下，作向上的预热焊接。当焊至斜坡最低处时，将焊条沿预先做好的熔孔向坡口根部顶一下，听到“噗噗”声后，稍作停顿并提起焊条进行正常焊接。焊至熔孔处，随着温度的升高和熔孔熔化，将电弧推向焊道背面直接击穿形成新的熔孔，然后采用与热接法相同的操作方法进行焊接。如果操作得当，效果与热接法基本一样，只是预热焊所产生的局部高出部分，需要在进行填充焊时将其熔合。当熔池与工件良好熔合后，转入正常的焊接。

预热法是起头、接头时常用的操作手法，要通过反复的训练逐渐掌握它。

任务实施

一、焊前准备

1. 按规定穿戴好焊接劳动保护用品、准备焊接辅助工具，详见模块二任务1的相应内容。

2. 按图样要求准备工件：材质为Q235B，规格为300 mm×125 mm×10 mm。数量为2块/人。用剪板机或氧—乙炔切割下料，单边坡口为30°。钝边 p 值取0.5 ~1 mm，焊件间隙 b 值取1 ~2 mm，如图3—2—8所示。

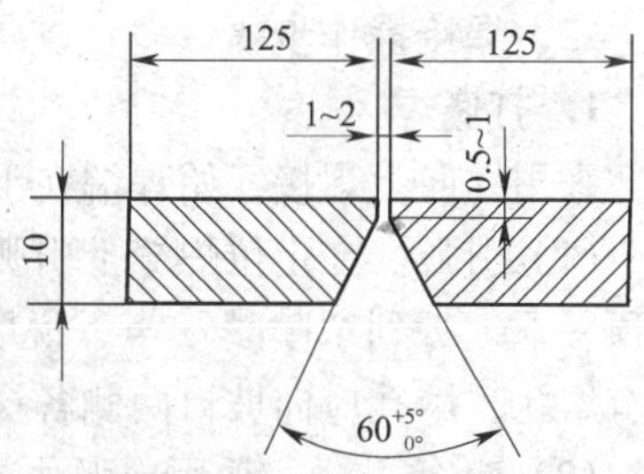

图3—2—8　板对接立焊坡口尺寸

3. 焊材和焊机选择

焊条选用E4303型（J422）或E5016型（J506），直径分别为3.2 mm、4.0 mm。焊前，E4303型焊条需在150 ~200℃环境下烘干1 ~2 h，E5016型焊条需在350 ~

400℃环境下烘干1～2 h，烧好的焊条放在保温桶内以备使用。焊前应认真检查焊条药皮有无偏心、开裂、脱落等现象。焊机选择 BX3－300。

4．确定焊接工艺参数

板对接立焊运条方法和焊接工艺参数，见表 3—2—1。

表 3—2—1　　板对接立焊运条方法和焊接工艺参数

焊缝名称	运条方法	焊缝层次和道次	焊条直径（mm）	焊接电流（A）
打底焊	断弧焊法	1 层 1 道	3.2	90～106
填充焊	锯齿形运条法	2 层 5 道	4.0	110～120
盖面焊	锯齿形运条法	1 层 4 道	3.2	100～110

5．工件清理

将工件坡口正、反两侧 20 mm 范围内油、锈及其他污物清理干净，并使其露出金属光泽。将所需钝边锉削好，并矫平工件。

6. 工件组装

将工件背面朝上进行组装，检查有无错边现象，留出合适的根部间隙，始焊端预留间隙 1 mm，终焊端预留间隙 2.0 mm。在工件两端 10～15 mm 范围内进行定位焊，并将接头端打磨成斜坡形。终焊端定位焊缝要牢固，以防焊接过程中焊缝收缩使间隙尺寸减小或开裂。错边量 b（是指对接接头中被焊的两板状工件组装时在厚度方向没有对齐而形成的错位量）不得大于 1.2 mm，如图 3—2—9 所示。

预置反变形角度 α 值取 3°～4°，如图 3—2—10 所示，即 $\Delta H = L\sin\alpha = 125\sin(3°\sim4°) = 6.54\sim8.72$ mm。采用与焊接工件相同牌号的焊条进行定位焊，并在工件坡口内两端点焊，定位焊缝长度为 10～15 mm，将焊点接头端打磨成斜坡。

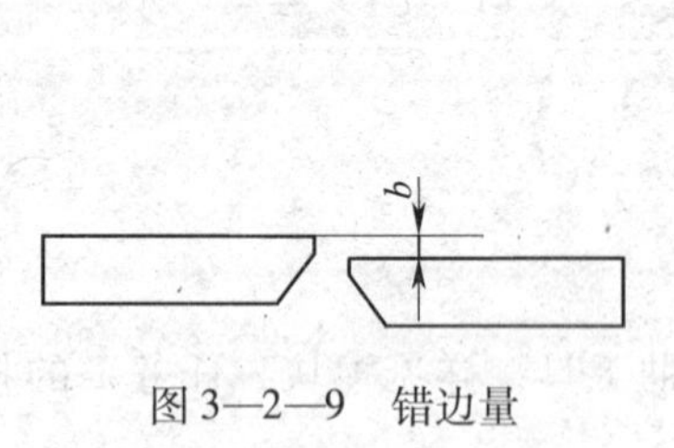

图 3—2—9　错边量

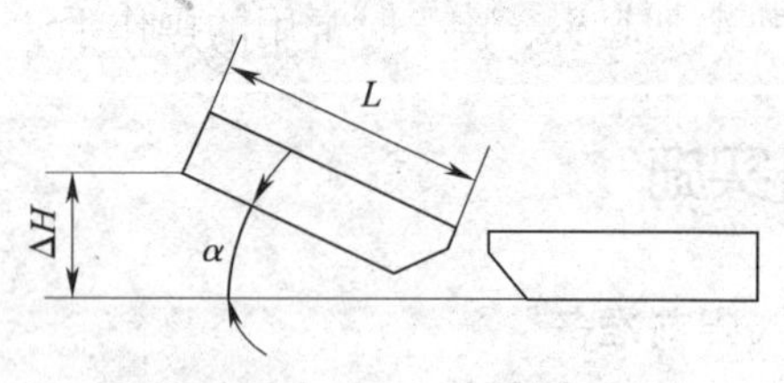

图 3—2—10　反变形量

二、焊接操作步骤

1. 打底焊

采用立向上焊接，始焊端在下方，选用断弧焊法进行打底焊接。

（1）引弧。在定位焊缝上引弧，当焊至定位焊缝尾部时，应稍加预热，将焊条向坡口根部顶一下，听到“噗噗”声，说明坡口根部已被熔透，此时第一个熔池已形成，熔池前方应有熔孔，熔孔应向坡口两侧各深入 0.5～1 mm。

（2）运条方法。采用连弧法或断弧法运条，要注意焊条应在坡口两侧稍作停留，以利于填充金属与母材熔合，并能防止填充金属与母材交界处形成夹角而不易清渣。

(3) 焊条角度。焊条的倾角为70°~85°，采用短弧焊法，弧长应小于焊条直径。

(4) 操作要领。一看、二听、三准。

1) 看。观察熔池形状和熔孔大小，并使其基本保持一致。熔池形状应为椭圆形，熔池前端始终应有一个深入母材两侧 0.5 ~1 mm 的熔孔，如图 3—2—11 所示。当熔孔过大时，应减小焊条与工件的下倾角，让电弧多压往熔池，稍在坡口上停留。当熔孔过小时，应压低电弧，增大焊条与工件的下倾角度。

2) 听。注意听电弧击穿坡口根部发出的“噗噗”声，如没有这种声音就是没焊透。一般保持焊条端部离坡口根部 1.5 ~2 mm 为宜。

3) 准。施焊时，熔孔的端点位置要把握准确，焊条的中心要对准熔池前端与母材的交界处，使每一个熔池与前一个熔池搭接 2/3 左右，保持电弧的 1/3 部分在工件背面燃烧，以加热和击穿坡口根部。

(5) 收弧。需要更换焊条停弧时，先在熔池上方做一熔孔，然后回焊 10 ~15 mm 再熄弧，并使其形成斜坡。

(6) 焊缝接头。可用热接法焊接，当弧坑还处在红热状态时，在弧坑下方 10 ~15 mm 处的斜坡上引弧，并焊至收弧处，使弧坑根部温度逐步升高，然后将焊条沿着预先做好的熔孔向坡口根部顶一下，使焊条与工件的下倾角增大到 90°左右，听到“噗噗”声后，稍作停顿，恢复正常焊接。停顿时间一定要适当，若过长，易使背面产生焊瘤；若过短，则不易接上接头，另外，换焊条的动作越快越好。

(7) 打底层焊缝厚度。坡口背面的焊缝高度为 1.5 ~2 mm，正面厚度为 2 ~3 mm。断弧焊法施焊时，焊条与坡口两侧工件应垂直，焊条下倾角为 70°~85°。首先在工件下部的定位焊缝始端引弧，然后稍作停顿、预热，并以小锯齿形短弧向上运条。当电弧到达定位焊缝终端时，向试件方向压短焊接电弧，击穿定位焊缝与坡口根部的连接处，建立第一个熔池，然后迅速灭弧。在第一个熔池还未完全冷却凝固时，加大焊条倾角到 90°左右，在第一个熔池位置立即引弧，并对准坡口根部中心，向背面压送焊条。当听到击穿坡口根部的“噗”声后，将焊条向斜下方左右挑划，如图 3—2—12 所示。然后，恢复焊条倾角并立即熄弧，转入有节奏的电弧引燃、击穿挑划、灭弧。电弧引燃、熄弧频率为 40 ~50 次/min。击穿坡口根部时，背面应透过 1/3 ~1/2 的电弧。

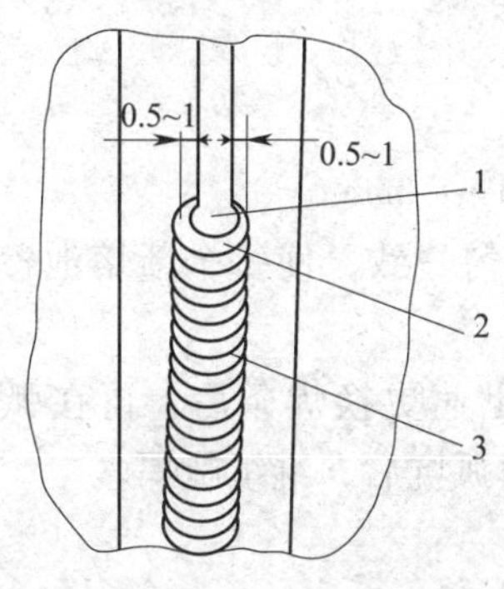

图 3—2—11　立焊时的熔孔

1—熔孔　2—熔池　3—焊缝

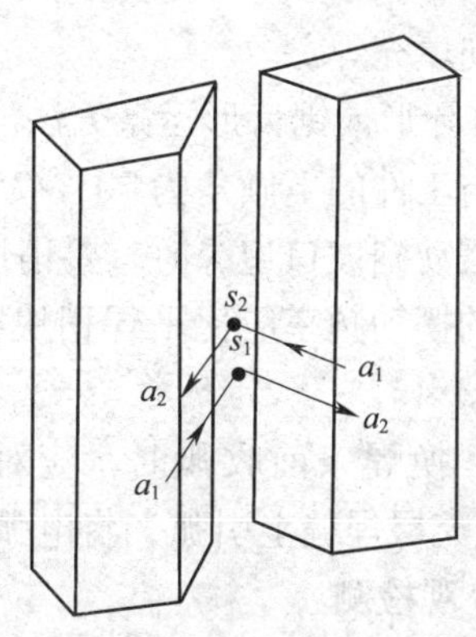

图 3—2—12　板对接立焊位左右挑弧焊法

a_1—引弧方向　a_2—熄弧方向　S_1、S_2—电弧停顿点施焊过程中，保持一定的熔孔尺寸和合适的熔池温度是保证焊道质量的关键。坡口根部两侧各熔化 1 ~2. 5 mm 为宜，比平焊位置稍大些。熔池温度以使熔池形状扁平为宜，熔池温度与焊缝形状的关系，如图 3—2—13 所示。熔池温度过高，熔池加大，液体金属及熔渣易下淌，造成气孔、焊瘤、未熔合等缺陷。在整个施焊过程中，要注意观察熔孔大小和熔池状态的变化。当熔孔尺寸变大，熔池温度增高时，要立即减少电弧燃烧时间，增加灭弧时间；反之，当熔孔尺寸变小，熔池温度变低时，要增加燃弧时间，减少灭弧时间。此外，在施焊过程中，应始终注意短弧施焊，否则易产生气孔和焊瘤等缺陷。

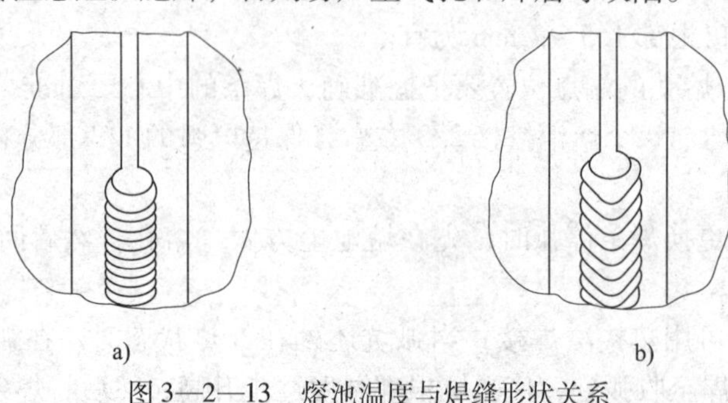

图 3—2—13　熔池温度与焊缝形状关系

a）温度正常　b）温度偏高

2. 填充焊

（1）应对打底焊道仔细清渣，特别注意死角处的熔渣清理。

（2）在距焊缝始端 10 mm 左右处引弧后，将电弧拉回到始焊端施焊。每道焊缝都应按此法操作，以防产生缺陷。

（3）采用月牙形或锯齿形横向摆动运条。

（4）焊条与工件的下倾角为 70°～80°。

（5）焊条摆动到两侧坡口处要稍作停顿，以利于填充金属与母材金属熔合及排渣，防止焊缝两边产生死角。

（6）最后一层填充焊层应比母材表面低 1～1.5 mm，且呈凹形，不得熔化坡口棱边，以使盖面层保持平直。

3. 盖面焊

（1）引弧同填充焊。

（2）采用月牙形或锯齿形运条方法。

（3）焊条与工件的下倾角为 70°～75°。

（4）焊条摆动到坡口边缘时，要稍作停留，保持熔宽 1～2 mm。

（5）焊条的摆动频率应比平焊稍快些，前进速度要均匀一致，使每个新熔池覆盖前一个熔池的 2/3～3/4。

（6）接头。换焊条前收弧时，应对熔池填些铁水，迅速更换焊条后，再在弧坑上方 10 mm左右的填充层焊缝上引弧，将电弧拉至原弧坑处填满弧坑后，继续施焊。

三、焊缝外观检测

1. 自检

对自己的操作手法、焊条角度及焊完清理好的工件，依据图 3—2—1 中技术要求和

表 3—2—2 中评分标准，进行自己校正和检测，操作内容在评分标准范围内为合格。

2. 互检和专检

可参照模块二任务 2 相关项进行。

任务评价

评分标准见表 3—2—2。

表 3—2—2 **评分标准**

序号	操作内容	评分标准	配分	得分
1	焊缝宽度	焊缝宽度≤24 mm 得 4 分，>24 mm 本项不得分	4	
2	焊缝宽度差	≤1 mm，每超差 1 mm 扣 3 分，>3 mm 本项不得分	6	
3	焊缝成形	要求波纹细、均匀、光滑，否则每处扣 2 分	6	
4	正面焊缝余高	0.5～1.5 mm，每超差 0.5 mm 扣 4 分	8	
5	焊缝余高差	≤1 mm，每超差 1 mm 扣 3 分，>3mm 本项不得分	6	
6	背面焊缝余高	允许 0.5～1.0 mm，每超差 0.5 mm 扣 2 分	6	
7	咬边	咬边深度应≤0.5 mm，每 1 mm 长扣 1 分，咬边连续长度≥6 mm 或深度>0.5 mm 本项不得分	6	
8	焊道填充不足	出现焊道填充不足不得分	4	
9	接头成形	良好不扣分，脱节或超高一处扣 4 分	8	
10	收弧弧坑	弧坑饱满不扣分，否则每处扣 4 分	8	
11	焊瘤	出现焊瘤不得分	8	
12	焊缝背面成形	宽窄均匀、整齐，圆滑过渡、美观，否则每项扣 5 分	10	
13	工件变形	允许 1°，每超 1°扣 5 分	10	
14	错边量	≤1.2 mm 得 6 分，>1.2 mm 本项不得分	6	
15	安全文明生产	服从管理、安全操作，否则每项扣 2 分	4	
		总分合计	100	

注：从开始引弧计时，该试件 60 min 内完成，每超出 1 min，从总分中扣 2.5 分。

思考与练习

1. 什么是连弧焊法和断弧焊法？试比较两种方法有何不同。
2. V 形坡口对接立焊单面焊双面成型运条方法有哪些？
3. V 形坡口对接立焊单面焊双面成型焊接时如何控制熔孔大小和形状？
4. 在立焊时，如何进行预热起头以及冷接法和热接法焊接？各有何特点？

任务3 立 角 焊

技能点

◎ 掌握焊条电弧焊立角焊时不同焊脚尺寸的运条技术操作；掌握焊条电弧焊立角焊时焊条角度控制技术；掌握对熔化金属的控制。

知识点

◎ 了解焊条电弧焊立角焊锯齿形运条法；了解焊条电弧焊立角焊三角形运条法操作方法；了解扁圆形或椭圆形的熔池形状控制方法。

任务提出

在工程中，立角焊多用于梁、柱、架及船的球鼻、龙骨的角接或T形接头的立焊缝的焊接结构件中，日常所见的有桥梁、大型的高压线柱和多种多样的桁架等。

图3—3—1所示为T形接头立角焊工件图，板件材料为Q235B。读懂工件图样，完成T形接头立角焊焊接任务，达到工件图样技术要求。

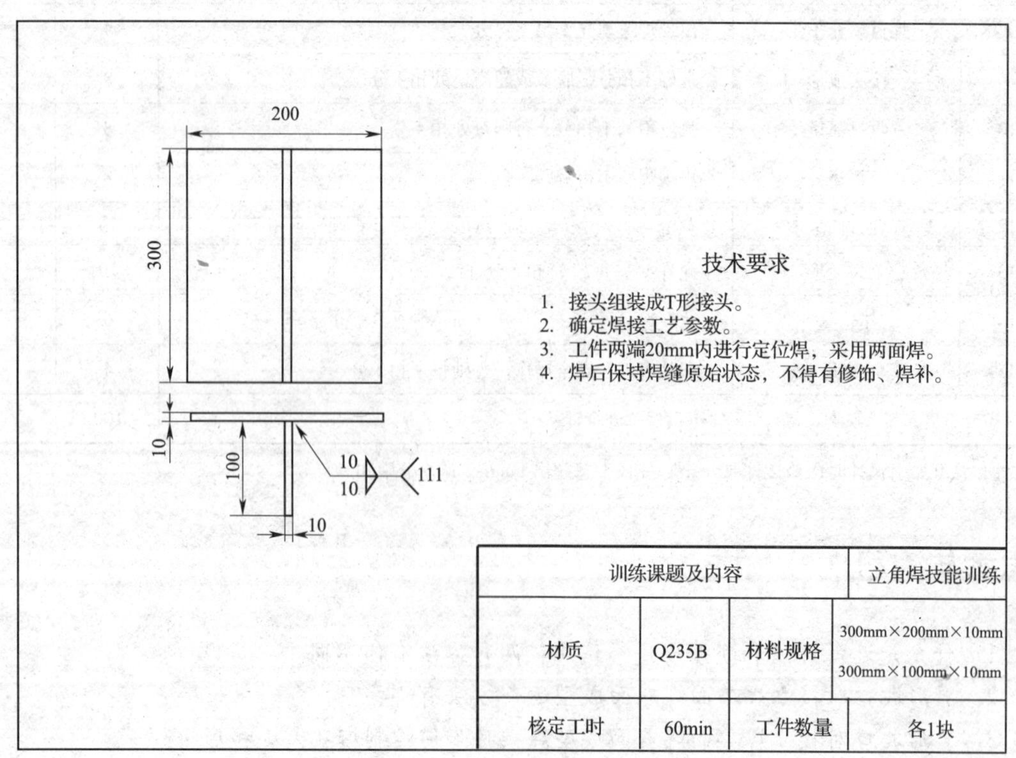

训练课题及内容			立角焊技能训练
材质	Q235B	材料规格	300mm×200mm×10mm 300mm×100mm×10mm
核定工时	60min	工件数量	各1块

图3—3—1 立角焊接工件图

任务分析

如图 3—3—1 所示，焊缝横截面呈等腰直角三角形并对称分布，焊脚尺寸为 10 mm。焊接时熔池成形容易控制，但是，熔池散热较对接立焊快，所以焊接电流应比对接立焊稍大些，避免产生未熔合和夹渣缺陷。如果焊接时焊条角度不正确、焊缝两侧停顿时间过短，在焊件的板面上就容易产生咬边缺陷。若熔池温度控制不当，温度过高，熔池下边缘轮廓就会逐渐凸起变圆，甚至会产生焊瘤等焊接缺陷。

相关知识

一、立角焊焊接特点

立角焊是指 T 形接头、角接接头或搭接接头焊缝处于立焊位置时的焊接操作，如图 3—3—2 所示。焊接时，焊缝根部（角顶）易出现未焊透现象，焊缝两旁易出现咬边，焊缝中间易出现夹渣等焊接缺陷。

二、立角焊操作技术

立角焊与对接立焊的操作有许多相似之处，如用小直径焊条和短弧操作，操作姿势和握焊钳的方法基本相似。为了掌握立角焊的操作技能，还应掌握以下操作要领。

1. 焊条位置控制

为了使两块钢板均匀受热，保证熔深和提高效率，在立角焊时应注意焊条的位置和倾斜角度。为使工件能够均匀受热并有一定的熔深，焊接时焊条应处在两板面的角平分线位置上，如图 3—3—3 所示。当被焊的两块钢板厚度相等时，焊条与两块钢板之间的夹角应左右相等，焊条与焊缝中心线的夹角，应根据板厚的不同来改变，一般应使焊条与工件保持 75°～90°的下倾角，可利用电弧对熔池向上的吹力，使熔滴顺利过渡并托住熔池。

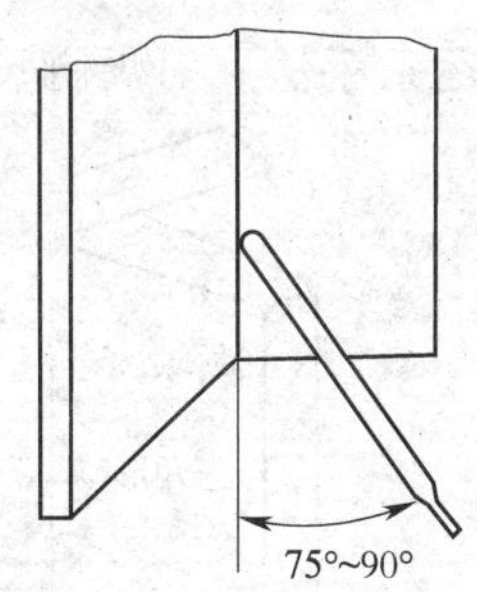

图 3—3—2　立角焊操作

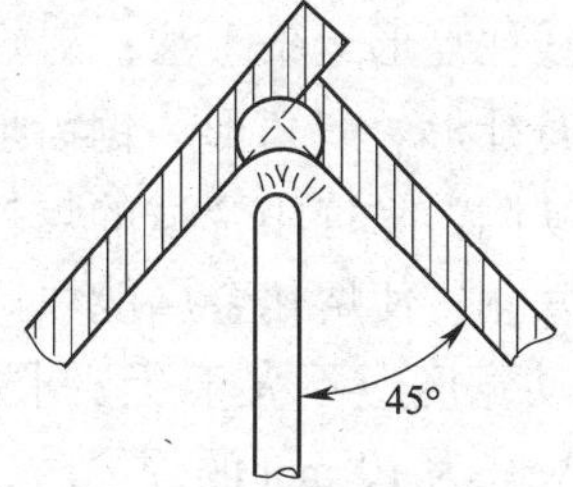

图 3—3—3　立角焊俯视时的焊条角度

2. 熔池形状控制

立角焊的关键是控制熔池形状。立角焊操作时，要求焊工精力集中，注意观察金属的冷却情况，熔池金属位于两直角板的夹角内，比较容易控制。但是要获得良好的焊缝形状，焊条应根据熔池温度状况作有节奏的左右摆动并向上运条。在立角焊的过程中，当引弧后焊出第一个焊波时，电弧应快速提起；当看到熔池瞬间冷却成一个暗红点时，电弧应下降到弧坑处，并使熔滴凝固在前面已形成的焊波2/3处，然后电弧再抬高。如果前一熔滴未冷却到一定的程度，就过急地下降焊条，会造成熔化金属下淌；而当焊条下降动作过慢时，又会造成熔滴之间熔合不良。如果焊条放置的位置不对，会使焊波不均匀，影响焊缝的外观和焊接质量。

3. 立角焊熔池温度与焊缝形状关系

立角焊时，若熔池温度正常，则熔池下边缘轮廓均匀、圆滑，焊缝成形美观，如图3—3—4a所示。当熔池温度过高时，熔池下边缘轮廓逐渐凸起变圆，甚至会产生焊瘤，如图3—3—4b所示。此时，可加快摆动节奏，同时让焊条在焊缝两侧停留时间多一些，直到把熔池下部边缘调整成平直外形。焊接底层时，使熔池外形保持椭圆形；焊接填充层、盖面层时，熔池为扁圆形。不论选择何种形状都要使熔池外边缘保持平直，熔池宽度一致、厚度均匀。

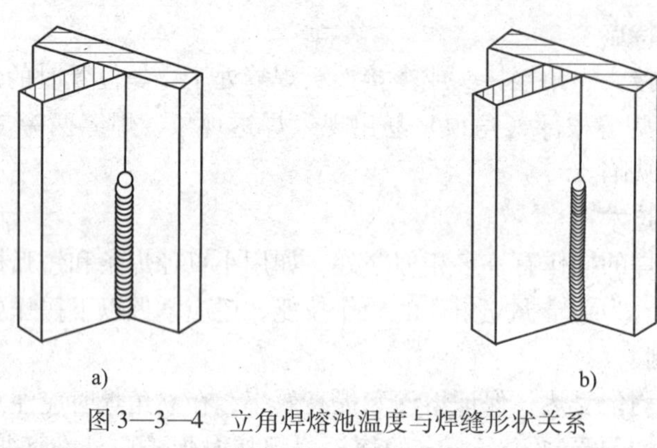

图3—3—4 立角焊熔池温度与焊缝形状关系
a）温度正常 b）温度偏高

4. 焊接电流的选择

立角焊时，为确保焊缝两侧有良好的熔合，焊接电流比对接立焊时要大一些。

5. 运条方法

应根据板厚的不同和对焊脚尺寸的要求，选用适当的运条手法。对焊脚尺寸较小的焊缝，可采用直线往复形运条手法；对焊脚尺寸要求较大的焊缝，可采用月牙形、三角形、锯齿形等运条手法。为避免出现咬边等缺陷，除选用合适的焊接电流外，焊条在焊缝两侧应稍停片刻，使熔化金属能填满焊缝两侧的边缘部分。焊条的摆动宽度应不大于所要求的焊脚尺寸，例如，要求焊出焊脚尺寸为10 mm的焊缝时，焊条的摆动范围应在8 mm以内，否则焊缝两侧就不整齐。

对焊脚尺寸较小的焊缝，可采用短弧挑弧法焊接。当焊脚尺寸较大时，可采用月牙形、三角形和锯齿形运条法，如图3—3—5所示。

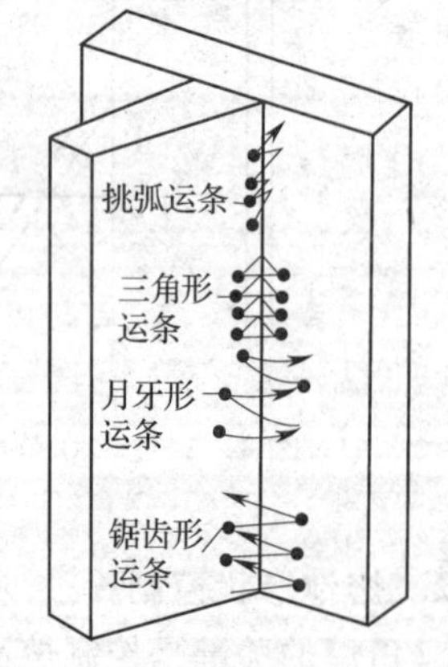

图3—3—5 不同焊脚尺寸立角焊的运条方法

6. 局部间隙过大的焊接方法

对立角焊缝，当不要求焊透或遇到局部间隙超过焊条直径时，可预先采用立向下焊的方法，使熔化金属把过大的间隙填满后，再进行正常焊接。这样做不仅可以提高效率，而且还大大减少了金属的飞溅和电弧偏吹。对间隙过大的薄板焊接，采用这种方法还有减小变形的效果。

任务实施

一、焊前准备

1. 按规定穿戴好焊接劳动保护用品、准备焊接辅助工具，详见模块二任务1的相应内容。

2. 按图样要求准备工件：材质为Q235B，规格为300 mm×200 mm×10 mm、300 mm×100 mm×10 mm。数量为各1块/人。用剪板机或氧—乙炔切割下料。

3. 焊材和焊机选择

焊条选用E4303型（J422）或E5016型（J506），直径分别为3.2 mm、4.0 mm。焊前，E4303型焊条需经过150～200℃烘干1～2 h，E5016型焊条需经过350～400℃烘干1～2 h，烘好的焊条放在保温桶内以备使用。使用前应认真检查焊条药皮有无偏心、开裂、脱落等现象。焊机选择BX3－300。

4. 总体操作工序为：工件清理→组装工件→定位焊→清渣→确定焊接工艺参数→焊接→清渣、检查。

（1）工件清理。用清理工具将工件表面上的铁锈等杂物清理干净，将待焊处矫平直。将焊件焊口正、反两侧20 mm范围内油、锈及其他污物清理干净，并使其露出金属光泽。将所需T形接头接触端锉削好，并矫平工件。

（2）工件组装与定位焊。将工件清理干净并矫平之后，装配成T形接头，并用90°角尺将工件测量准确后，在工件两端对称进行定位焊，采用与工件焊接相同牌号的焊条进行定位焊，定位焊缝长约10 mm。

（3）清渣。清理干净定位焊缝的熔渣。

（4）确定焊接工艺参数。立角焊一般采用多层焊，焊缝的层数根据工件的厚度（或图样给定的焊脚尺寸）来确定。该工件的板厚为10 mm，确定焊脚尺寸为10 mm，可采用两层两道焊接，见表3—3—1。

表3—3—1　　选择焊接工艺参数

层次	焊条直径（mm）	焊接电流（A）	焊脚尺寸（mm）	运条方法	电弧长度（mm）	焊条角度
第一层打底焊	φ3.2	110～120	5	锯齿形 三角形 月牙形	2～3	45°　焊条　焊条　75°～90°
第二层盖面焊	φ4.0	160～180	10			

二、焊接操作

1. 打底焊

打底焊即焊接第一层焊道。在试板上调试出合适的焊接电流，选用直径为3.2 mm的焊条。从工件下端定位焊缝处引弧，引燃电弧后拉长电弧对工件预热1~2 s后，当达到半熔化状态时，把焊条开始熔化的熔滴向外甩掉，勿使这些熔滴进入焊缝。然后，立即压低电弧至2~3 mm，使焊缝根部形成椭圆形，形成第一个熔池。随即迅速将电弧向上提高3~5 mm，等熔池冷却为一个暗点，直径约3 mm时，立即将电弧沿焊接方向挑起（电弧不熄灭），让熔池冷却凝固。待熔池颜色由亮变暗时，再将电弧下降到引弧处，重新引弧焊接，新熔池与前一个熔池重叠2/3，然后再提高电弧，这样不断地挑弧—下移熔池—挑弧，有节奏地运条，形成一条较窄的立角焊道，作为第一层焊道。即打底焊采用挑弧操作手法施焊。

2. 盖面焊

清理前一层焊道的熔渣后，采用锯齿形运条法进行焊接，焊条摆动的宽度要小于所要求的焊脚尺寸，如所要求的焊脚尺寸为10 mm，焊条摆动的范围应在8 mm以内（考虑到熔池的熔宽，待焊缝成形后就可达到焊脚尺寸的要求）。为了避免出现咬边等缺陷，除选用合适的焊接电流外，焊条在焊道中间摆动应稍快些，两侧稍作停顿，使熔化金属填满焊道两侧边缘部分，并保持每一个熔池均呈扁圆形，即可获得平整的焊道。

盖面焊即第二层焊接时，可选用连弧焊，但焊接时要控制好熔池温度，若出现温度过高应随时灭弧，降低熔池温度后再起弧焊接，从而避免焊缝过高或焊瘤的出现。

焊缝接头应采用热接法焊接，做到快、准、稳。若采用冷接法，应彻底清理接头处焊渣，操作方法类似起头。

焊道间的接头也可采取热接法焊接，更换焊条一定要迅速。若用冷接法，可通过预热法的操作来完成。焊后应对焊缝进行质量检查，发现问题应及时处理。

三、焊缝外观检测

1. 自检

对自己的操作姿势、握焊枪手法、焊条角度及焊完清理好的工件，依据图3—3—1中技术要求和表3—3—2中评分标准，进行自己校正和检测，检测的操作内容在评分标准范围内为合格。

2. 互检和专检

可参照模块二中任务2的相关项进行。

任务评价

评分标准见表3—2—2。

表3—3—2　　评分标准

序号	操作内容	评分标准	配分	得分
1	焊脚尺寸 K	9 mm≤K≤11 mm，超差不得分	10	
2	焊缝厚度差	允许1 mm，每超差1 mm扣3分	6	

续表

序号	操作内容	评分标准	配分	得分
3	焊缝成形	要求波纹细、均匀、光滑，否则每处扣2分	10	
4	夹渣	点状夹渣（最大尺寸≤2 mm），每处扣4分；条块状夹渣（最大尺寸>2 mm），不得分	10	
5	咬边	咬边深度应≤0.5 mm，每1 mm长扣1分，咬边连续长度≥6 mm或深度>0.5 mm本项为不得分	6	
6	焊道填充不足	出现焊道填充不足不得分	4	
7	接头成形	良好不扣分，脱节或超高一处扣4分	8	
8	收弧弧坑	弧坑饱满不扣分，否则每处扣4分	8	
9	焊瘤	出现焊瘤不得分	8	
10	焊缝凸度 h	0 mm≤h≤3 mm，超差不得分	8	
11	焊缝凹度 h'	0 mm≤h'≤2 mm，超差不得分	8	
12	工件角变形	允许1°，每超1°扣3分	6	
13	工件清理	清洁不扣分，否则每处扣2分	4	
14	安全文明生产	服从管理、安全操作，否则每项扣2分	4	
总分合计			100	

注：从开始引弧计时，该试件60 min内完成，每超出1 min，从总分中扣2.5分。

思考与练习

1. 试述立角焊与对接立焊的操作有何异同。
2. 简述立角焊熔池温度与焊缝形状关系如何。
3. 怎样控制熔池形状？熔池形状对焊缝成形有何影响？
4. 焊脚尺寸较小或较大时，运条方法有什么不同？如何进行操作？
5. 立角焊组装时，局部间隙过大时的焊接如何处理？

模块四 横焊位焊条电弧焊

横焊位焊条电弧焊也是焊接基本的焊法之一。本模块中将学到板对接双面横焊，横焊位焊条电弧焊直线形、直线往复形运条法操作技术，掌握横焊位焊条电弧焊斜圆圈形运条法操作技术；掌握对接单面横焊双面成型，横焊位焊条电弧焊断弧打底焊法操作技术，以及多层多道焊的排列顺序。这些技术在机械制造中都占有重要位置。

任务1 板对接双面横焊

技能点

◎ 掌握焊条电弧焊不开坡口板对接双面横焊操作技术；掌握横焊位焊条电弧焊直线形、直线往复形运条法操作技术；掌握横焊位焊条电弧焊斜圆圈形运条法操作技术。

知识点

◎ 了解横焊位焊条电弧焊特点及相关知识；了解板对接双面横焊焊接操作方法。

任务提出

在工程实际中，双面横焊多用于大型容器和大口径管线的横位焊缝的焊接生产。这种焊接方式可以在容器内外错位下同时施焊，既提高了生产效率，又可以减小因焊接热源引起的工件变形。如图4—1—1所示为板对接双面横焊工件图，板材料为Q235B。读懂工件图样，完成板对接双面横焊任务，达到工件图样技术要求。

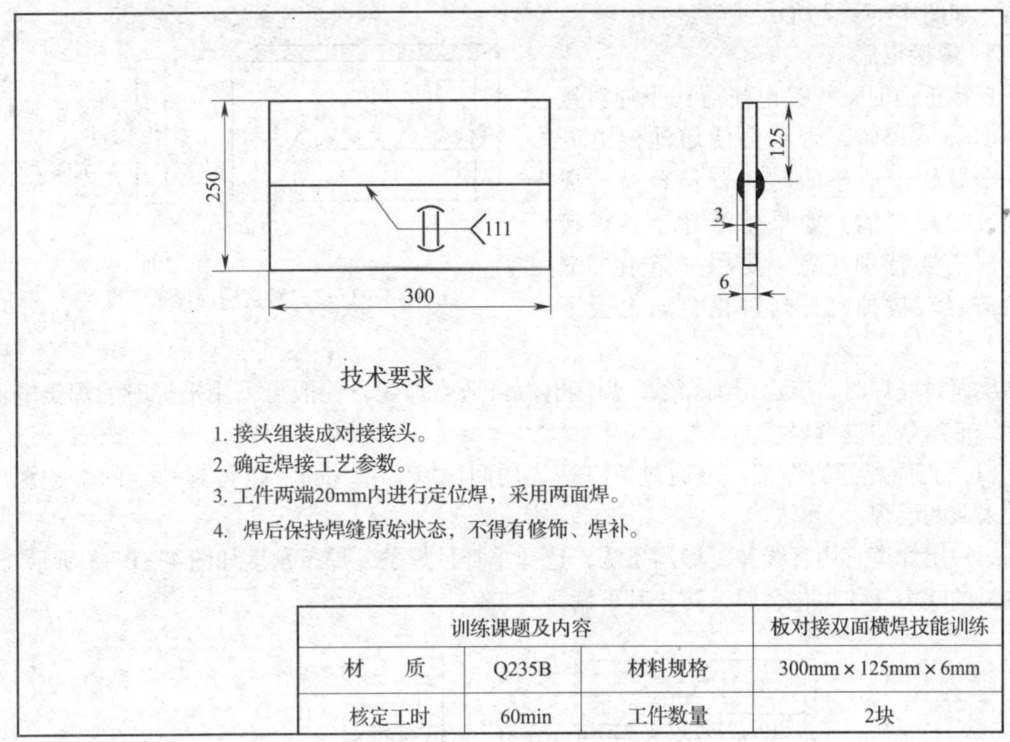

训练课题及内容			板对接双面横焊技能训练
材　　质	Q235B	材料规格	300mm×125mm×6mm
核定工时	60min	工件数量	2块

图 4—1—1　板对接双面横焊工件图

任务分析

板对接横焊时，熔滴和熔渣受重力作用而下淌，容易产生焊缝上侧咬边、焊缝下侧金属下坠、焊瘤、夹渣、未焊透，还易形成未熔合和层间夹渣等缺陷。因此，应采用较小直径的焊条，短弧焊接。Q235B 是普通碳素结构钢，含碳量为 0.14% ~0.22%，属于低碳钢，故焊接性能良好，一般不会产生裂纹。

相关知识

一、对接横焊的特点

对接横焊的熔池与熔渣容易分清，铁水发亮，熔渣发暗，与立焊类似。采用多层多道焊能防止熔滴下淌，但焊缝外观不平整。根据钢板的厚度不同，对接横焊可分为不开坡口双面焊、开坡口多层焊或多层多道焊和单面焊双面成型等。

二、不开坡口板对接横焊技术

1. 焊条角度

当工件厚度不大于 6 mm 时，适合不开坡口对接横焊。进行正面横焊时，焊条直径宜为 3.2 ~4.0 mm，焊条与焊接速度方向的焊缝中心线成 70° ~80°夹角，焊条与下板成 75° ~80°

夹角，如图 4—1—2 所示。

2. 焊接电流

焊接正面时，焊接电流可比平焊对接时小 10% ~15%，否则会使熔池温度升高，金属处于液态的时间较长容易造成下淌或形成焊瘤。如果熔渣超前，焊接操作时需要特别注意，要用焊条沿焊缝将熔渣轻轻拨掉，否则熔化金属也会下淌。

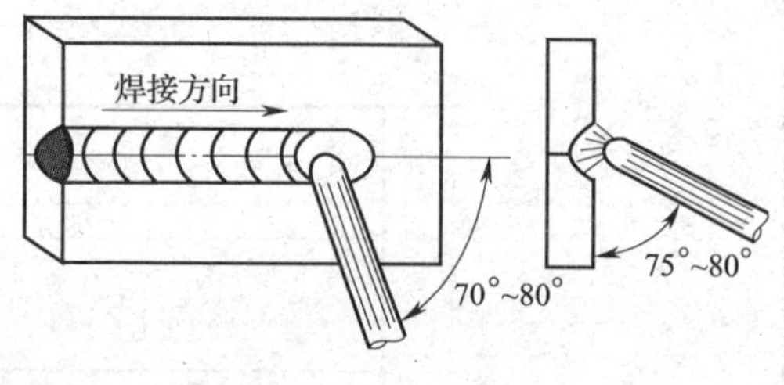

图 4—1—2　对接横焊焊条角度

反面封底焊时，应选用细焊条，焊接电流可适当加大，一般可采用平焊时的焊接电流，用直线形运条法进行焊接。

（1）正面焊缝的焊接。可通过留有适当的间隙（1 ~2 mm）以得到一定的熔透深度，通常采取两层焊。

第一层焊道宜用直线往复形运条法，选择小直径焊条，焊条角度如图 4—1—3 所示。借助电弧的吹力托住熔化金属，防止其下淌。

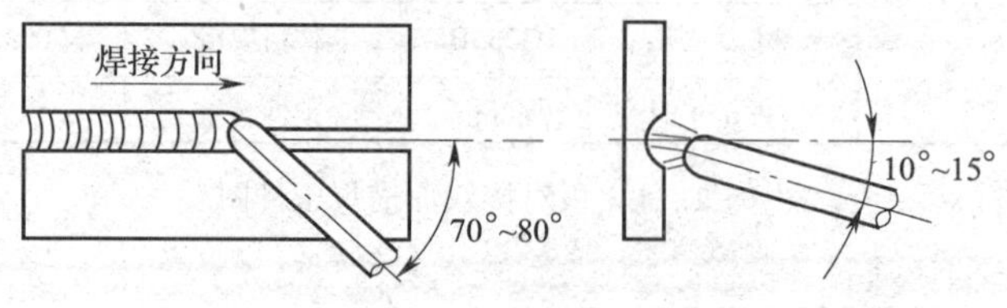

图 4—1—3　对接横焊操作

第二层焊道（即盖面焊缝）可采用多道焊来修饰焊缝。一般堆焊两条焊道：第一条焊道应该紧靠在第一层焊道的下边缘，覆盖第一层焊道约 1/2 稍大些的宽度；第二条焊道达到全覆盖，要注意使焊道与母材圆滑过渡。为防止咬边缺陷，最好使焊道窄而薄，所用焊条的直径和焊接电流要小，运条速度要快，用直线形或直线往复形运条方法进行焊接。

（2）背面封底焊。为保证一定的熔透深度，在封底焊前，要清理干净正面打底焊缝根部的熔渣，使封底焊缝与正面焊缝良好熔合；应选用小直径的焊条和稍大的焊接电流，采用直线形运条法，用一条焊道完成背面的封底焊接。

3. 运条方法

当工件较薄时，用直线形或直线往复形运条法，可趁焊条向前移动使熔池得到冷却，熔池中熔化的金属就有机会凝固，从而防止烧穿。

当工件较厚时，可采用短弧直线形或小斜圆圈形运条法，以得到合适的熔深。用直线形或斜圆圈形运条法时，斜圆圈与焊缝中心线约成 45°角，如图 4—1—4 所示。要注意焊接速度应稍快些，而且要均匀，以免熔滴过多地熔化在某一点上，形成焊瘤并造成焊缝上部咬边，影响焊缝成形。

4. 更换焊条时的接头方法

在弧坑前（约 10 mm 处）引弧，电弧可比正常焊接时略微长些，然后将电弧后移到原弧坑的 2/3 处，填满弧坑后即向焊接方向移动。必须注意后移量，如果电弧后移太多，则可能造成接头过高，后移太少将造成接头脱节，产生弧坑未填满的缺陷。

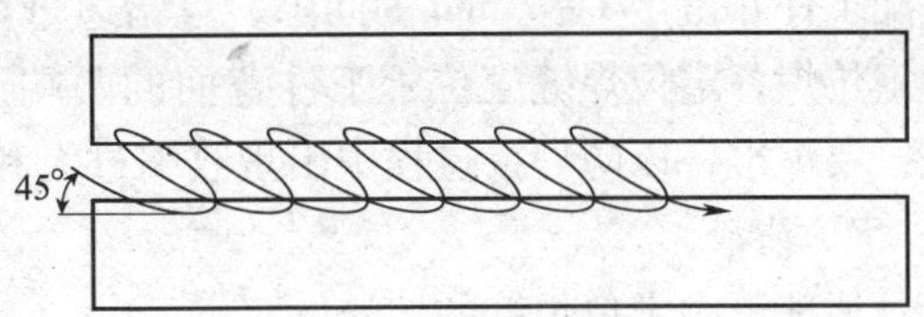

图 4—1—4　对接横焊斜圆圈形运条法

5. 收尾方法

焊缝收尾时，可在弧坑处反复熄弧、引弧数次，直到将弧坑填满为止。

任务实施

一、焊前准备

1. 按规定穿戴好焊接劳动保护用品，准备焊接辅助工具，详见模块二任务 1 的相应内容。

2. 按图样要求准备工件：材料为 Q235B，规格 300 mm × 125 mm × 6 mm，数量为 2 块/人。用剪板机或氧—乙炔切割下料。

3. 焊材和焊机选择

焊条选用 E4303 型（J422）或 E5016 型（J506），直径为 3.2 mm。焊前，E4303 型焊条需经过 150 ~ 200℃烘干 1 ~ 2 h，E5016 型焊条需经过 350 ~ 400℃烘干 1 ~ 2 h，放在保温桶内以备使用。使用前应认真检查焊条药皮有无偏心、开裂、脱落等现象。焊机选择 BX3 - 300。

4. 确定焊接工艺参数

薄板不开坡口的对接横焊时，应选小直径焊条，焊接电流可比平焊对接时小 10% ~ 15%，否则会使熔池温度升高，金属处于液态的时间较长容易造成下淌或形成焊瘤。薄板不开坡口的对接横焊焊接工艺参数，见表 4—1—1。

表 4—1—1　　薄板不开坡口的对接横焊焊接工艺参数

焊接层次	焊条直径（mm）	焊接电流（A）
正面焊缝	3.2	80 ~ 120
封底焊缝	3.2	90 ~ 120

5. 工件清理

用清理工具将工件表面上的铁锈及污物等清理干净，将待焊处矫平直。即将工件焊口正、反两侧 20 mm 范围内的油、锈及其他污物清理干净，并露出金属光泽。将所需对接接头接触端锉削好，并矫平工件。

6. 工件组装与定位焊

用砂纸或锉刀清理焊道正、反两侧 20 mm 范围内的铁锈及污物，并矫平焊件。然后，装配工件并留出 1 ~2 mm 的间隙，且错边量≤0. 5 mm。采用与焊接工件相同牌号的焊条进行定位焊，定位焊缝应位于工件背面的两端，长度不得超过 20 mm。在工件两端进行定位焊，要焊牢，以防焊接过程中出现收缩过大和开裂现象。

7. 清渣

清理干净定位焊缝的熔渣。

二、焊接操作步骤

任务要求对接双面横焊（不清根），其工件尺寸及组装间隙如图 4—1—5 所示。根据横焊的位置特点，焊接时应采用短弧焊接，选用较小直径的焊条、较小的焊接电流以及适当的运条手法。

1. 焊接正面焊缝

按表 4—1—1 选择焊条直径与焊接电流，从工件左端边缘引弧，电弧引燃后，先将电弧稍微拉长，对端部进行预热，然后适当缩短电弧进行正常的焊接。横焊时的焊条角度如图 4—1—6 所示。焊接速度应稍快些，否则熔滴过多地熔化在某一点上，形成焊瘤和造成焊缝上部咬边等焊接缺陷，从而影响焊缝质量。

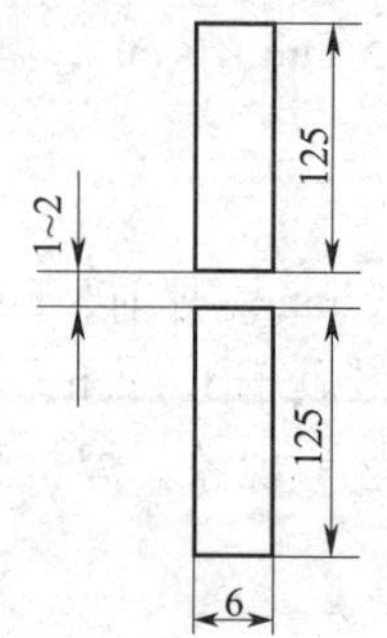

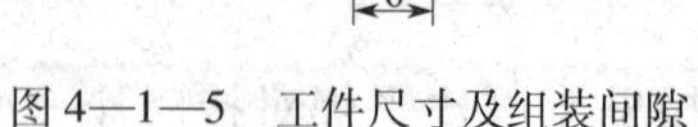
图 4—1—5 工件尺寸及组装间隙

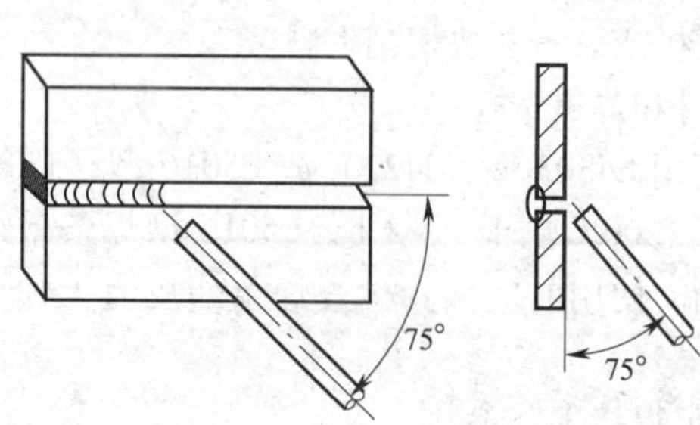

图 4—1—6 板不开坡口的对接横焊焊条角度

更换焊条时，在弧坑前（约 10 mm 处）引弧，电弧可比正常焊接时略微拉长些，然后将电弧后移到原弧坑的 2/3 处，填满弧坑后即向焊接方向移动。必须注意后移量，如果电弧后移太多，则可能造成接头过高，后移太少将造成接头脱节，产生弧坑未填满的缺陷。

焊缝收尾时，可在弧坑处重复引弧和熄弧数次，直到将弧坑填满为止。

2. 封底焊

封底焊时，焊条直径优先选择 ϕ3. 2 mm，焊接电流比正面焊缝可稍大些，见表 4—1—1。采用直线形运条法进行焊接。将焊条微微地向前移动，运条速度要均匀，采用短弧焊接。

三、焊缝外观检测

1. 自检

对自己的操作姿势、运条方法要及时校正。将焊完清理好的工件，依据图 4—1—1 中技术要求和表 4—1—2 评分标准，进行自己校正和检测，合格后进行互检和专检。

2. 互检和专检

可参照模块二任务2的相关内容进行。

任务评价

评分标准见表4—1—2。

表4—1—2　　评分标准

序号	操作内容	评分标准	配分	得分
1	焊缝宽度	≤6 mm得10分；>6 mm本项不得分	10	
2	焊缝宽度差	宽窄允许差1 mm，每超差1 mm扣5分	10	
3	焊缝成形	要求波纹细、均匀、光滑，否则每处扣2分	6	
4	正面焊缝余高	余高≤3 mm得10分；>3 mm本项不得分	10	
5	焊缝余高差	允许1 mm，每超差1 mm扣4分	8	
6	焊缝的直线度	≤2 mm得10分；>2 mm本项不得分	10	
7	咬边	咬边深度应≤0.5 mm，每1 mm长扣1分，咬边连续长度≥6 mm或深度>0.5 mm本项不得分	6	
8	焊道填充不足	出现焊道填充不足不得分	4	
9	接头成形	良好不扣分，脱节或超高一处扣4分	8	
10	焊瘤	出现焊瘤不得分	8	
11	工件角变形	允许1°，每超1°扣5分	10	
12	工件清理	清洁不扣分，否则每处扣2分	4	
13	安全文明生产	服从管理、安全操作，否则每项扣3分	6	
总分合计			100	

注：从开始引弧计时，该工件60 min内完成，每超出1 min，从总分中扣2.5分。

思考与练习

1. 对接横焊是如何分类的？
2. 如何解决板对接横焊时熔化金属下淌问题？
3. 板对接横焊时容易出现哪些缺陷？如何防止？
4. 板对接横焊焊接电流如何确定？
5. 板对接横焊运条方法注意事项有哪些？

任务2　板对接单面横焊双面成型

技能点

◎ 掌握多层多道单面横焊双面成型的打底层操作技术；掌握焊条电弧焊断弧打底焊法操作技术；掌握多层多道焊的排列顺序及操作。

知识点

◎ 了解焊条电弧焊横焊时连弧焊运条方法；了解横焊时直线形、直线往复形运条法焊接操作方法；了解横焊的斜圆圈形运条法。

任务提出

在生产实践中，单面横焊双面成型多用于人进不去施工的小型容器或小口径管道的横位纵、环焊缝的焊接生产中，这种焊接方式可以在容器外面施焊而内面也能形成焊缝。

如图 4—2—1 所示为钝边 V 形坡口板对接单面横焊双面成型工件图，板件材料为 Q235B。读懂工件图样，完成焊接任务操作，达到工件图样技术要求。

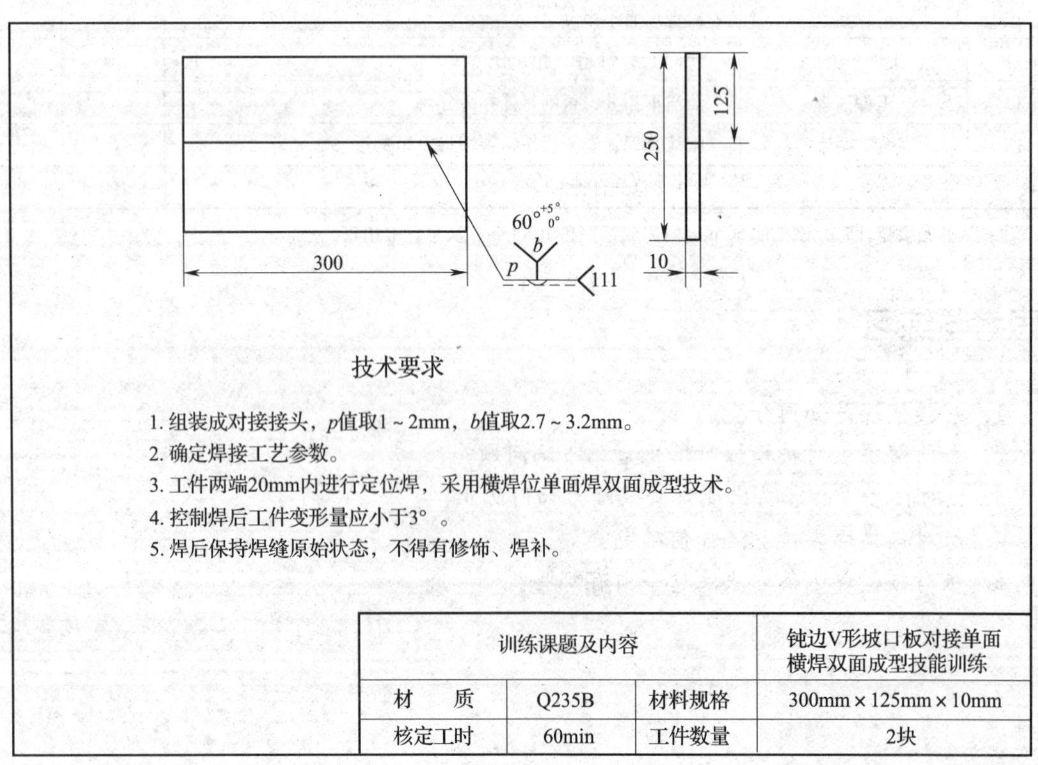

技术要求

1. 组装成对接接头，p值取1 ~ 2mm，b值取2.7 ~ 3.2mm。
2. 确定焊接工艺参数。
3. 工件两端20mm内进行定位焊，采用横焊位单面焊双面成型技术。
4. 控制焊后工件变形量应小于3°。
5. 焊后保持焊缝原始状态，不得有修饰、焊补。

训练课题及内容			钝边V形坡口板对接单面横焊双面成型技能训练
材　质	Q235B	材料规格	300mm × 125mm × 10mm
核定工时	60min	工件数量	2块

图 4—2—1　钝边 V 形坡口板对接单面横焊双面成型工件图

任务分析

钝边 V 形坡口板对接单面横焊双面成型时，与不开坡口板对接双面横焊相似，除在打底焊时有些不同外，其他焊层也稍有差别。熔滴和熔渣受重力作用而下淌，焊缝成形较困难。如果焊接参数选择或运条操作不当，容易产生焊缝上侧咬边、焊缝下侧金属下坠、焊瘤、夹渣、未焊透等缺陷。为了克服重力的影响，避免上述缺陷的产生，就要避免焊接过程中运条速度过慢、熔池体积过大、焊接电流过大、电弧过长等不正确操作。应采用短弧、多道焊接，并根据焊道的不同位置调整合适的焊条角度。打底层焊接选择小直径焊条，断弧焊频率要适宜，电弧在坡口根部停留时间要适当。

相关知识

一、钝边 V 形坡口板对接单面横焊双面成型操作（与其他坡口形式的焊接操作技术相似）

1. 打底层焊接

打底层是钝边 V 形坡口板对接单面横焊双面成型的关键工序。首先，要解决焊缝在工件背面成型问题。其次，还不能使焊缝内部和外表面存在不允许的焊接缺陷。因此，该焊接工序的操作技术难度较大，应引起操作者足够的重视。打底焊时将试件垂直固定于焊接架上，并使焊接坡口处于水平位置，焊接时可采用连弧焊法，也可采用断弧焊法。

（1）打底层焊条角度。为了防止背面焊缝产生咬边、未焊透等缺陷，焊条与板下方之间的角度为 80°～85°。在横焊过程中还应注意，电弧应指向横板对接坡口下侧根部，每次运条时电弧在此处应停留 1～1.5 s，让熔化的液态金属吹向上侧坡口，得到良好的根部成形。单面横焊双面成型打底层焊法分连弧焊和断弧焊两种。其中连弧焊打底层焊条角度，如图 4—2—2 所示。断弧焊打底层焊条角度，如图 4—2—3 所示。

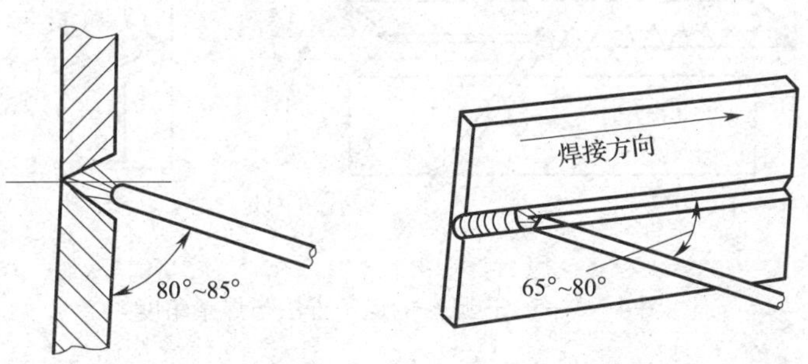

图 4—2—2　连弧横焊打底层焊条角度

（2）打底焊法

1）连弧法。在工件左端定位焊缝上的始焊端引弧，焊条不做横向摆动，以短弧直线运条，先焊一小段，多用于始焊端的小间隙焊缝。稍停预热，然后做横向小锯齿形摆动向前运条。当电弧到达定位焊缝终端时，压低电弧。待电弧前进到坡口根部使之熔化并击穿，当坡口根部形成熔孔，就可转入正常施焊。为了保证焊接质量，用连弧焊法施焊打底层时还应注意：运条时首先向下面工件坡口摆动，熔化下面工件坡口根部，然后再熔化上面工件坡口根部，使熔孔呈斜椭圆形；要保持每侧坡口边缘熔化 0.5 ~ 1 mm，并保持熔孔大小的一致性。直线形或小锯齿形运条法形成熔孔如图 4—2—4 所示。

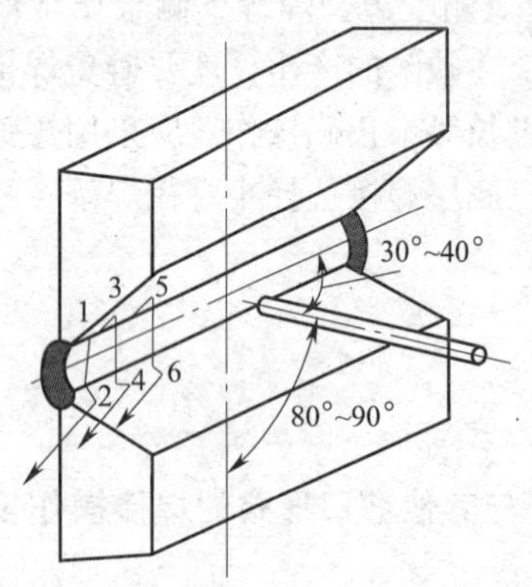

图 4—2—3　断弧横焊打底层焊条角度

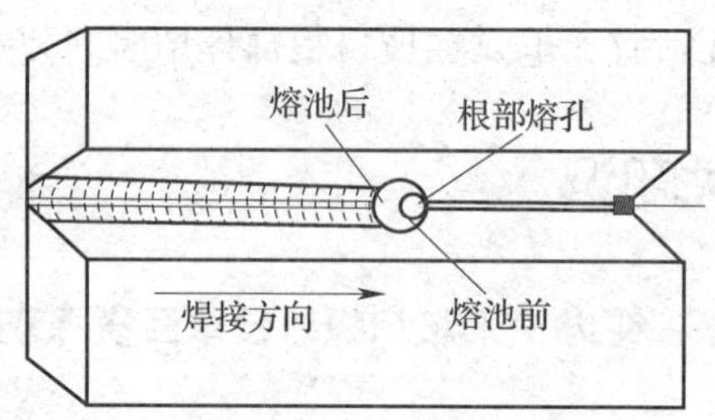

图 4—2—4　直线形或小锯齿形运条法形成熔孔

施焊过程中要采用短弧，使电弧的 1/3 在熔池前，用来击穿和熔化坡口根部，2/3 覆盖在熔池上，用来保护熔池，防止产生气孔。应注意控制熔池温度，熔池温度不能过高，防止熔化金属因温度过高而外溢流淌形成焊瘤。保持熔池形状和大小基本一致，以免产生未焊透、焊瘤等缺陷。同时，运条要均匀，间距不宜过大。为防止产生咬边，焊条摆动到坡口上侧时应稍作停顿。连弧法的运条方法与焊条角度如图 4—2—5 所示，此运条法多用于焊接间隙偏小的焊缝。

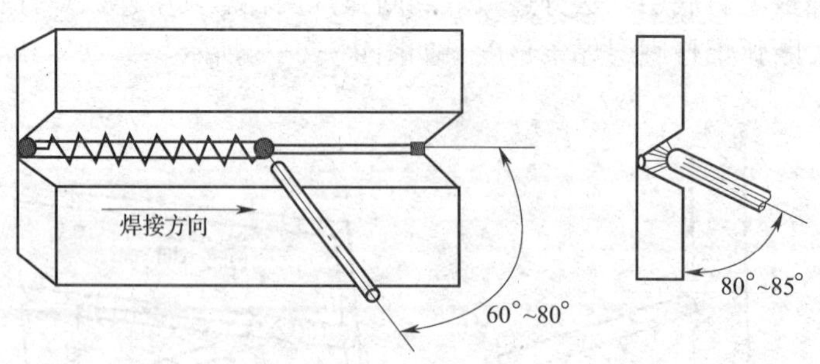

图 4—2—5　连弧法的运条方法与焊条角度

2）断弧法。采用直线运条法，焊接过程中不做任何摆动，直至每根焊条焊完。焊道之间的搭接要适量，以不产生深沟为准。为避免在焊道之间的深沟内产生夹渣缺陷，通常两焊道之间搭接 1/3 ~ 1/2，最后一层填充层的高度以距母材表面 1.5 ~ 2 mm 为宜。断弧焊的焊接工艺参数见表 4—2—1。焊条角度如图 4—2—3 所示。

表 4—2—1　　中厚板横焊的焊接工艺参数

焊接层次	焊条直径（mm）	焊接电流（A）
打底焊（第一层 1 道）	2.5	70 ~ 80（断弧焊）
		65 ~ 75（连弧焊）
填充焊（第一层 2、3 道，第二层 4、5 道）	3.2	120 ~ 140
盖面焊（6、7、8 道）	3.2	120 ~ 130

首先，在工件左端定位，焊缝始端引弧，电弧引燃后稍作停顿，然后以小锯齿形摆动向前运条。当电弧到达定位焊缝终端时，对准坡口根部中心，将焊条向根部顶送并稍作停顿。当听到电弧击穿坡口根部的“噗”声时，形成第一个熔池后立即灭弧，然后按图 4—2—6 所示方法运条。

当第一个熔池还处于暗红状态，立即从熔池中心 a 点引弧，然后将电弧移向与第一个熔池相连接的两坡口根部中心 b 点，并向背面顶送焊条。当听到击穿坡口根部的“噗”声后，将电弧移到 c 点灭弧，c 点处于 a、b 之间的下方，即原下坡口边缘位置的熔池边缘。在 c 点灭弧，可增加熔池温度，减缓熔池冷却速度，防止电弧在 a 点燃烧时熔池金属下坠到下坡口，引起熔合不良，还可以防止产生缩孔、气孔等缺陷。如此 a—b—c 反复运条施焊。施焊过程中，应始终注意焊条总是顶着熔池，并保持一致的焊条角度，防止熔池金属超越电弧而引起夹渣等缺陷。停弧及接头的方法与连弧焊的相同。

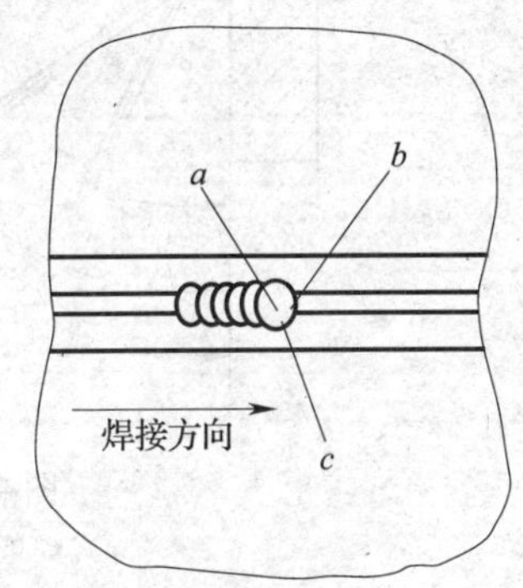

图 4—2—6　V 形坡口对接横焊时的断弧焊运条法

2. 填充层焊接

施焊前应将焊道清理干净，并将焊道局部凸出处打磨平整。填充层的焊接采用多层多道焊（共两层，每层两道），焊接层次及焊道次序见表 4—2—1。施焊过程中的焊条角度如图 4—2—7 所示。

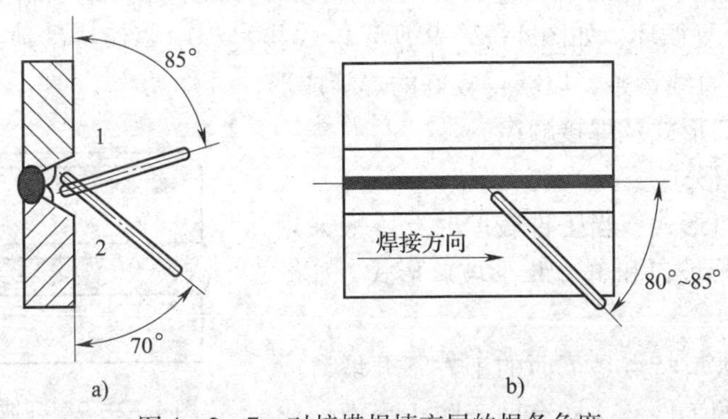

图 4—2—7　对接横焊填充层的焊条角度
a）焊条与工件夹角　b）焊条与焊缝中心线夹角

焊接上下焊道时，要注意坡口上下侧与打底焊道间夹角处的熔合情况，以防止产生未焊透与夹渣等缺陷，并且使上焊道覆盖下焊道 1/2 为宜，以防焊层过高或形成沟槽。填充层焊缝表面应距下坡口表面约 2 mm，距上坡口 0.5 mm，注意不要破坏坡口两侧棱边，为施焊盖面层做准备。

3. 盖面焊

盖面层焊接也采用多道焊（三道），焊条角度如图 4—2—8 所示，运条方法采用直线或圆圈形皆可。

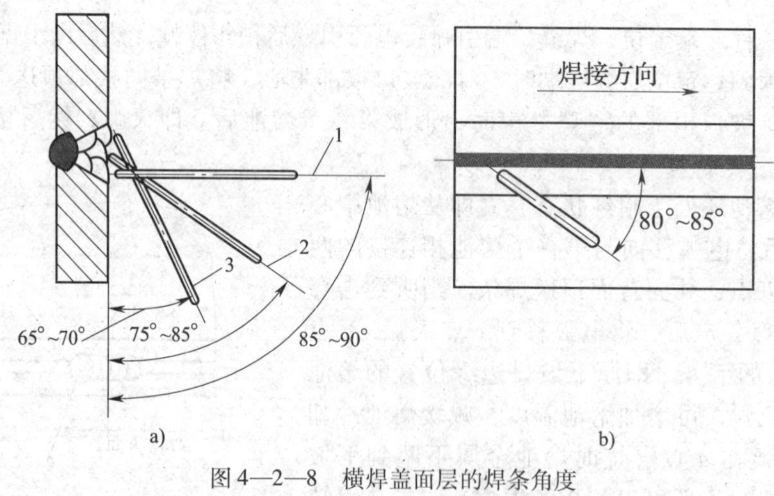

图 4—2—8　横焊盖面层的焊条角度

a）焊条与工件夹角　b）焊条与焊缝中心线夹角

1—下焊道　2—中层焊道　3—上焊道

（1）采用直线形运条法，不做任何摆动。每层焊缝均由下坡口始焊，直线焊到终点。每层的若干条焊道也是由下板焊起，一条条焊道叠加，直至熔进上板母材 1 ~ 2 mm。焊接过程中采用短弧焊接，控制熔池金属的流动，防止产生熔化金属流淌的现象。

（2）采用斜圆圈形运条时，应保持较短的焊接电弧和有规律的运条节奏。每个斜圆圈与焊缝中心的斜度不大于 45°。当焊条运动到斜圆圈上面时，电弧应短些并在此处稍停片刻，使较多的熔敷金属过渡到焊道中（以防咬边）。然后焊条缓缓地将电弧引到焊道下边，并稍稍向前移动（防止下淌的熔化金属堆积），紧接着再把电弧运动到斜圆圈的上面（只运条不焊接），如此反复循环，如图 4—2—9 所示。焊接过程中要保持熔池之间搭接 1/2 ~ 2/3，采用短弧、匀速直线运条，以获得较好的焊缝成形。

二、横焊开坡口形式及焊接顺序

1. 横焊开坡口形式

较厚工件的坡口形式：当工件较厚时，一般采用 V 形坡口、单边 Y 形坡口和单边 K 形坡口形式，如图 4—2—10 所示。

对接横焊时的坡口特点是下面的工件不开坡口或坡口角度小于上面的工件，这样有助于防止表面熔化金属下淌，从而有利于焊缝成形。

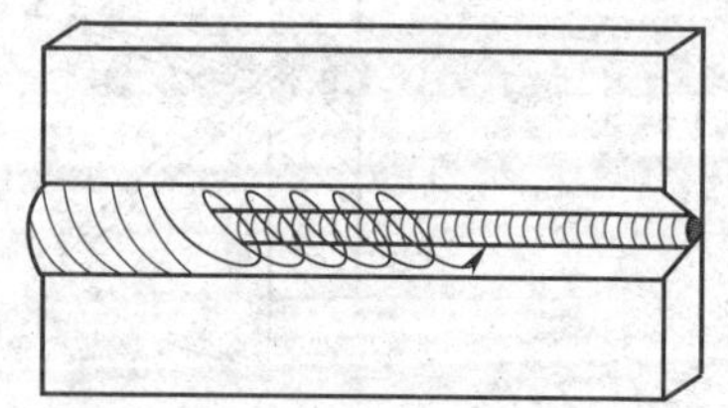

图 4—2—9　开坡口对接横焊时的斜圆圈形运条法

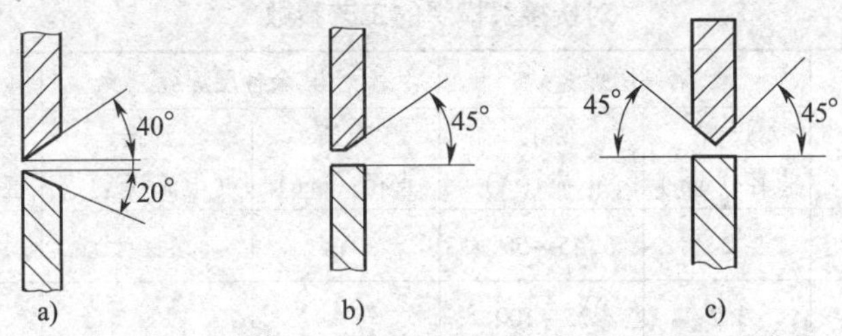

图4—2—10 对接横焊接头的坡口形式

a）V形坡口 b）单边Y形坡口 c）单边K形坡口

2. 开坡口对接横焊的焊道排列顺序

对于开坡口对接横焊，可采用多层焊或多层多道焊，其焊道排列如图4—2—11所示。

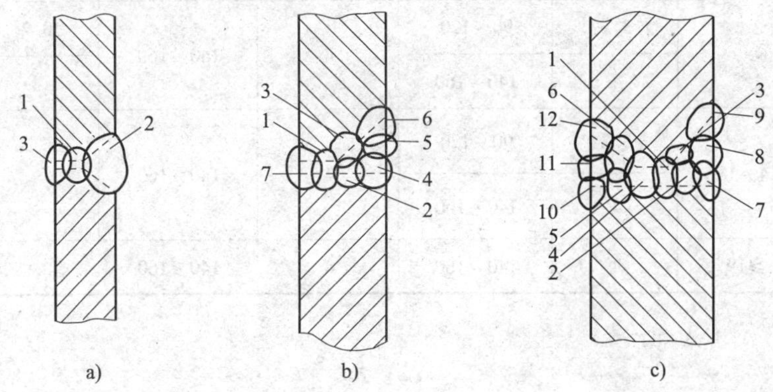

图4—2—11 坡口对接横焊焊道的排列顺序

a）V形坡口多层焊 b）单边V形坡口多层多道焊 c）K形坡口多层多道焊

3. 开坡口对接横焊各焊道的焊接操作

（1）焊第一层时，一般要选用直径为3.2 mm的焊条。间隙小时，用直线形运条法，短弧焊接；间隙大时，可用直线往复形运条法。焊接速度要快，以免熔池金属堆积过多，造成夹渣。

（2）焊接第二层及以后的焊缝时，选择直径3.2 mm或4.0 mm的焊条，采用斜圆圈形运条，每个斜圆圈与焊缝中心的斜度在45°左右。当焊条运动到斜圆圈上面时，电弧要更短些，并稍作停留，使较多的熔化金属过渡到焊缝中，然后缓慢地把电弧引到焊缝下边，这样反复循环焊接。这种运条法难度较大，要求操作熟练准确，才能使焊缝成形良好。

1）多层焊时，各层焊道可根据板厚选择直径3.2 mm或4.0 mm的焊条，采用直线形、直线往复形或斜圆圈形运条法。

2）多层多道焊时，焊条角度应根据各焊道的位置适时改变，并保证各焊道之间的搭接量，始终保持短弧、匀速直线运条，以获得较好的焊缝成形。

三、横焊工艺参数

对接接头横焊的工艺参数见表4—2—2。

表 4—2—2　　对接接头横焊的工艺参数

工件横断面形式	工件厚度（mm）	第一层焊缝		其余各层焊缝		封底焊缝	
		焊条直径（mm）	焊接电流（A）	焊条直径（mm）	焊接电流（A）	焊条直径（mm）	焊接电流（A）
	2	2	45 ~ 55	—	—	2	50 ~ 55
	2.5	3.2	75 ~ 100	—	—	3.2	80 ~ 110
	3 ~ 4	3.2	80 ~ 120	—	—	3.2	90 ~ 120
		4	120 ~ 160	—	—	4	120 ~ 160
	5 ~ 8	3.2	80 ~ 120	3.2	90 ~ 120	3.2	90 ~ 120
				4	120 ~ 160	4	120 ~ 160
	≥9	3.2	90 ~ 120	4	140 ~ 160	3.2	90 ~ 120
		4	140 ~ 160			4	120 ~ 160
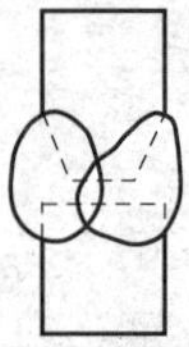	14 ~ 18	3.2	90 ~ 120	4	140 ~ 160	—	—
		4	140 ~ 160				
	≥19	4	140 ~ 160	4	140 ~ 160	—	—

任务实施

一、焊前准备

1. 按规定穿戴好焊接劳动保护用品，准备焊接辅助工具，详见模块二中任务 1 的相应内容。

2. 按图样要求准备工件：材质为 Q235B，规格为 300 mm × 125 mm × 10 mm。数量为 2 块/人。用剪板机或氧—乙炔切割下料，单边坡口为 30°。

3. 焊材和焊机选择

焊条选用 E4303 型（J422）或 E5016 型（J506），直径分别为 3.2 mm、4.0 mm。焊前，E4303 型焊条需经过 150 ~ 200℃烘干 1 ~ 2 h，E5016 型焊条需经过 350 ~ 400℃烘干 1 ~ 2 h，放在保温桶内以备使用。使用前应认真检查焊条药皮有无偏心、开裂、脱落等现象。焊机选择 BX3 - 300。

4. 工件组装尺寸及焊接工艺参数的确定

（1）开 V 形坡口的对接横焊工件组装尺寸见表 4—2—3。

表 4—2—3　　对接横焊工件组装尺寸

板厚（mm）	坡口角度（°）	钝边（mm）	组装间隙（mm）	反变形角度（°）	错边量（mm）
10	60 ± 2	1 ~ 1.5	2.7 ~ 3.2	4 ~ 6	≤1

由于对接横焊采用多层多道焊，产生的角变形大于其他焊接位置，所以预留反变形量较大。如果焊接层数少时，预留反变形量也要小些。对接横焊工件的装配图如图 4—2—12 所示。

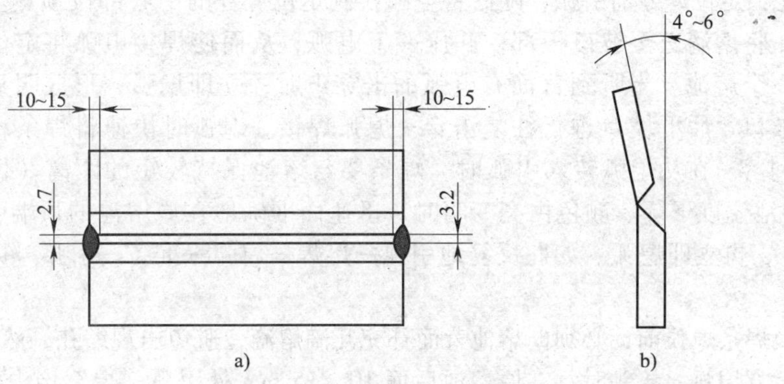

图 4—2—12　对接横焊的工件组装图

a）工件组装间隙　b）工件组装反变形角度

（2）焊接工艺参数的确定。开 V 形坡口对接单面横焊双面成型焊接工艺参数见表 4—2—4。

表 4—2—4　焊接工艺参数

焊接层次	焊缝层次和道次	运条方法	焊条直径（mm）	焊接电流（A）
打底层焊	1 层 1 道	断弧焊法	3. 2	75 ~ 90
填充层焊	2 层 5 道	直线形或直线往复形运条法	4. 0	160 ~ 180
盖面层焊	1 层 4 道	直线形运条法	3. 2	120 ~ 130

5. 工件清理

用清理工具将工件表面上的铁锈及污物等清理干净，将待焊处矫平直。即将工件坡口正、反两侧 20 mm 范围内的油、锈及其他污物清理干净，并露出金属光泽。将所需对接接头接触端锉削好，并矫平工件。

6. 工件组装与定位焊

用砂纸或锉刀清理焊道正、反两侧 20 mm 范围内的铁锈及污物，并矫平工件。然后组装工件留出 2. 7 ~ 3. 2 mm 的间隙，且错边量≤1 mm。采用与焊接工件相同牌号的焊条进行定位焊，定位焊缝应位于工件背面的两端，长度不得超过 20 mm。在工件两端进行定位焊，要焊牢，以防焊接过程中出现收缩过大和开裂现象。

7. 清渣

清理干净定位焊缝的熔渣。

二、焊接操作步骤

开 V 形坡口的对接横焊时，应选小直径焊条，焊接电流可比平焊对接时小 10% ~15%，否则会使熔池温度升高，金属处于液态的时间长，容易造成下淌或形成焊瘤。

1. 打底焊接

将工件垂直固定在焊接支架上，保证接口在水平位置，坡口上缘与焊工视线齐平。打底焊时，首先在定位焊缝前引弧，随后将电弧拉到定位焊缝的中心部位预热。当坡口钝边即将熔化时，将熔滴送至坡口根部，并压一下电弧，从而使焊接电弧将定位焊缝和坡口钝边熔合成一个熔池。当听到背面有电弧的击穿声时，立即熄弧，形成明显的熔孔。然后依次先上坡口、后下坡口进行往复击穿—熄弧焊接。熄弧时快速将焊条移向后下方，动作要干净利落。在从熄弧转入引弧时，焊条要与熔池保持较短的距离（做引弧的准备动作），待熔池温度下降、颜色由亮变暗时，迅速而准确地在原熔池的顶端引弧、熔焊片刻（约 0.8 s），再立即熄弧。如此反复地引弧—熔焊—熄弧—准备—引弧，即完成打底层的焊接。

在更换焊条熄弧前，必须向熔池背面补充几滴熔滴，避免出现缩孔，然后将电弧拉到熔池的下侧后方熄弧。接头时，在原熔池后面 10 ~ 15 mm 处引弧，焊至接头处稍拉长弧，借助电弧的吹力和热量重新击穿钝边，然后压一下电弧并稍作停顿，形成新的熔池后，再转入正常的往复击穿焊接。

2. 填充层焊接

（1）清渣。应仔细清理前一层焊道间、焊道与坡口两侧之间的焊渣，避免焊缝夹渣。

（2）焊条角度。焊条与焊接方向的夹角为 80° ~ 85°。为防止由于横焊填充层焊接操作不正确所导致的盖面层焊缝下坠，在焊接填充层时，焊条与上、下工件夹角要有区别，焊下侧焊道时，焊条与下侧工件的夹角为 80° ~ 95°，焊上侧焊道时，焊条与下侧工件的夹角为 55° ~ 70°，如图 4—2—13 所示。

（3）引弧。在距焊缝始焊端 10 ~ 15 mm 处引弧，然后将电弧拉至始焊端开始焊接。

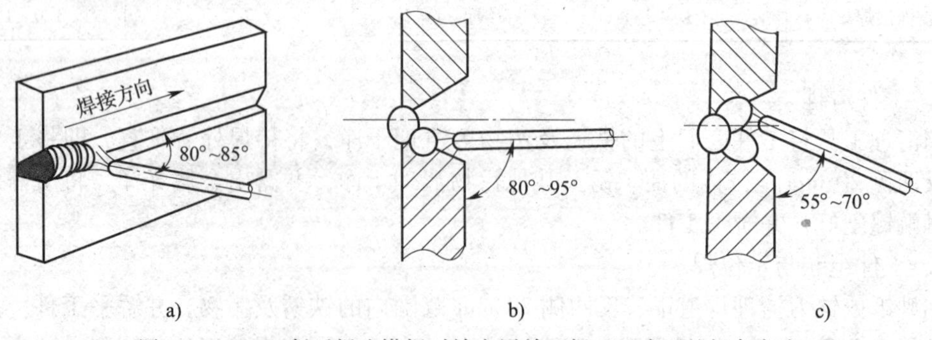

图 4—2—13　断弧焊法横焊时填充层单面焊双面成型的焊条角度

a）焊条与焊接方向的夹角　b）下侧焊道焊条与下侧工件的夹角

c）上侧焊道焊条与下侧工件的夹角

（4）焊接操作。填充层采取两层三道焊。填充层施焊前，先将第一层焊道的熔渣及飞溅物清理干净，并适当调大焊接电流，以避免产生夹渣及未熔合等缺陷。

焊第一层填充焊道时，焊条下倾约 10°，与前进方向成 75° ~ 80°的角，采用直线形运条的单层单道焊，保证与坡口面良好熔合，焊道表面平整。

第二层填充焊有两条焊道，其焊道分布及焊条角度如图 4—2—13c 所示。对第二层下面的填充焊道施焊时，电弧对准第一层填充焊道的下沿，作小斜圆圈形摆动，使熔池能覆盖前一层焊道的 1/2 ~2/3。对第二层上面的填充焊道施焊时，电弧对准第一层填充焊道的上沿，作直线形运条，使熔池正好填满空余位置。

填充层焊完后，应使其表面距下坡口棱边约 1. 5 mm，距上坡口棱边约 0. 5 mm，若填充层焊道有凸凹处，应在盖面焊前予以补平，为盖面层施焊打好基础。

焊接上下焊道时，要注意坡口上下侧与打底焊道间夹角处的熔合情况，以防止产生未焊透与夹渣等缺陷，并且使上焊道覆盖下焊道 1/2 ~2/3 为宜，以防焊层过高或形成沟槽。

3. 盖面层焊接

(1) 焊条角度。焊接各道焊缝时，应合理选择焊条与下板的夹角。盖面层的各条焊道应平直，搭接平整，与母材相交处应圆滑过渡，无咬边。

焊接第 7 道焊缝时，焊条与下板的夹角为 80° ~90°，焊道 1/3 落在母材上，熔进母材 1 ~2 mm，其余 2/3 落在填充层上，如图 4—2—14a 所示。

施焊焊缝中心线第 8 道焊缝时，焊条与下板的夹角为 95° ~100°，与前一道焊缝搭接 1/2，如图 4—2—14b 所示。

施焊焊缝中心线第 9 道焊缝时，焊条与下板的夹角为 75° ~85°，与前两道焊缝搭接1/2，如图 4—2—14c 所示。

焊接与上板相接的盖面层（第 10 道）焊缝时，焊条与下板的夹角为 85° ~95°，与前一道焊缝搭接 1/2，与母材搭接 1/2，其焊道熔进母材 1 ~2 mm，如图 4—2—14d 所示。

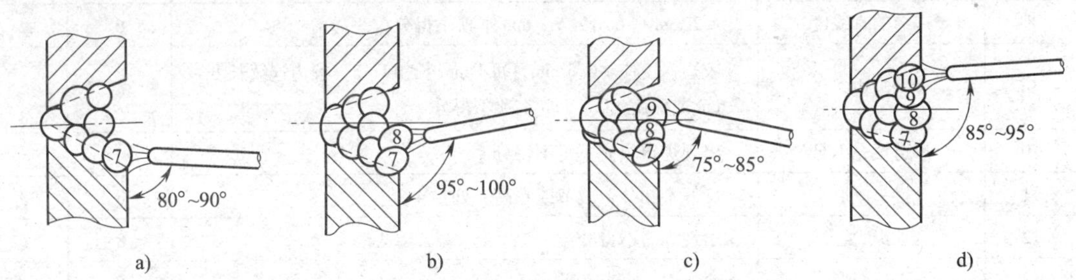

图 4—2—14　横焊盖面层的焊条角度

a）第 7 道焊缝　b）第 8 道焊缝　c）第 9 道焊缝　d）第 10 道焊缝

(2) 运条方法。采用直线运条法，焊条微微地向前移动，运条速度要均匀，采用短弧焊接，不做任何摆动。每层焊缝均由下坡口始焊，直线焊到终点。每层的若干条焊道也是由下板焊起，一条条焊道叠加，直至熔进上板母材 1 ~2 mm。焊接过程中，采用短弧焊接，控制熔池金属的流动，防止产生熔化金属流淌的现象。

焊接最下面的盖面层焊道时，注意观察熔池的下边缘，只要熔化了坡口棱边就向前运条，以保证焊道与焊件下表面形成圆滑过渡的焊缝。接下来的每一条焊道都要覆盖前一条焊道的 1/3 ~1/2。最上面的一条焊道运条速度应稍快些，焊道尽可能细、薄，可避免出现咬边缺陷，有利于焊道与工件上表面圆滑过渡。表面焊缝的实际宽度以覆盖上、下坡口边缘各 1. 5 ~2 mm 为宜。

三、焊缝外观检测

1. 自检

对自己的操作姿势、运条方法要及时校正。将焊完清理好的工件，依据图 4—2—1 中技术要求和表 4—2—5 评分标准，进行自己校正和检测，合格后进行互检和专检。

2. 互检和专检

可参照模块二任务 2 的相关内容进行。

任务评价

评分标准见表 4—2—5。

表 4—2—5　　评分标准

序号	操作内容	评分标准	配分	得分
1	正面焊缝宽度	≤6 mm 得 10 分；>6 mm 本项不得分	10	
2	正面焊缝宽度差	宽窄允许差 1 mm，每超差 1 mm 扣 5 分	10	
3	正面焊缝余高	余高≤3 mm 得 10 分；>3 mm 本项不得分	10	
4	正面焊缝余高差	允许 1 mm，每超差 1 mm 扣 4 分	8	
5	背面焊缝余高 h'	0≤h'≤2 mm，超过标准不得分	6	
6	背面焊缝余高差	允许 1 mm，每超差 1 mm 扣 2 分	4	
7	错边	错边量≤1. 2 mm 不扣分；>1. 2 mm 本项不得分	6	
8	焊缝的直线度	≤2 mm 得 6 分；>2 mm 本项不得分	6	
9	咬边	咬边深度应≤0. 5 mm，每 1 mm 长扣 1 分，咬边连续长度≥6 mm 或深度 >0. 5 mm 本项不得分	6	
10	焊道填充不足	出现焊道填充不足不得分	4	
11	接头成形	良好不扣分，脱节或超高一处扣 4 分	8	
12	焊瘤	出现焊瘤不得分	8	
13	工件变形	允许 1°，每超 1°扣 3 分	6	
14	工件清理	清洁不扣分，否则每处扣 2 分	4	
15	安全文明生产	服从管理、安全操作，否则每项扣 2 分	4	
		总分合计	100	

注：从开始引弧计时，该工件 60 min 内完成，每超出 1 min，从总分中扣 2. 5 分。

思考与练习

1. 如何防止 V 形坡口对接横焊时熔化金属下淌？
2. 如何防止 V 形坡口对接横焊时容易出现的缺陷？
3. V 形坡口对接单面横焊双面成型的打底焊、填充焊和盖面焊的操作有什么特点？
4. 开坡口对接横焊各焊道的焊接如何操作？

模块五 仰焊位焊条电弧焊

仰焊位焊条电弧焊也是焊接基本的焊法之一。在本模块中将学到对接单面仰焊双面成型，焊条电弧焊仰焊的断弧打底焊法操作技术；掌握焊条电弧焊仰焊锯齿形运条法操作技术；在仰角焊任务中，要掌握仰角焊的反握焊钳法焊接操作技术，以及焊条电弧焊仰角焊多层多道焊接操作技术。这些焊法在金属焊接中都占有重要位置。

任务1 板对接单面仰焊双面成型

技能点

◎ 掌握焊条电弧焊仰焊的断弧打底焊操作技术；掌握焊条电弧焊仰焊锯齿形运条法操作技术；掌握对接仰焊单面焊双面成型的基本技能及操作。

知识点

◎ 了解焊条电弧焊短弧仰焊；了解仰焊分类。

任务提出

在生产实践中，单面仰焊双面成型多用于人进不去施工的小型容器或小口径管道的纵、环仰位焊缝的焊接生产中，这种焊接方式可以在容器外面施焊而内面也能形成焊缝。如图5—1—1所示为钝边V形坡口对接单面仰焊双面成型工件图，板材料为Q235B。读懂工件图样，完成焊接任务，达到工件图样技术要求。

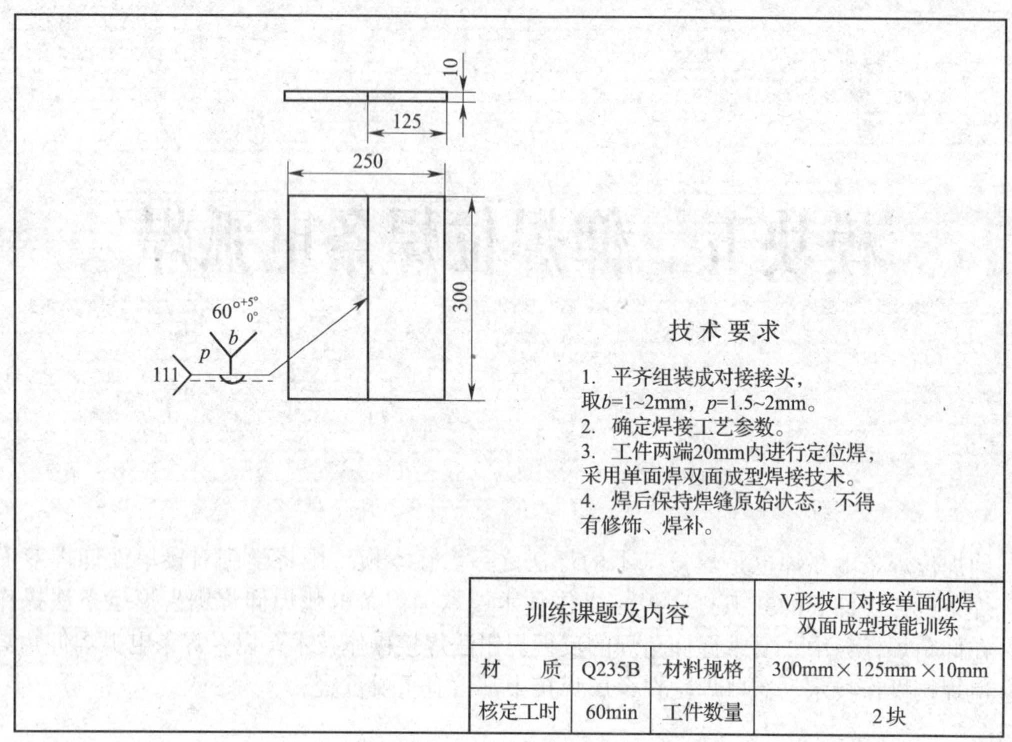

训练课题及内容			V形坡口对接单面仰焊双面成型技能训练
材　质	Q235B	材料规格	300mm×125mm×10mm
核定工时	60min	工件数量	2块

图 5—1—1　钝边 V 形坡口板对接单面仰焊双面成型工件图

任务分析

从图 5—1—1 中可知，板开钝边 V 形 60°坡口。焊接时，熔滴因自重易往下滴落，不易控制熔池形状和大小。同时熔滴自身的重力又不利于熔滴过渡，并且熔池温度越高、表面张力越小，很容易在工件正面出现焊瘤、工件背面出现凹陷，从而使焊缝成形较为困难。因此，仰焊是各种焊接位置中操作难度最大的焊接。

仰焊焊接操作中容易出现以下的问题：焊接时，热输入量越大，焊道凝固越慢；焊道层过厚，熔池体积过大，熔滴易下淌，极易出现焊瘤；因焊接位置的限制，焊接运条的速度较慢、焊条至焊缝两侧停留时间控制不好，使焊缝中间凸起，造成焊缝两侧咬边；因焊接电流小、熔渣不易浮出，焊道易出现凸形，不利于清渣，焊接下一层时容易产生层间夹渣、未熔合等缺陷。

因此，应采用小直径的焊条和较小的焊接电流，以及最短的电弧施焊。

相关知识

一、对接仰焊的特点与分类

仰焊是平板对接工件倾角为 0°、180°，焊缝转角为 270°的焊接位置。工件是水平固定的，焊缝位于燃烧电弧的上方，焊条位于工件下方，焊工在仰视位置进行焊接。仰焊这种焊接位置是最难施焊的一种焊接位置。它的熔池完全倒悬，熔化的液态金属和熔滴由于受重力的作用比立焊、横焊时更容易坠落，使焊缝成形极为困难。因此，仰焊时，必须尽可能压短电弧。

按仰焊时焊接接头形式，仰焊操作一般分为对接仰焊和仰角接焊（也称仰角焊）两类，如图 5—1—2 所示。

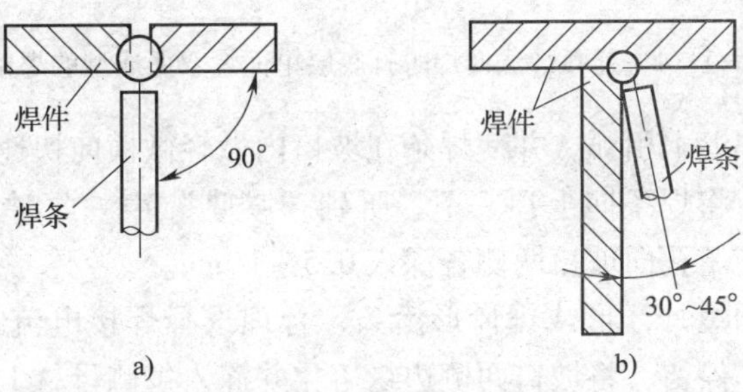

图 5—1—2　仰焊操作分类

a）对接仰焊　b）仰角焊

二、对接仰焊技术

1. 焊接要领

由于熔池倒悬在工件下面，温度一高，熔滴就会滴淌下来。因此，施焊时必须准确控制熔池的大小和凝固时间。仰焊操作，视线要选择最佳位置，上身要稳，由远而近地运条。为了减轻臂腕的负担，可将焊接电线挂在临时设置的钩子上。在仰焊时，熔滴过渡主要靠电弧吹力和电磁力以及熔化金属表面张力，所以一般都选用较小直径的焊条、较小的焊接电流，并采用短弧焊接、喷射过渡，否则会造成严重咬边及焊瘤。

对接仰焊注意有以下几个要领：

（1）采用短弧焊接，熔池体积要尽可能小，焊道成形应该薄且平。

（2）操作时反握焊钳，否则熔滴和熔渣下落时很容易将握焊钳的手烧伤。反握焊钳可以躲避熔滴飞溅，一般仰焊时均采用反握焊钳进行操作，焊钳夹持的焊条与焊钳握柄纵轴夹角为 45°左右，如图 5—1—3 所示。

（3）操作时采取站姿，两脚呈半开步站立，头部稍向左侧歪斜注视焊接部位。

2. 对接仰焊操作

（1）打底层焊接。打底层焊接可采用连弧焊手法，也可采用断弧焊手法。

1）连弧焊操作

①焊条角度。将焊条始终压紧在坡口间隙中间，与焊接方向的夹角为 70° ~80°，如图 5—1—4 所示。控制熔池温度低些，以减少表面焊缝下凹。

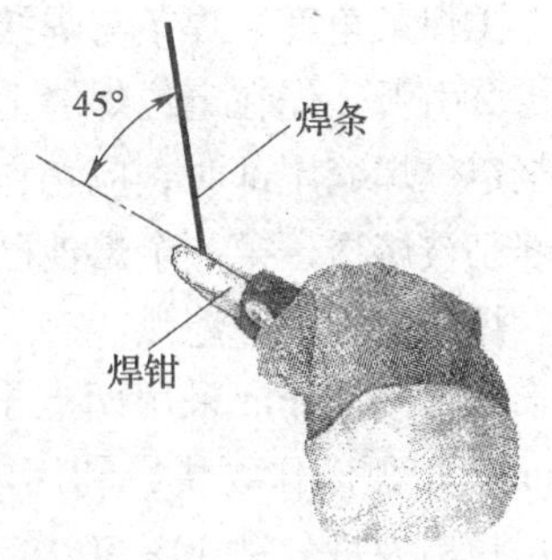

图 5—1—3　仰焊反握焊钳操作及夹持焊条的角度

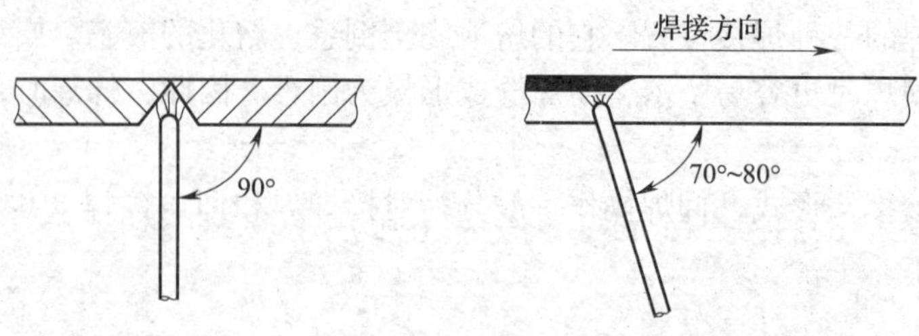

图 5—1—4　连弧焊法仰焊时打底层单面焊双面成型的焊条角度

②引弧。在定位焊缝上引弧，并使焊条在坡口内做轻微横向快速摆动，当焊至定位焊缝尾部时，应稍微预热，将焊条向上顶一下，听到“噗噗”声，此时坡口根部已被熔透，第一个熔池已形成，需使熔孔向坡口两侧各深入 0.5 ~1 mm。

③运条方法。采用短月牙形或锯齿形运条，合理选择焊接电流。焊条摆动到坡口边缘时，要稳住电弧并稍作停留，将坡口两侧边缘熔化并深入每侧母材 1 ~2 mm。应防止与母材交界处形成夹角，以免不易清渣。

④ 焊接操作。要采用短弧施焊，利用电弧吹力把铁液托住，并将一部分铁液送到工件背面。要使新熔池覆盖前一熔池的 1/2，并适当加快焊接速度，以减小熔池面积从而形成薄焊道，减轻焊缝金属的自重。焊层表面要平直，避免下凸，否则会给下一层焊接带来困难，并易产生夹渣、未熔合等缺陷。

⑤焊缝接头。接头前收弧时，先在熔池前方做一熔孔，然后将电弧向后回焊 10 mm 左右，再熄弧，并使其形成斜坡。

采用热接法时，在弧坑后面 10 mm 的坡口内引燃电弧，当将焊条运到弧坑根部时，应减小焊条与焊接方向的夹角，同时将焊条顺着原先的熔孔向坡口根部压一下，听到“噗噗”声后，稍停顿并恢复正常手法焊接。热接法的换焊条动作越快越好。

采用冷接法时，其操作要领是，在弧坑冷却后，用砂轮或扁铲对收弧处打磨一个 10 ~15 mm的斜坡，并在斜坡上引弧并预热，使弧坑温度逐步升高，然后将焊条顺着原先的熔孔迅速上顶，听到“噗噗”声后，稍作停顿，恢复正常手法焊接。

2）断弧焊操作

①焊条角度。焊条与焊接方向的夹角为 70° ~80°。

②引弧。先在定位焊缝上引弧，然后使焊条在始焊部位坡口内做轻微横向快速摆动。当焊至定位焊缝尾部时，应稍作停留，并将焊条向上顶一下，听到“噗噗”声后，表明坡口根部已被熔透，第一个熔池已形成。使熔池前方形成向坡口两侧各深入 0.5 ~1 mm 的熔孔，然后焊条向斜下方熄弧。

③焊接操作。采用两点击穿法，左、右两侧钝边应完全熔化，并深入每侧母材 0.5 ~1 mm。熄弧动作要快，利用电弧吹力可有效地防止背面焊缝内凹。熄弧与引弧时间要短，熄弧频率为每分钟 30 ~50 次。每次引弧的位置要准确，焊条中心要对准熔池前端与母材的交界处。打底层焊道要细而均匀，外形平缓，避免焊缝中部过分下坠，否则易给第二道焊缝焊接带来困难，产生夹渣和未熔合等缺陷。

④焊缝接头。换焊条前，应在熔池前方做一熔孔，然后回焊 10 mm 左右再熄弧。迅速更换焊条后，在弧坑后部 10 ~ 15 mm 坡口内引弧，用连弧手法运条到弧坑根部时，将焊条沿着预先做好的熔孔，向坡口根部压一下，听到"噗噗"声后，稍作停顿，在熔池中部斜下方熄弧，随即恢复原来的断弧焊手法。

（2）填充层焊接

1）清渣。应对前一道焊缝仔细清理熔渣和飞溅物。

2）焊条角度。焊条与焊接方向的夹角为 85° ~ 90°。

3）引弧。在距焊缝始端 10 mm 左右处引弧，而后将电弧引向始焊处施焊。每次接头都应如此。

4）焊接操作。采用短弧、月牙形或锯齿形运条；焊条摆动到两侧坡口处时，应稍作停顿，运条在上道焊缝中间时可稍快些，以便形成较薄的焊道，避免形成下凸的不良焊缝；应让熔池始终呈椭圆形，并保证其大小一致。

（3）盖面层焊接操作。采用短弧、月牙形或锯齿形运条；焊条与焊接方向的夹角为 90°；焊条摆动到坡口边缘时，要稍作停顿，以坡口边缘熔化 1 ~ 2 mm 为准，防止咬边；焊接速度要均匀一致，使焊缝表面平整；接头采用热接法，换焊条前，应对熔池稍填铁液且迅速换焊条，在弧坑前 10 mm 左右处引弧，然后把电弧拉到弧坑处划一小圆圈，使弧坑重新熔化，随后进行正常焊接。

总之，在整个焊接过程中，运条速度要快慢适中，否则，很容易使焊道表面出现凸形，给后面的焊接带来困难，并容易产生夹渣、未熔合等缺陷。要保持运条节奏均匀，不要中断。运条方法可采用直线形和直线往复形。直线形用于工件间隙小的接头，间隙较大时，采用直线往复形。焊接电流虽比平焊时小，但也不宜过小，否则不能得到足够的熔深，并且电弧不稳，操作难以掌握，焊缝质量也难保证。在焊接过程中，要保持最短的焊接电弧长度，以控制熔滴能顺利过渡到熔池中去。为防止液态金属的流淌，控制熔池不宜过大，操作中在控制熔池大小的同时，也要注意控制熔渣的流动情况，只有熔渣浮出正常，才会熔合良好，避免焊缝夹渣。收尾时动作要快，并要填满弧坑。

一般开 V 形坡口的坡口角度要比平焊时大一些，钝边厚度却应小一些（在 1 mm 以下），组装间隙也要大些，其目的是便于运条和变换焊条位置，从而避免仰焊时熔深不足和焊不透，以保证焊缝质量。

开坡口的对接仰焊，可采用多层或多层多道焊。焊第一层时用直径 3.2 mm 的焊条，直线运条，焊接电流比平焊时小 10% ~ 20%。接缝起头处开始焊接时，要用长弧预热，稍做预热后迅速压低电弧于坡口根部 1/3 处，停留 2 ~ 3 s，以便熔透焊根，然后将电弧向前移动。正常焊接时，焊条沿焊接方向移动的速度应在保证焊透的前提下尽可能地快一些，以防止烧穿和熔池金属下淌。第一层焊道的表面应平直，不能凸起，因焊道凸起不仅使焊接下一道时操作困难，而且还容易造成焊道边缘未焊透或夹渣、焊瘤等缺陷。

焊接其后各层时，应将第一层焊道的熔渣及飞溅物清除干净，若有焊瘤时，应用角向磨光机修磨平整，才能焊接。选用锯齿形或月牙形运条方法，焊条直径可选 4.0 mm，焊接电流为 180 ~ 200 A。运条时焊条在焊缝两侧稍作停留，中间要快些，以使焊缝成形平整美观。

任务实施

一、焊前准备

1．按规定穿戴好焊接劳动保护用品、准备焊接辅助工具，详见模块二中任务1的相应内容。

2．按图样要求准备工件：材料为Q235B，规格为300 mm×125 mm×10 mm。数量为2块/人。用剪板机或氧—乙炔切割下料，单边坡口为30°。

3．焊材和焊机选择

焊条选用E4303型（J422）或E5016型（J506），直径分别为2.5 mm、3.2 mm。焊前，E4303型焊条需经过150～200℃烘干1～2 h，E5016型焊条需经过350～400℃烘干1～2 h，放在保温桶内以备使用。使用前应认真检查焊条药皮有无偏心、开裂、脱落等现象。根据焊接材料的选用原则，对于普通结构钢，按照等强度原则选择，还要考虑到焊条的工艺性能，优先选用E5016型焊条。焊机优先选用BX3－300。

4．确定焊接工艺参数

熟悉图样，清理工件。根据焊工个人条件，将工件固定在距离地面800～900 mm的高度。V形坡口板对接仰焊单面焊双面成型焊接工艺参数见表5—1—1。

表5—1—1　　V形坡口板对接仰焊焊接工艺参数

焊缝名称	焊缝层次和道次	运条方法	焊条直径（mm）	焊接电流（A）	焊接电压（V）	焊接速度（cm/min）
打底焊	1层1道	断弧焊法	2.5	80～90	20～23	8～11
填充焊	2层5道	锯齿形运条法	3.2	120～130	22～26	12～16
盖面焊	1层4道	锯齿形运条法	3.2	110～120	22～26	11～14

5．工件清理

工件的清理用锉刀、砂布、钢丝刷等工具，在坡口正、背面20 mm范围内清除铁锈、油污、氧化物等，呈现金属光泽。用焊接检验尺，测量工件坡口达到图5—1—1的技术要求。

6．组装与定位焊

将工件坡口正、反两侧20 mm范围内清理干净，将所需钝边锉削好，并矫平工件。然后将工件背面朝上进行组对，检查有无错边现象，留出合适的根部间隙，始焊端预留间隙1 mm，终焊端预留间隙2 mm。在工件两端10～15 mm范围内进行定位焊，终焊端定位焊缝要牢固，以防焊接过程中焊缝收缩使间隙尺寸减小或开裂。

定位焊后的工件表面应平整，错边量≤1.2 mm。检查无误后，将工件通过磕打留出反变形量。所使用的焊条和正式焊接时所使用的焊条相同。焊件的组装尺寸见表5—1—2。

表 5—1—2　　定位焊时工件组装尺寸

坡口角度（°）	间隙（mm）	钝边（mm）	反变形量（°）	错边量（mm）
60	始焊端 1 终焊端 2	0 ~ 1	3 ~ 4	≤1

7. 清渣

清理干净定位焊缝的熔渣。

二、焊接操作步骤

1. 打底焊

仰焊操作的焊条角度，如图 5—1—5 所示。在工件的定位焊缝处引弧时，电弧稍作停顿，预热 1 ~ 2 s，采用断弧焊接。引燃电弧后，此时焊条端部到达坡口底边，几乎整个电弧在 V 形坡口内燃烧。当电弧穿过工件背面，形成熔孔后熄弧，稍停 0. 5 s 左右再快速引弧，而且电弧要压短，这样便于均匀频次进行焊接。焊条与工件的夹角成 70° ~ 80°，仰焊部位的焊接质量是最难控制的，如果焊条送进深度不够，背面会出现内凹，因此一定要注意焊条送进深度，控制住熔孔的大小，同时要控制熔池的体积和温度，焊层要薄，并借助电弧吹力作用尽量向坡口根部、背面输送熔滴。一根焊条结束后，在坡口一侧向后引弧至 10 mm 熄弧，打磨接头，使其与起焊时相同。根部焊接结束后，清理焊道，为填充层的焊接做好准备。

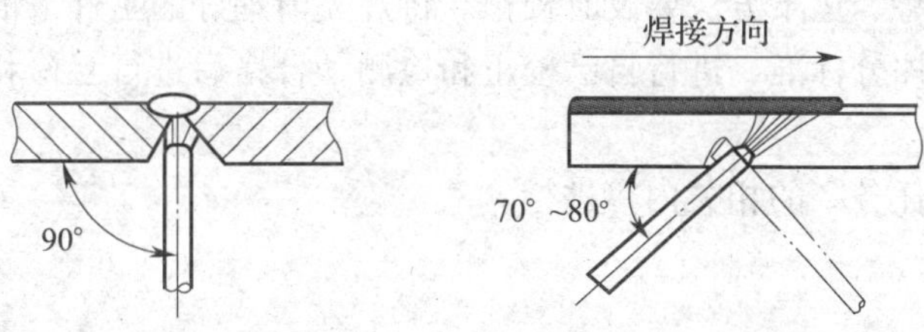

图 5—1—5　开 V 形坡口对接仰焊时的焊条角度

接头时采用热接法，更换焊条要快，在弧坑后面 10 mm 的坡口内引弧，向接头部位焊去，当焊至弧坑处，往根部顶一下，稍停片刻后恢复正常的断弧打底焊。

2. 填充焊

填充焊分两层施焊，必须保证每层焊道表面平整，坡口熔合良好。施焊前，应认真清理前一层的熔渣和飞溅物。焊接时，在距离焊缝端部 10 mm 处引弧，然后将电弧拉回到开头处施焊，采用横向锯齿形运条或反月牙形运条，在坡口两侧稍加停顿。焊条在焊道中间运行要快，以保证熔池和坡口两侧温度的均匀，有利于良好地熔合和排渣。填充焊道焊接时，焊条角度为 80° ~ 85°（与焊接前进方向夹角），一定要保持短弧焊接，否则会出现气孔等缺陷，填充焊道应距母材表面 0. 5 mm 左右。仰焊的填充焊很重要，如果填充焊道高低不平，盖面焊就很难焊出均匀美观的焊道。填充后的焊道表面与母材要熔合良好，不得有夹渣。

第二层填充焊时，不得熔化坡口边缘，并且通过控制运条，形成中间凹形的焊道，如图5—1—6所示。焊完的填充层应比工件表面低1 mm左右，若有凸凹不平处要予以补平，以便盖面焊接时易于控制焊缝的平直度。

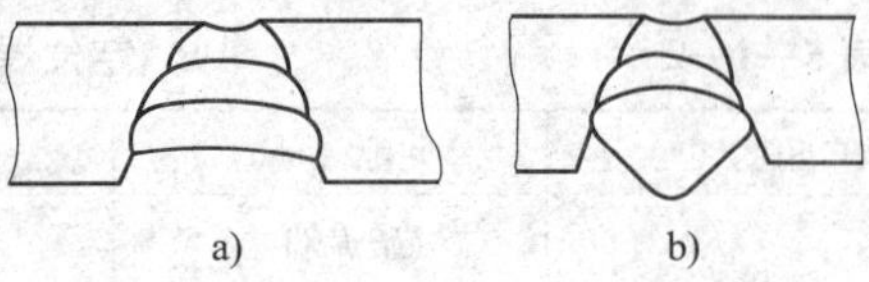

a)　　b)

图5—1—6　填充层焊道的形状

a）合格的焊道　b）焊道表面凸起过高不合格

3. 盖面焊

将填充层焊道的熔渣及飞溅物清理干净。盖面焊道的引弧要领与填充焊道的相同，但操作时手一定要稳，眼睛一定要看准。焊接时，焊条可与施焊方向成85°～90°夹角，短弧操作。运条方法与填充焊时相同，但焊条横向摆动的幅度要大些，至坡口两侧棱边时保持熔化1.5 mm左右，并稍加停顿以防止产生咬边，中间焊接时稍快些，可避免熔池金属下坠产生焊瘤。一根焊条焊完后，电弧要收在焊缝中间，并迅速更换焊条再引弧（位于熔池前方10～15 mm处）。引燃的电弧要迅速拉向熔池，待熔池金属熔化后，再继续向前摆动施焊完成盖面层的焊接。

盖面层焊道产生的最主要缺陷是咬边、焊瘤或焊道一边高一边低，这主要是由于手把不稳、焊条角度不当或电弧一会长一会短造成的。正常焊接运条时，焊条底部要离坡口底边0.5～1 mm，摆动至坡口两侧时稍作停留，以防止咬边。摆动时以焊芯到达坡口边缘为止，坡口边缘熔化1～2 mm，前进速度要均匀一致，使焊缝表面高低平整，确保焊道均匀美观。

三、焊缝外观检测

1. 自检

对自己的操作姿势、运条方法要及时校正。将焊完清理好的工件，依据图5—1—1中技术要求和表5—1—3评分标准，进行自己校正和检测，合格后进行互检和专检。

2. 互检和专检

可参照模块二中任务2的相关内容进行。

任务评价

评分标准见表5—1—3。

表5—1—3　　**评分标准**

序号	操作内容	评分标准	配分	得分
1	正面焊缝宽度	≤6 mm得8分；>6 mm本项不得分	8	
2	正面焊缝宽度差	宽窄允许差1 mm，每超差1 mm扣4分	8	
3	正面焊缝余高	余高≤3 mm得8分；>3 mm本项不得分	8	
4	正面焊缝余高差	允许1 mm，每超差1 mm扣4分	8	
5	背面焊缝余高 h'	$0 \le h' \le 2$ mm，超过标准不得分	6	
6	背面焊缝余高差	允许1 mm，每超差1 mm扣3分	6	
7	错边	错边量≤1.2 mm不扣分；>1.2 mm本项不得分	6	
8	焊缝的直线度	≤2 mm得4分；>2 mm本项不得分	4	

续表

序号	操作内容	评分标准	配分	得分
9	咬边	咬边深度应≤0.5 mm，每1 mm长扣1分，咬边连续长度≥6 mm或深度>0.5 mm本项不得分	6	
10	焊道填充不足	出现焊道填充不足不得分	6	
11	接头成形	良好不扣分，脱节或超高一处扣4分	8	
12	焊瘤	出现焊瘤不得分	8	
13	工件角变形	允许1°，每超1°扣4分	8	
14	工件清理	清洁不扣分，否则每处扣2分	4	
15	安全文明生产	服从管理、安全操作，否则每项扣3分	6	
总分合计			100	

注：从开始引弧计时，该工件60 min内完成，每超出1 min，从总分中扣2.5分。

思考与练习

1. 仰焊操作中有哪些容易出现的问题？
2. V形坡口仰焊单面焊双面成型的操作有哪些要点？
3. 电弧长度对仰焊焊缝质量有什么影响？
4. V形坡口仰焊单面焊双面成型的填充层焊接工艺过程和操作有哪些要点？
5. V形坡口仰焊单面焊双面成型的盖面层焊接操作有哪些要点？

任务2　仰　角　焊

技能点

◎ 掌握焊条电弧焊仰角焊的反握焊钳法操作技术；掌握焊条电弧焊仰角焊多层焊及多层多道焊操作技术。

知识点

◎ 了解焊条电弧焊斜圆圈形运条法；了解仰角焊多层焊及多层多道焊操作方法。

任务提出

仰角焊在工程中，多用于梁、柱、架及船只的球鼻、龙骨的角接或T形接头的仰焊缝的焊接结构件中，日常所见的有桥梁、大型的高压线柱和各式各样的桁架等。

如图5—2—1所示为仰角焊工件图，板材料为Q235B。读懂工件图样，完成焊接操作任务，达到工件图样技术要求。

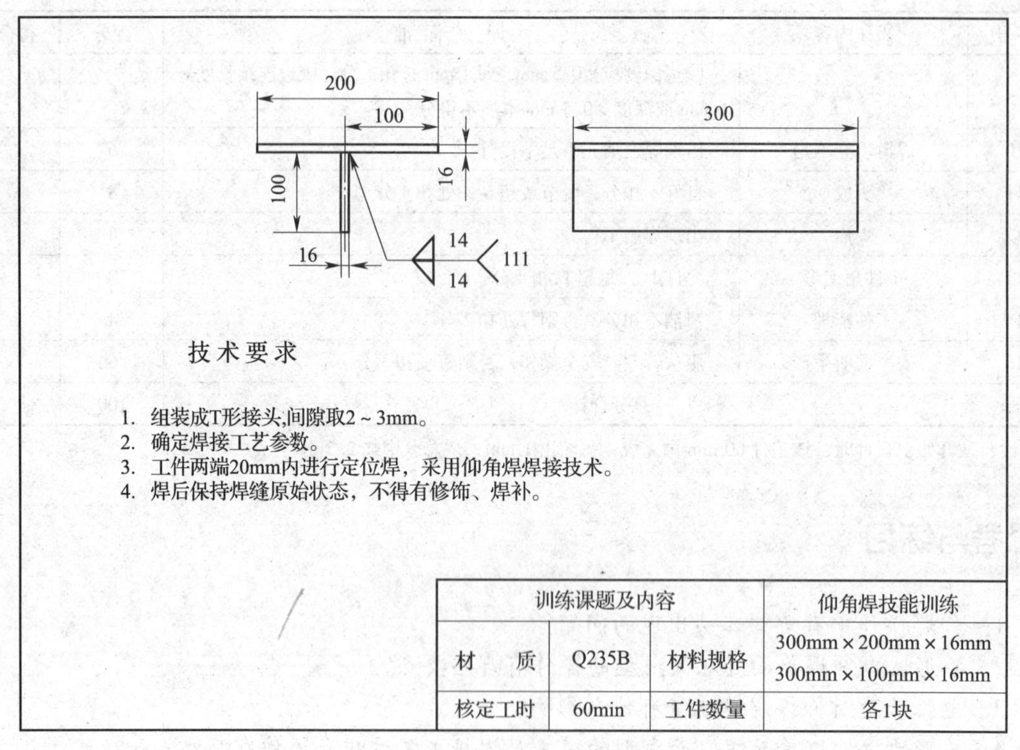

训练课题及内容			仰角焊技能训练
材　质	Q235B	材料规格	300mm × 200mm × 16mm 300mm × 100mm × 16mm
核定工时	60min	工件数量	各1块

图 5—2—1　仰角焊工件图

任务分析

从图 5—2—1 中读出，板不开坡口的 T 形接头，是由焊条电弧焊焊接而成的焊脚尺寸为 14 mm 的对称焊缝。因仰角焊焊接电弧在熔池下燃烧，液态熔池倒悬在工件下面，熔池控制不住就会滴淌下来。因此，仰角焊时易出现如下的问题：焊接时，焊接电弧在横板面停留时间短、立板面停留时间长、焊条角度不正确及焊接弧长控制不当等因素，都会使液态熔池出现下坠，熔池凝固时形成焊瘤；由于液态金属比液态熔渣重，仰角焊时易出现焊缝夹渣；因运条至焊缝横板侧电弧过长，停留时间短，瞬间电弧电压过大，横面容易出现咬边。

因此，施焊时必须准确控制熔池的大小和凝固时间。仰角焊操作，视线要选择最佳位置，两脚呈半开步站立，上身要稳，由远而近地运条。为了减轻臂腕的负担，可将焊接电线挂在临时设置的钩子上。在仰焊时，熔滴过渡主要靠电弧吹力和电磁力以及熔化金属表面张力，所以，一般都选用较小直径的焊条、较小的焊接电流，采用短弧焊接、喷射过渡，否则会造成严重咬边及焊瘤。

相关知识

一、仰角焊特点与分类

仰角焊是倾角 0°、180°，转角为 250°、315°的角焊位置。根据工件的接头形式可将仰角焊分为角接接头不开坡口（见图 5—2—2a）、角接接头开坡口（见图 5—2—2b）、T 形接头不开坡口（见图 5—2—2c）、T 形接头开单边坡口（见图 5—2—2d）、T 形接头开双边坡口（见图 5—2—2e）五种形式。

根据工件厚度、坡口形式、焊脚尺寸的要求不同，仰角焊有单层焊（见图 5—2—2a、c）、多层焊和多层多道焊（见图 5—2—2b、d、e）。

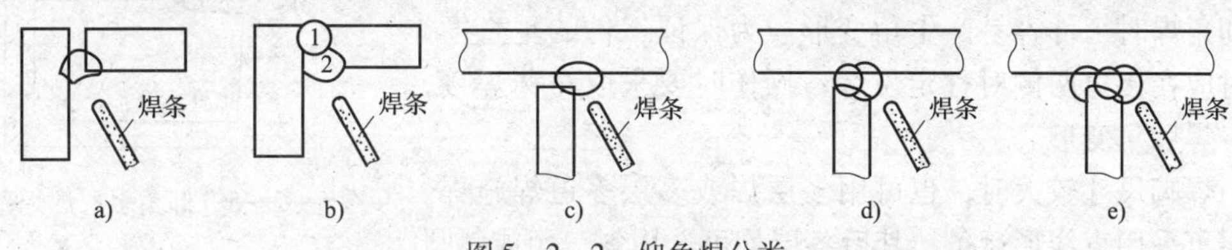

图 5—2—2　仰角焊分类

a）角接接头不开坡口　b）角接接头开坡口　c）T 形接头不开坡口
d）T 形接头开单边坡口　e）T 形接头开双边坡口

二、仰角焊技术

1. 单层单道焊

在工件的壁厚小于 5 mm 时，一般采用单层焊缝，焊接前可根据焊脚尺寸选择直径为 3.2 mm 或 4.0 mm 的焊条，焊条角度如图 5—2—3 所示。由于焊脚尺寸较小，可采用直线形或往复直线形运条方法，短弧操作完成单层焊接。

2. 双层双道焊

可根据焊脚尺寸决定焊接层数，若焊脚尺寸为 6 ~ 8 mm 的焊缝，选用双层双道焊。一般第一层采用直线形运条进行打底层焊接，第二层采用斜圆圈形运条法，焊条角度如图 5—2—4 所示。反握焊钳，运条时应使焊条端头偏向接口的横板，使熔滴首先在横板面上熔合形成熔池（电弧停留时间稍长些，可避免出现咬边），然后通过斜圆圈形运条法把熔化的部分液态金属缓缓地拖到立板上（电弧停留要短，防止熔池下坠），接着马上将电弧送到横板面上，如此反复地运条，使焊缝达到所要求的焊脚尺寸，避免出现偏下的焊缝外形。

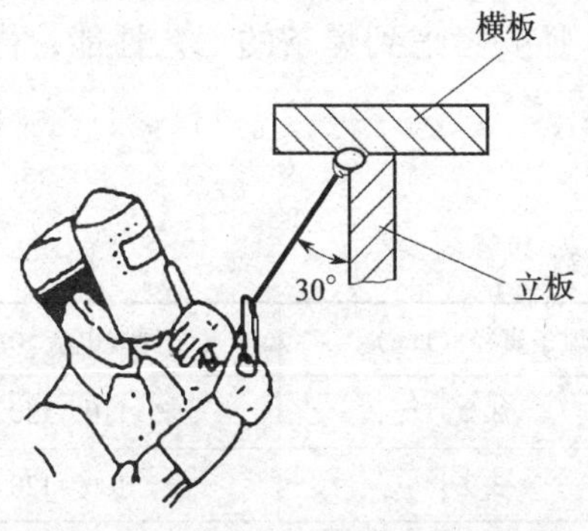

图 5—2—3　仰角单层焊焊条角度

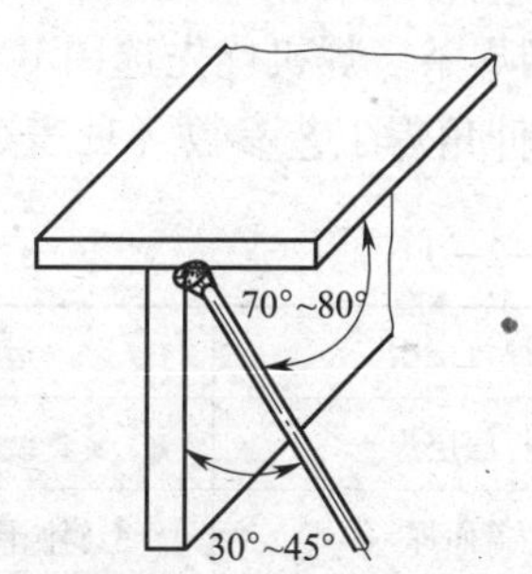

图 5—2—4　仰角焊焊条角度

3. 多层多道焊

若焊脚尺寸为 8 ~ 12 mm，宜用两层四道焊。焊接第一层的操作与多层焊相同。第二层为盖面焊缝，由三条焊道叠成。焊接第二层的第一条焊道时，应紧靠在第一层焊道的下边缘，用小直径的焊条直线运条，焊完后暂不清渣；焊接第二条焊道应覆盖第一条焊道的 2/3 左右，焊条与立板面的角度要稍大些，以能压住电弧为好；第三条焊道应填充于第二条焊道和横面之间，且薄而细，以保证焊道与横板面圆滑过渡，仍用直线形运条，运条速度要均匀，不宜太慢，以免焊道凸起过高，影响焊缝美观。焊后一起清理盖面层的熔渣，使焊缝呈现出金属光泽。

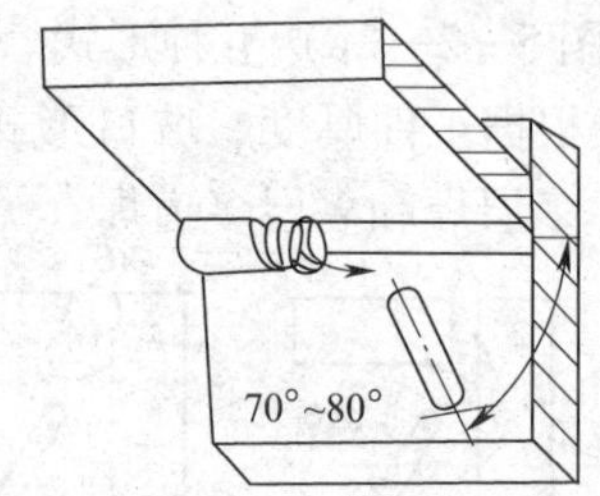

图 5—2—5　仰角多层焊焊条角度及运条方法

仰角焊时工件容易产生角变形。为保证工件的垂直度，组装时应在接口两侧对称定位焊；操作时要采取对称焊接，可减少焊后角变形。

当焊脚尺寸较大时，也可用多层焊或多层多道焊施焊。第一层可采用直线形运条，其后各层均可选用斜三角或斜圆圈形的运条方法，如图 5—2—5 所示。

任务实施

一、焊前准备

1. 按规定穿戴好焊接劳动保护用品、准备焊接辅助工具，详见模块二中任务 1 的相应内容。

2. 工件材料的选用

工件选用 Q235 钢板，规格为 300 mm × 200 mm × 16 mm 和 300mm × 100 mm × 16 mm，每组两块。用气割或剪板机下料。

3. 焊材和焊机选择

焊条选用 E4303 型（J422）或 E5016 型（J506），直径为 3. 2 mm。焊前，E4303 型焊条需经过 150 ~ 200℃烘干 1 ~ 2 h，E5016 型焊条需经过 350 ~ 400℃烘干 1 ~ 2 h，放在保温桶内以备使用。使用前应认真检查焊条药皮有无偏心、开裂、脱落等现象。根据焊接材料的选用原则，对于普通结构钢，按照等强度原则选择，还要考虑到焊条的工艺性能，优先选用 E5016 型焊条。焊机优先选用 BX3 - 300。

4. 仰角焊工艺参数（见表 5—2—1）

表 5—2—1　　仰角焊工艺参数

焊接层次	运条方法	焊条直径（mm）	焊接电流（A）
打底层焊	直线形运条法	3. 2	110 ~ 130
盖面焊	斜圆圈形运条法	3. 2	100 ~ 120

5. 工件清理

工件的清理用锉刀、砂布、钢丝刷等工具，在焊道正背面 20 mm 范围内清除铁锈、油污、氧化物等，使之呈现金属光泽。使工件达到图 5—2—1 所示的要求。

6. 组装与定位焊

将工件清理干净后，将规格为 300 mm × 200 mm × 16 mm 与 300 mm × 100 mm × 16 mm 的工件按图样组装成 T 形接头，定位焊缝要牢固，以防焊接过程中焊缝收缩使间隙尺寸减小或开裂。

7. 清渣

清理干净定位焊缝的熔渣。

二、焊接操作步骤

1. 熟悉图样，清理工件。根据焊工个人条件，将工件固定在距离地面 800 ~ 900 mm 的高度。

2. 在工件左端引弧进行打底焊，电弧始终对准顶角，压低电弧，采用直线形运条，焊接过程中保证熔池两侧与工件上下两板面良好熔合，焊脚尺寸对称，无咬边、无下坠等缺陷。如果要加大底层的焊脚尺寸，应控制熔池不能太大，否则焊道表面下坠，影响焊道成形。

3. 清理干净打底层熔渣和飞溅物。

4. 盖面焊采用斜圆圈形运条法，焊接电流要比打底焊时稍小些，操作方法同上述多层焊。

三、焊缝外观检测

1. 自检

对自己的操作姿势、运条方法要及时校正。将焊完清理好的工件，依据图 5—2—1 中技术要求和表 5—2—2 评分标准，进行自己校正和检测，合格后进行互检和专检。

2. 互检和专检

可参照模块二中任务 2 相关项进行。

任务评价

评分标准见表 5—2—2。

表 5—2—2　　评分标准

序号	操作内容	评分标准	配分	得分
1	焊脚尺寸	$13 \leqslant K \leqslant 15$，每超差一处扣 5 分	10	
2	工件角变形	$\alpha \leqslant 3°$，超差不得分	10	
3	焊缝凸度	$0 \leqslant h \leqslant 3$，每超差一处扣 5 分	10	
4	运条方法	运条方法不正确、焊条摆动超差每项扣 5 分	10	
5	焊缝成形	要求波纹均匀、光滑，否则每处扣 2 分	10	
6	弧坑	弧坑饱满，否则每处扣 2 分	10	
7	接头成形	要求不脱节、不凸高，否则每处扣 2 分	10	

续表

序号	操作内容	评分标准	配分	得分
8	夹渣	若有点状夹渣扣5分，若有条状夹渣扣10分	8	
9	电弧擦伤	应无电弧擦伤，若有每处扣2分	6	
10	飞溅物	清理干净，否则每处扣2分	6	
11	工件清理	清洁不扣分，否则每处扣2分	6	
12	安全文明生产	服从管理、安全操作，否则每项扣2分	4	
总分合计			100	

注：从开始引弧计时，该工件60 min内完成，每超出1 min，从总分中扣2.5分。

思考与练习

1. 什么是仰角焊？仰角焊是如何分类的？
2. 仰角焊时易出现哪些问题？如何防止？
3. 仰角焊有单层焊、多层焊和多层多道焊，操作中有何不同？如何选用运条方法？
4. 仰角焊盖面层多道焊时，熔渣为什么不必每道都进行清理？

模块六　管板不同位固定焊

管板不同位固定焊焊条电弧焊也是焊接基本的焊法之一。在本模块中将学到插入式管板垂直固定平角断弧打底焊、骑座式管板垂直固定仰焊打底操作技术；掌握运用焊条电弧焊斜圆圈形运条法在骑座式管板垂直固定仰焊中进行填充焊和盖面焊的操作技术；掌握骑座式管板水平固定焊的仰焊、平焊的接头方法操作技术；掌握焊条电弧焊斜锯齿形运条法的操作技术，实现水平固定管板单面焊双面成型。

任务 1　插入式管板垂直固定平角焊

技能点

◎ 掌握焊条电弧焊插入式管板垂直固定平角断弧打底焊操作技术；掌握焊条电弧焊直线形运条法在插入式管板垂直固定平角焊中的操作技术；掌握焊条电弧焊插入式管板垂直固定平角焊的基本技能及操作。

知识点

◎ 了解焊条电弧焊插入式管板垂直固定平角焊的定位焊；了解斜圆圈形运条法焊接操作方法。

任务提出

在工程实践中，插入式管板类接头是锅炉、换热器及接管平焊法兰等产品主要的焊缝接头形式之一。如图 6—1—1 所示为钢管与钢板试件开坡口插入式管板垂直固定平角焊工件图，试件为 20 钢管与 Q235B 钢板。读懂工件图样，完成焊接任务，达到工件图样技术要求。

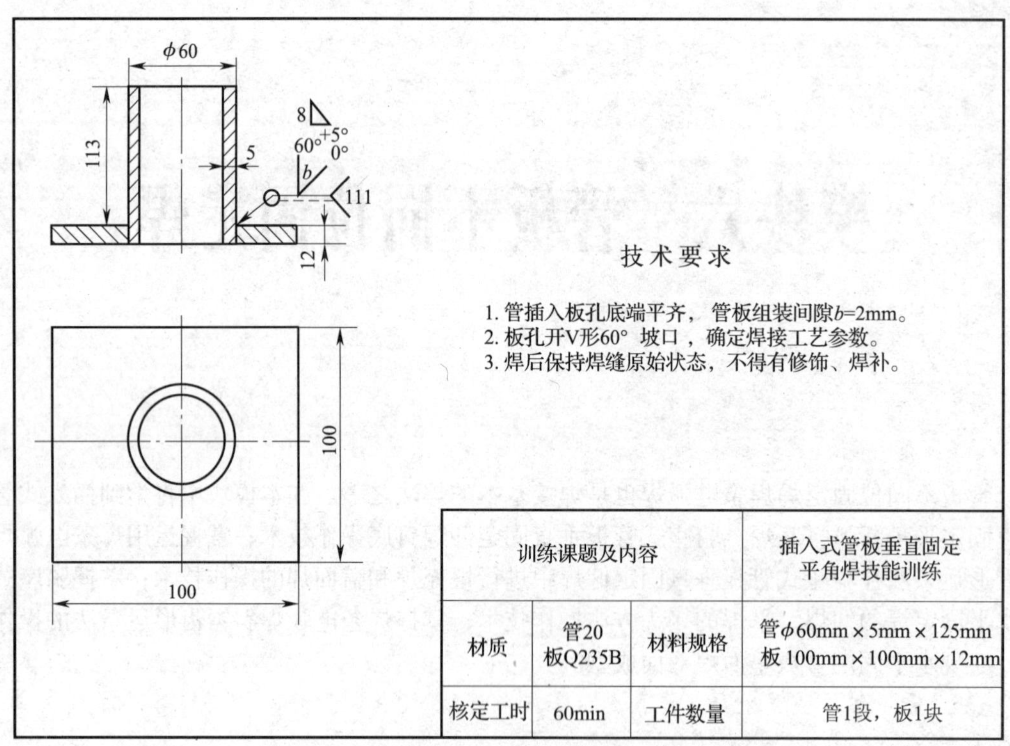

训练课题及内容			插入式管板垂直固定平角焊技能训练
材质	管20 板Q235B	材料规格	管φ60mm×5mm×125mm 板 100mm×100mm×12mm
核定工时	60min	工件数量	管1段，板1块

图 6—1—1　插入式管板垂直固定平角焊工件图

任务分析

从图 6—1—1 中可知，该焊接为板开钝边 V 形 60°坡口，焊脚尺寸为 8 mm 的环形焊缝的焊条电弧焊。管板垂直固定平角焊接时，由于插入管壁较薄、板壁较厚，如果焊条角度或运条操作不当，焊件受热不均匀，在管侧易产生咬边或焊缝偏下，以及在板侧产生夹渣、未焊透和未熔合等缺陷。因此，在焊接操作中应采用小直径的焊条、合适的焊条角度及有节奏的断弧焊法进行焊接。

相关知识

一、管板固定焊分类

根据接头形式的不同，管板类工件焊接分为插入式管板焊接和骑座式管板焊接。根据工件接头焊缝的空间位置的不同，每类管板又可分为垂直固定平角焊（见图 6—1—2a）、垂直固定仰位焊（见图 6—1—2b），以及水平固定全位置焊（见图 6—1—2c）。

管板类接头实际上是一种 T 形接头的环形焊缝焊接。在实际生产中，当管的孔径较小时，一般采用骑座式接头形式，如图 6—1—3a 所示，进行单面焊双面成型；当管的孔径较

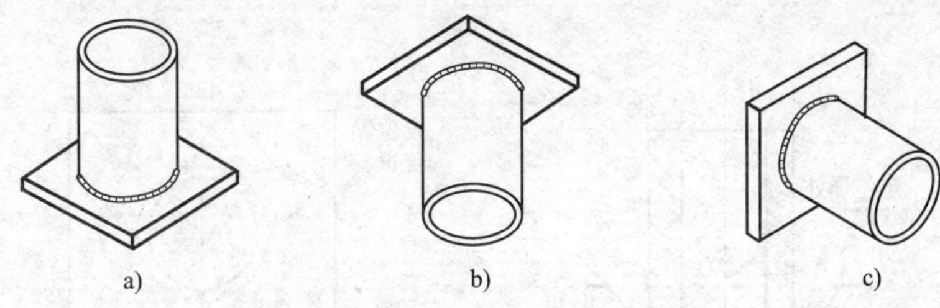

图 6—1—2　管板的焊接位置

a）垂直固定平角焊　b）垂直固定仰焊　c）水平固定全位置焊

大时，则采用插入式接头形式，如图 6—1—3b 所示。插入式管板焊接不要求背面成形，操作较简单。骑座式管板焊接除要求根部焊透外，还要求背面成形，操作难度较大。

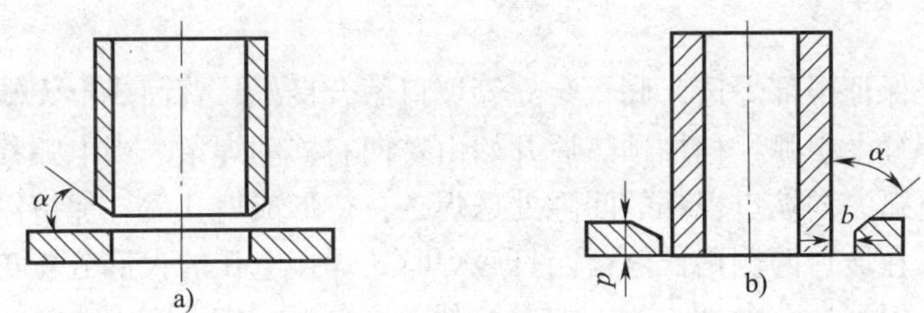

图 6—1—3　管板类工件接头形式

a）骑座式接头　b）插入式接头

二、管板类工件焊接的特点

管板类工件焊接中的管与板在厚度及形状上差异较大，从而使之与其他类工件（如板与板工件、管与管对接工件）的焊接有着如下不同的特点：

1. 在管板件焊接时，板件的承热能力比管件大，因此在根部焊接操作时，电弧热量的分配应偏向于板的一端。

2. 打底焊缝焊接运条时，焊条贴近板端，电弧在板端停留的时间要长些，而在管端的时间要短些，将熔化的铁水由板端带向管端。当焊条运至板端的一侧时，其端部一定要到达板端的底边，以防止产生夹渣及未焊透现象。

3. 焊接管板类工件时，管板的组装间隙都比其他类工件组装间隙大，这样不但使焊条能到达焊根底部便于运条，而且还能更好地控制电弧热量的合理分布。工件组装尺寸如图 6—1—1 所示。

4. 在填充和盖面焊道焊接时，电弧热量也应该稍偏向板件一侧。

三、管板垂直固定平角焊接操作

1. 组装及定位焊

将管子插入孔板内，调整孔板与管子之间的根部间隙达到图样要求，保证管子轴线与板平面相互垂直。使用正式焊接用的焊条和工艺参数来焊定位焊缝。定位焊缝必须焊透，且不能有缺陷，如图 6—1—4a 所示。定位焊缝为三处，在圆周上均匀分布，定位焊缝不能太高，每段定位焊缝的长度在 10 mm 左右，如图 6—1—4b 所示。

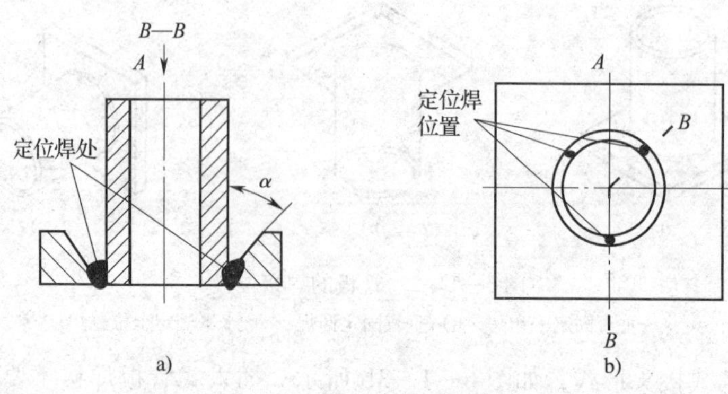

图 6—1—4　组装及定位焊

2. 打底焊

打底焊主要是保证根部焊透，底板与立管坡口熔合良好，背面成形无缺陷。焊接时，首先在左侧的定位焊缝上引弧，稍加预热后开始由左向右移动焊条。当电弧移到定位焊缝的前端时，开始压低电弧，向坡口根部的间隙处送焊条，待形成熔孔后，保持短弧并做小幅度的锯齿形摆动，电弧在坡口两侧稍作停留。打底焊时，焊接电弧的大部分覆盖在熔池上，小部分保持在熔孔处，保证熔孔大小一致。如果控制不好电弧，容易产生烧穿或熔合不好。打底焊时的焊条角度，如图 6—1—5 所示。

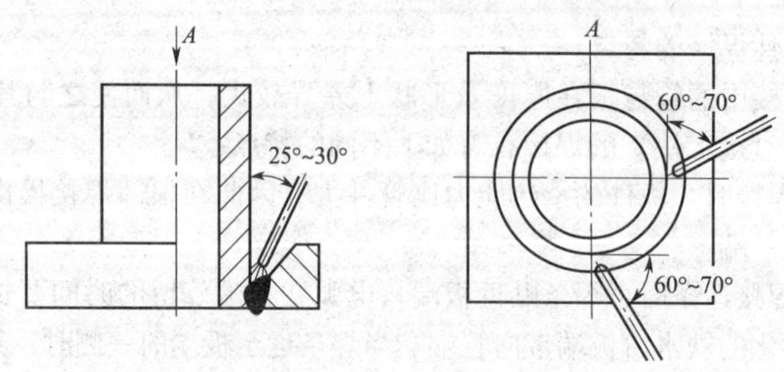

图 6—1—5　插入式管板焊打底焊时的焊条角度

3. 填充焊

填充焊前，要将打底层焊道的熔渣清理干净，处理好有焊接缺陷的地方。焊接时，要保证底板与管的坡口处熔合良好。填充层的焊缝不能太宽、太高，焊缝表面要保持平整。填充层的焊条角度如图 6—1—6 所示。

4. 盖面焊

盖面焊如果采用两道焊缝，焊接前同样要将填充层焊道的熔渣清理干净，处理好局部缺陷。焊接板侧的盖面焊道时，电弧要对准填充层焊道的下沿，保证底板熔合良好；焊接管侧的盖面焊道时，电弧要对准填充焊道的上沿，该焊道应覆盖下面焊道的一半以上，保证与立管熔合良好。盖面焊如果采用多道焊缝，操作基本相同。盖面焊时的焊条角度，如图 6—1—7所示。

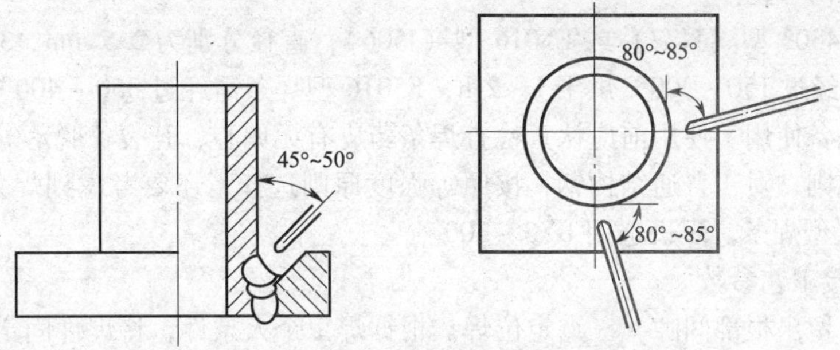

图 6—1—6　插入式管板填充焊时的焊条角度

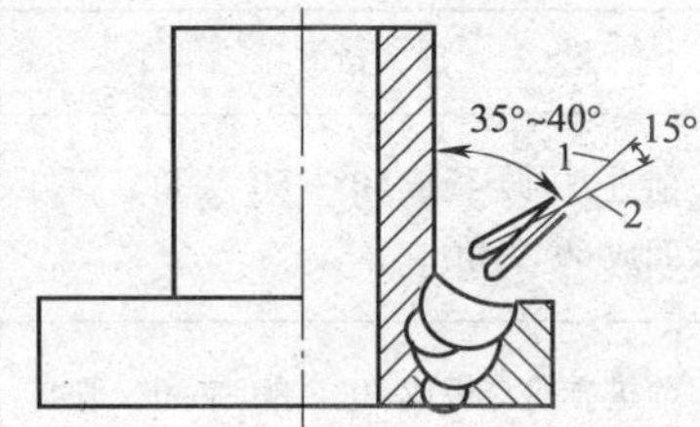

图 6—1—7　盖面焊时的焊条角度

1—焊条指向盖面焊板侧的焊道的焊条角度　2—焊条指向盖面焊管侧的焊道的焊条角度

任务实施

一、焊前准备

1．按规定穿戴好焊接劳动保护用品、准备焊接辅助工具，详见模块二任务 1 的相应内容。

2．工件材料的选用

（1）工件孔板材料为 Q235B 钢板，规格为 100 mm×100 mm×12 mm，中心加工出比管外径大 5～6 mm 的圆孔，并在中心孔的板的一侧面加工出 60°的环形坡口，如图 6—1—8 所示。

（2）工件 20 钢管规格为 ϕ60 mm×5 mm×125 mm，不加工坡口一段。用气割下料，如图 6—1—9 所示。

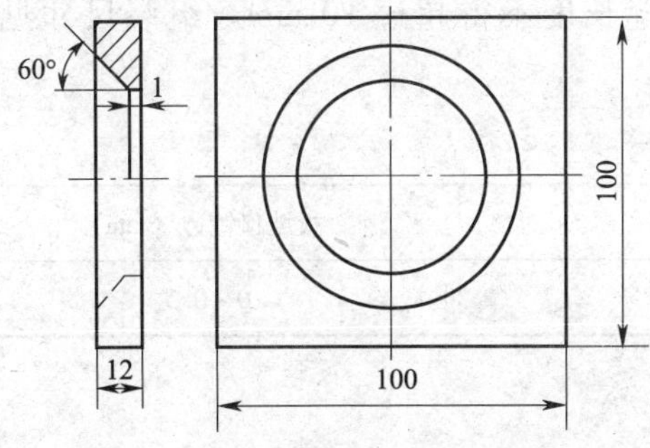

图 6—1—8　带孔开 V 形坡口钢板

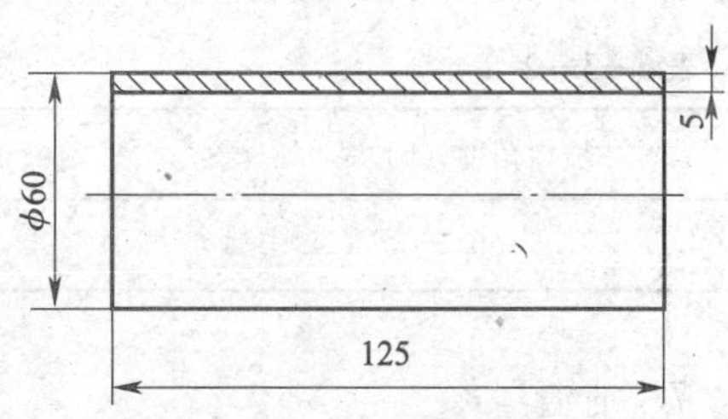

图 6—1—9　工件钢管尺寸

3．焊材和焊机选择

焊条选用 E4303 型（J422）或 E5016 型（J506），直径分别为 2.5 mm、3.2 mm。焊前，E4303 型焊条需经过 150 ~ 200℃烘干 1 ~ 2 h，E5016 型焊条需经过 350 ~ 400℃烘干 1 ~ 2 h，放在保温桶内以备使用。使用前应认真检查焊条药皮有无偏心、开裂、脱落等现象。根据焊接材料的选用原则，对于普通结构钢，按照等强度原则选择，还要考虑到焊条的工艺性能，优先选用 E5016 型焊条。焊机选用 BX3 - 300。

4．确定焊接工艺参数

熟悉图样，留出根部间隙，三点定位焊。根据焊工个人条件，将焊件固定在距离地面适当高度处。插入式管板垂直固定平角焊焊接工艺参数见表 6—1—1。

表 6—1—1　　焊接工艺参数

<table>
<tr><th colspan="2">焊接层次</th><th>运条方法</th><th>焊条角度</th><th>焊条直径（mm）</th><th>焊接电流（A）</th></tr>
<tr><td colspan="2">打底层</td><td>断弧焊法</td><td>前进方向与板成 50° ~ 60°夹角，管与板间成 60°夹角</td><td>2.5</td><td>75 ~ 80</td></tr>
<tr><td colspan="2">填充层</td><td>直线形运条法</td><td>前进方向与板成 70° ~ 80°夹角，管与板间成 55°夹角</td><td rowspan="3">3.2</td><td>120 ~ 140</td></tr>
<tr><td rowspan="2">盖面层</td><td>第一道</td><td>直线形运条法</td><td>前进方向与板成 75° ~ 85°夹角，管与板间成 60°夹角</td><td>115 ~ 130</td></tr>
<tr><td>第二道</td><td>直线往复形运条法</td><td>前进方向与板成 80° ~ 85°夹角，管与板间成 40°夹角</td><td>110 ~ 120</td></tr>
</table>

5．工件清理

工件的清理用锉刀、砂布、钢丝刷等工具，在坡口正背面 20 mm 范围内清除铁锈、油污、氧化物等，呈现金属光泽。用焊接检验尺测量工件坡口并达到图 6—1—1 要求。

6．组装与定位焊

将工件坡口正、反两侧 20 mm 范围内清理干净，将所需钝边锉削好，并矫正工件。然后将管子插入孔板内，调整使孔板与管子之间的根部间隙为 2.5 ~ 3 mm，保证孔板与管子相互垂直，采取三点对称定位焊，定位焊缝长度不得超过 10 mm。组装尺寸见表 6—1—2。

表 6—1—2　　工件组装尺寸

坡口角度（°）	间隙（mm）	板坡口钝边（mm）
60	2	0 ~ 0.5

7．清渣

清理干净定位焊缝的熔渣。

二、焊接操作步骤

1. 打底层焊接

打底层焊接用断弧焊法，始焊点选在定位焊缝处，在保证焊条角度正确的前提下，尽量向左转动手臂和手腕。

引燃电弧后，拉长弧到始焊部位，逐渐压低电弧，使电弧的2/3落在孔板坡口根部，1/3贴在管壁上，以保证管板两侧焊接热量均衡（考虑管与板的厚度不同），待熔孔形成后立即熄弧，观察熔池由亮稍变暗后立即燃弧，熔焊约1 s形成熔池，出现熔孔后再熄弧，如此有节奏地进行打底焊。随着焊接工作的进行要不断地转动手臂和手腕，以保持正确的焊条角度，防止熔渣超前以致产生夹渣和未熔合的缺陷。

更换焊条进行接头时，将接头处约20 mm长度的熔渣清除掉，在弧坑裸露处后面10 mm的焊道上引弧，稍拉长弧焊至接头的弧坑处再压低电弧，当击穿根部并形成熔孔后，转入正常的断弧焊接。

焊至封闭焊缝，要进行接头时需连续焊接不可断弧，焊条伸向弧坑内后内压一下，稍作停顿，然后焊过缓坡，填满弧坑后熄弧。

2. 填充层焊接

填充层焊接之前要认真清理打底焊道的熔渣和飞溅物，适当调大焊接电流。运条时焊条角度要正确，注意焊道两侧的熔化状况，适时调节电弧的停顿时间，使管子与板受热均衡，并保持熔渣对熔池的覆盖保护，不超前或拖后，才能获得良好成形。填充层的焊脚尺寸要稍高出孔板和管表面约3 mm，要求焊道平整、宽度均匀，为盖面层焊接打好基础。

3. 盖面层焊接

盖面层焊接必须保证8 mm的焊脚尺寸，如图6—1—10所示，且采取两道焊。第一条焊道紧靠板面与填充层焊道的夹角处，运条时焊条角度要正确，焊接速度要适宜，控制焊道边缘在所要求的焊脚尺寸线上，并且焊道边缘整齐、焊道平整。第二条焊道应重叠第一条焊道1/2～2/3，运条速度要均匀，焊条作小幅度的前后摆动使焊道细些，避免焊道间凸起或凹槽，并防止管壁咬边。

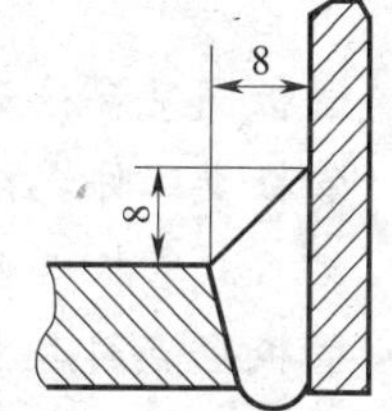

图6—1—10　焊缝外观尺寸

三、焊缝外观检测

1. 自检

对自己的操作姿势、运条方法要及时校正。将焊完清理好的工件，依据图6—1—1中技术要求和表6—1—3评分标准，进行自己校正和检测，合格后进行互检和专检。

2. 互检和专检

可参照模块二中任务2的相关项进行。

任务评价

评分标准见表6—1—3。

表 6—1—3　　评分标准

序号	操作内容	评分标准	配分	得分
1	焊脚尺寸 K	7 mm≤K≤9 mm，超差 1 mm 扣 5 分	10	
2	咬边	咬边深度应≤0.5 mm，每 1 mm 长扣 1 分，咬边连续长度≥6 mm 或深度 >0.5 mm 本项不得分	10	
3	夹渣	点状夹渣（最大尺寸≤2 mm），每处扣 2 分；条块状夹渣（最大尺寸 >2 mm），每处扣 5 分	10	
4	未熔合	出现一处未熔合本项不得分	10	
5	未焊透	出现一处未焊透本项不得分	10	
6	焊道填充不足	出现焊道填充不足本项不得分	8	
7	接头成形	良好不扣分，脱节或超高一处扣 4 分	8	
8	焊瘤	出现焊瘤本项不得分	8	
9	弧坑	饱满、无焊缝缺陷，达不到每处扣 2 分	6	
10	工件清洁	清洁不扣分，否则每处扣 2 分	4	
11	宏观金相	每出现一处未焊透扣 4 分	8	
12	安全文明生产	服从管理、安全操作，否则每项扣 4 分	8	
		总分合计	100	

注：从开始引弧计时，该工件 60 min 内完成，每超出 1 min，从总分中扣 2.5 分。

思考与练习

1. 管板固定焊接是如何分类的？
2. 管板类工件焊接的特点是什么？
3. 插入式管板垂直固定平角焊接时如何保持管与板受热均衡？
4. 管板垂直固定平角焊如何防止熔渣超前产生夹渣缺陷？
5. 简述插入式管板垂直固定平角焊的操作要领。

任务 2　骑座式管板垂直固定仰焊

技能点

◎ 掌握焊条电弧焊断弧焊在骑座式管板垂直固定仰焊中的打底操作技术；掌握焊条电弧焊斜圆圈形运条法在骑座式管板垂直固定仰焊中进行填充焊和盖面焊的操作技术；掌握骑座式管板垂直固定仰焊的基本技能及操作。

知识点

◎ 了解焊条电弧焊骑座式管板垂直固定仰焊相关知识。

任务提出

在工程实践中，骑座式管板垂直固定类接头是锅炉、换热器及接管对焊法兰等产品主要的焊缝接头形式之一。如图 6—2—1 所示为钢管与钢板工件开 V 形坡口骑座式管板垂直固定仰焊工件图，管材料为 20 钢，板材料为 Q235B 钢。读懂工件图样，完成焊接任务，达到工件图样技术要求。

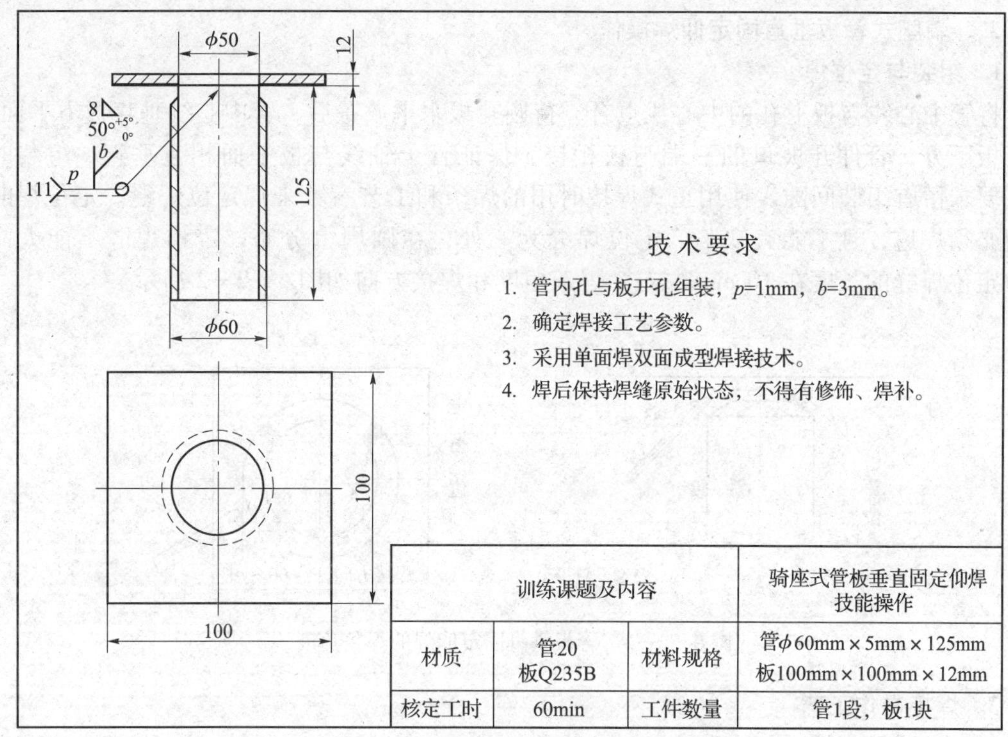

图 6—2—1　钝边 V 形坡口骑座式管板垂直固定仰焊工件图

任务分析

从图 6—2—1 中读出，该焊接为管端开 V 形 50°坡口，钝边 p = 1 mm，骑座式管板垂直固定单面仰焊双面成型，外侧焊脚尺寸为 8 mm 的环形焊缝的焊条电弧焊。管板垂直固定仰焊与管板垂直固定平角焊相反，焊接时，焊接电弧的热量应主要集中在板座的坡口边缘，使得坡口上下两端热量平衡，从而达到单面焊双面成型的目的。但由于上侧板较厚，电弧在坡口上侧的熔化击穿较下侧要困难得多，如操作不当，极易产生未焊透或坡口上侧内边缘未熔合等焊接缺陷。

相关知识

一、骑座式管板垂直固定仰焊特点

在实际生产中，骑座式管板垂直固定仰焊大多用于压力容器的对焊法兰与接管焊接。焊接时，焊接电弧在板的下方，为能焊到焊缝根部，开坡口尺寸要满足焊接电弧能深入焊缝根部进行焊接的要求，达到焊缝背面熔透成形的目的。管板垂直固定仰焊的操作难度要比平板对接仰焊的操作难度小，与平板对接横焊类似。

二、骑座式管板垂直固定仰焊操作

1. 组装与定位焊

将管中心线与板上孔的中心线重合，待圆孔板水平放置后，管中心线垂直板下平面放置于板下方，管件开坡口的一端与板相接，保证管子轴线与板平面相互垂直。组装时，要按要求留有组装间隙。使用正式焊接时用的焊条和工艺参数来焊定位焊缝。定位焊时，焊缝必须焊透，且不能有缺陷。定位焊缝为三处，在圆周上分布，定位焊缝不能太高，每段定位焊缝的长度在 10 mm 左右。焊条角度和焊接方向如图 6—2—2 所示。

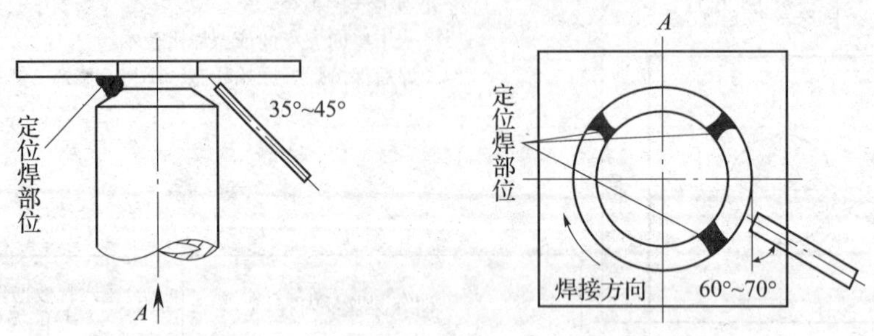

图 6—2—2　管板垂直固定仰焊的焊条角度

2. 焊接操作工艺

（1）打底层焊接

1）引弧与运条。始焊点部位及焊接方向，如图 6—2—3 所示。在定位焊的始焊点处引燃电弧后，作上、下摆动运弧进行搭桥连接，而后将电弧下压，待形成熔孔后，开始小幅度锯齿形横向摆动，控制同样大小的熔孔，进入正常焊接。操作时，电弧尽量控制得短些，保证孔板与立管坡口熔合良好，保证 2/3 左右电弧在管内燃烧，使管的坡口底部和板的端头各熔化 1 mm 左右。

焊接方向从左向右，因板承受热量较强，焊条运至板端一侧时，电弧在板一端停留时间要比管端稍长些，使电弧的深度在板端比管端深，其端部一定要到达板端的底边，以免产生夹渣或未熔合。控制匀速运条。管板垂直固定仰焊打底层焊道的焊条角度如图 6—2—4 所示。

2）收弧。收弧时将焊条下压后慢慢向后方一侧带弧 10 mm 左右，使熔池缓慢冷却，防止产生背面气孔，同时带出一个缓形坡，使收弧处焊缝焊层尽量薄，有利于下一道工序——接头。

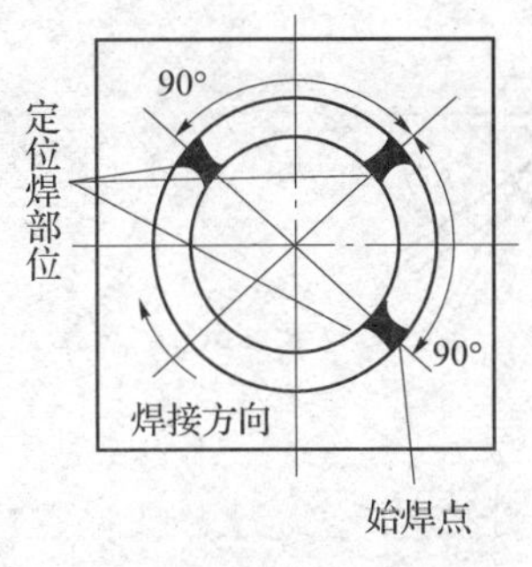

图 6—2—3　始焊点部位及焊接方向

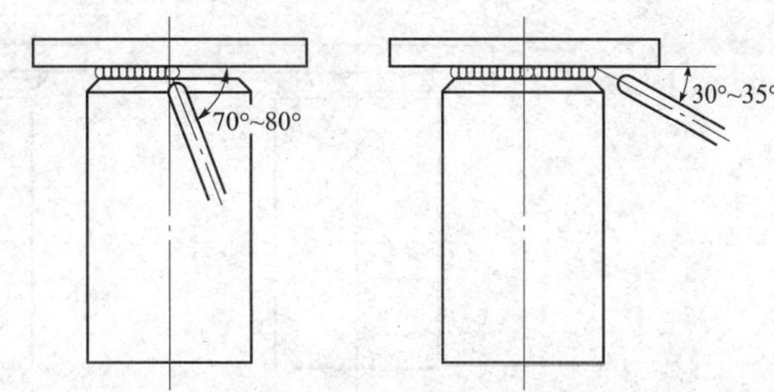

图 6—2—4　仰焊打底焊时的焊条角度

3）焊缝接头。接头处要仔细检查，若有缺陷必须去掉。在收弧熔池后 10 mm 处引接头电弧，将电弧带至斜坡处，作斜圆圈形运条。打底焊缝的封闭接头在焊接前要先将接头部位磨出 10 mm 长的斜坡，焊接电弧运至斜坡前端时，摆动焊条将坡口前端两侧坡口熔化。而后立即将焊条端部对准小孔下压焊条，直至填满接头后，压低电弧继续向前运行至斜坡结束，再慢慢向一侧带弧后收弧，焊接完封闭接头，打底焊缝结束。进行清渣修磨，处理好有焊接缺陷的地方后，进行下一道的焊接。

焊接过程中，由于焊接位置不断地发生变化，因此，要求焊工手臂和手腕要相互配合，保证合适的焊条角度，控制熔池的形状和大小。打底焊时的焊缝接头一般采用热接法，因为打底焊时的熔池较小，凝固速度快，因此一定要注意接头速度和接头位置。如果采用冷接法，一定要将接头处处理成斜面后再接头。焊最后的封闭接头时，要保证焊缝有 10 mm 左右的重叠，填满弧坑后熄弧。

打底焊要保证坡口根部与孔板熔合良好。焊接时，引燃电弧后对始焊端先预热，然后将电弧压低，待形成熔孔后，开始小幅度锯齿形横向摆动，进入正常焊接。操作时，电弧尽量控制得短些，保证孔板与立管坡口熔合良好。

（2）填充焊接。填充焊接时的操作要领与打底焊基本相同，填充焊道的表面不能有局部突出的现象，保证焊道两侧熔合良好。

（3）盖面焊接。盖面焊接时，采用两条焊道，先焊靠近板一侧的焊道，后焊靠近管一侧的焊道。焊靠近板一侧的焊道时，摆幅略加大，焊道的下沿要覆盖填充焊道的一半以上，使靠近板一侧与板熔合良好，保证焊缝与板圆滑过渡；焊靠近管一侧的焊道时，焊道上靠近管的一侧与管的熔合要良好，保证这条盖面焊道与上一条焊道和管都能圆滑过渡，使焊缝外形良好。如果盖面焊采用多条焊道，焊接持续由上到下，焊接时与两条焊道类似。盖面焊时的焊条角度如图 6—2—5 所示。

总之，在管板仰焊焊接过程中，留取的焊缝间隙较大，电弧能够直接送入接头根部熔化母材和焊条，通过间断熄引弧法控制熔池温度，使熔池在向前运动中形成正、反两面均匀的焊缝。其操作要点是：焊接过程中应采用较大的焊接电流、较快的间断熄引弧频率，保持上下坡口受热均匀，并控制好熔池温度，保证一定尺寸的熔孔，以实现单面焊双面成型。

管板仰焊接头方法分热接和冷接两种，这两种方法都应熟练掌握，特别是冷接方法，在管板焊接中是必不可少的。

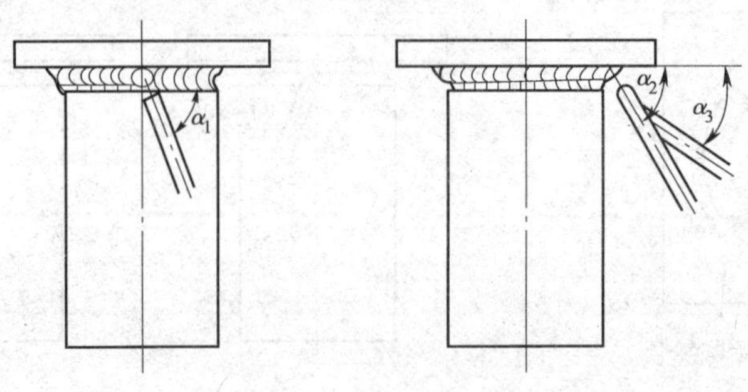

图 6—2—5　仰焊盖面焊时的焊条角度

$\alpha_1 = 70° \sim 85°$　$\alpha_2 = 60° \sim 70°$　$\alpha_3 = 50° \sim 60°$

冷接接头时，引弧点应在距前焊接熔池 15 ~ 20 mm 的地方。电弧引燃后，迅速拉到欲接头的熔池处，观察液态金属将熔池填满并与熔池边缘吻合后，立即压低电弧向前焊接，此时焊条倾角应加大到 45° ~ 55°，电弧运至根部间隙时，稍作停顿，听到“噗噗”声后，立即断弧。第二滴液态金属跟进的速度要快，以后逐步放慢速度至正常断弧焊接。

当焊条运行到距封口处 4 ~ 5 mm 时，由断弧焊接变为连弧焊接。注意不要抬高电弧，应继续保持下压焊接。封口完成后，不得立即断弧，继续向前施焊 5 ~ 10 mm，以避免封口处液态金属太少，产生冷缩孔或内焊缝凹陷等缺陷。

任务实施

一、焊前准备

1. 按规定穿戴好焊接劳动保护用品、准备焊接辅助工具，详见模块二中任务 1 相应内容。

2. 工件材料的选用

(1) 工件孔板材料为 Q235B 钢板，规格为 100 mm × 100 mm × 12 mm，在板中心加工出 ϕ50 mm 孔，如图 6—2—6 所示。

(2) 工件 20 钢管规格为 ϕ60 mm × 5 mm × 125 mm，加工一段 50°坡口。用气割下料，如图 6—2—7 所示。

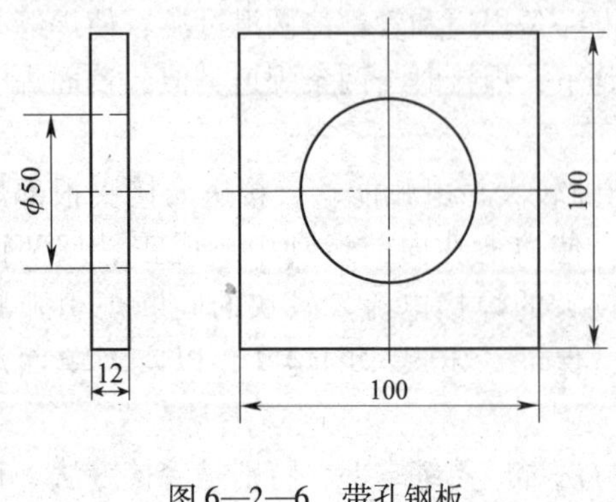

图 6—2—6　带孔钢板

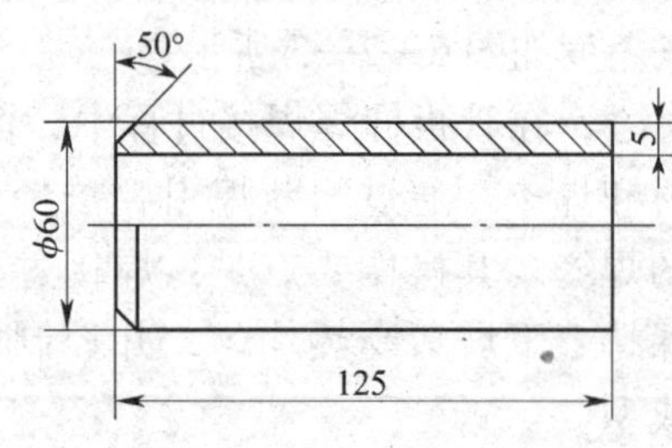

图 6—2—7　工件钢管尺寸

3．焊材和焊机选择

焊条选用 E4303 型（J422）或 E5016 型（J506），直径分别为 2.5 mm、3.2 mm。焊前，E4303 型焊条需经过 150～200℃烘干 1～2 h，E5016 型焊条需经过 350～400℃烘干 1～2 h，放在保温桶内以备使用。使用前应认真检查焊条药皮有无偏心、开裂、脱落等现象。根据焊接材料的选用原则，对于普通结构钢，按照等强度原则选择，还要考虑到焊条的工艺性能，优先选用 E5016 型焊条。焊机选用 BX3－300。

4．确定焊接工艺参数

熟悉图样，留出根部间隙，三点定位焊。根据焊工个人条件，将工件固定在距离地面适当高度处。确定骑座式管板垂直固定仰焊焊接工艺参数，见表 6—2—1。

表 6—2—1　　焊接工艺参数

焊接层次	运条方法	焊条直径（mm）	焊接电流（A）	焊接电压（V）	焊接速度（cm/min）
打底层	断弧焊法	2.5	55～70	22～23	6～9
盖面层	斜圆圈形运条法	3.2	90～100	23～25	18～22

5．工件清理

工件的清理用锉刀、砂布、钢丝刷等工具，在坡口正背面 20 mm 范围内清除铁锈、油污、氧化物等，使之呈现金属光泽。用焊接检验尺测量工件坡口并达到图 6—2—1 要求。

6．组装与定位焊

工件组装与定位焊时，管的轴线与板孔轴线应保持一致，尽量减小错边，间隙尺寸稍大一些。然后将管子与板组装，调整使孔板与管子之间的根部间隙为 2.5～3 mm，保证孔板与管子相互垂直，其定位焊方法与管板垂直固定平角焊时相同，采取三点对称定位焊，定位焊缝长度不得超过 10 mm。仰位管板组装的各项尺寸见表 6—2—2。

表 6—2—2　　管板仰位固定焊工件的组装尺寸

管坡口角度	根部间隙（mm）	钝边（mm）	错边量（mm）
50°	2.5～3	1.0～1.5	≤0.5

7．清渣

清理干净定位焊缝的熔渣。

二、焊接操作步骤

1．打底层的焊接

（1）引弧与运条。引弧点可选在焊接方向的前方 15～20 mm 处。电弧引燃后，迅速拉向始焊部位，并在该处拉长电弧对欲焊处进行 1.5～2 s 的预热，然后压低电弧进行击穿焊接。打底层焊接时的焊条角度，如图 6—2—8 所示。

（2）打底焊。打底焊时，电弧的 2/3 要落在孔板的棱角处，1/3 落在管子坡口钝边处。当在管与板之间形成熔池后，迅速抬起弧，稍作停顿等待，再马上跟进熔焊，形成下一个熔池，如此反复进行焊接。

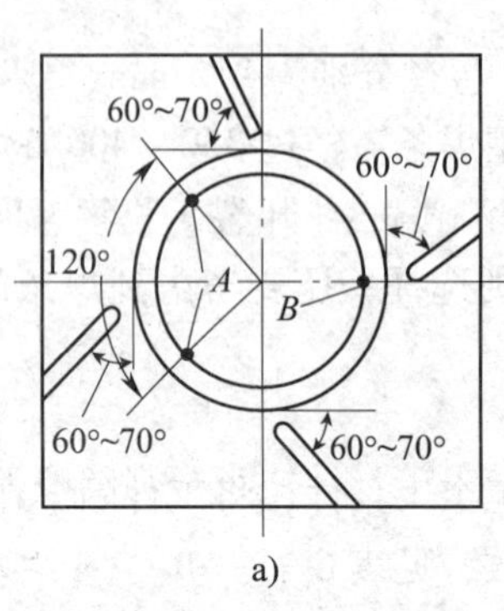

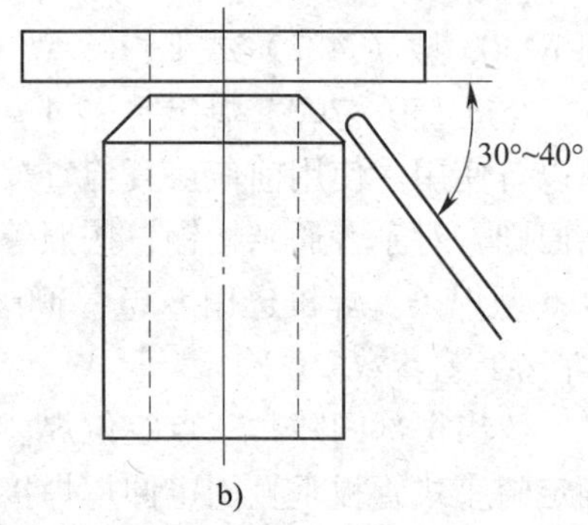

图 6—2—8　打底层焊接时的焊条角度

a）与运条前方夹角　b）与孔板水平面夹角

A—定位焊缝　B—始焊部位

管板仰焊时，熔滴由于受重力作用和管板受热不均等影响，难以向背面过渡，极易出现下淌现象。为此，在焊接过程中，使用较大的焊接电流，掌握合适的断弧频率，保证电弧在坡口根部有适宜的落点是实现单面焊双面成型的关键。

焊接时，给送液态金属的位置应选择在坡口根部，每次电弧跟进的时间以熔池接近凝固状态为宜。跟进太快，液态熔池温度偏高而体积增大，液态金属易下淌形成焊瘤；跟进太慢，液态熔池向下压缩，液态金属补充不及时，易使背面焊缝形成凹陷。一般来说，每次液态金属给送的时间应控制在 1 ~ 1.5 s，而断弧的时间控制在 1 ~ 2 s。

焊接过程中，应保持熔孔的尺寸比根部间隙每侧大 0.5 ~ 1 mm。受酸性熔渣流动的影响，熔孔有时难以观察，这时可以借助电弧吹力迅速将液态熔渣向外拨动，以保持熔池清晰可见，使熔孔与熔渣的界限比较分明。

2. 盖面焊接

（1）第一道盖面焊道焊接。从左至右焊接，小幅度地斜圆圈形运条，焊条端部应对准第一层焊道的上边沿，焊接速度较快些。焊条与板间的夹角为 45° ~ 60°，与管切线的夹角为 80° ~ 85°，如图 6—2—9 所示。

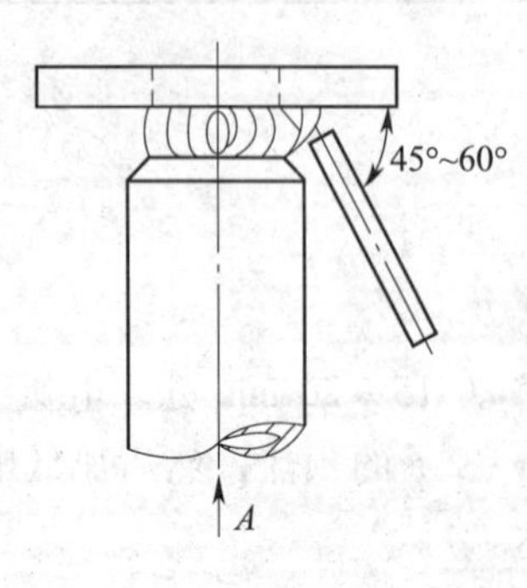

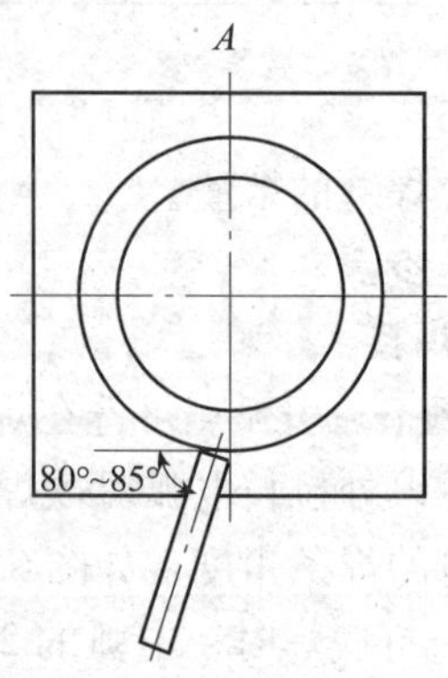

图 6—2—9　焊第一道盖面焊道运条角度

（2）第二道盖面焊道焊接。从左至右直线运条焊接，焊条端部应对准第一层焊道的下边沿，焊条与板间的夹角为40°~50°，与管切线的夹角为80°~85°，如图6—2—10所示。

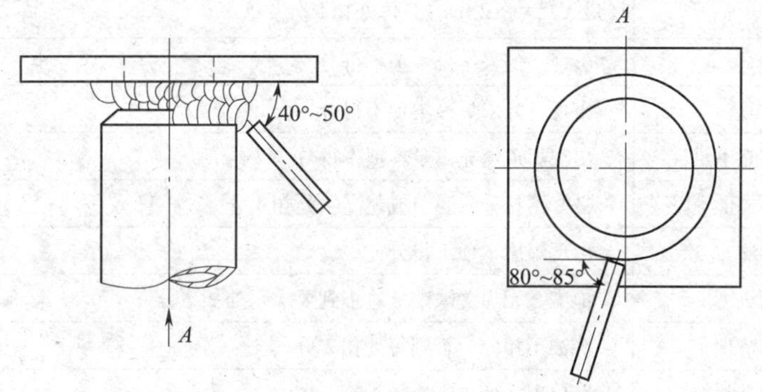

图6—2—10 焊第二道盖面焊道运条角度

盖面焊采用斜圆圈形运条焊接。操作时，选用较大的焊接电流（电流较小时不利于排渣，容易产生夹渣和未熔合等缺陷）。引弧后，拉长电弧对始焊部位贴近孔板一侧稍加预热，然后对准孔板侧的焊缝边缘熔焊片刻，当形成熔池后，向管侧倾斜运条，要尽可能使熔池趋于水平。当焊至管侧焊缝边缘，压低电弧并稍作停顿（熔渣影响液态金属向熔池过渡时，要用电弧迅速向外侧拨动），形成一个熔池之后，电弧作斜圆圈状迅速向上在上坡口边缘处落弧，压弧稍作停顿（以防咬边），进行第二个运条动作。如此循环作斜圆圈形运条，完成盖面焊接。焊缝层数，如图6—2—11所示。

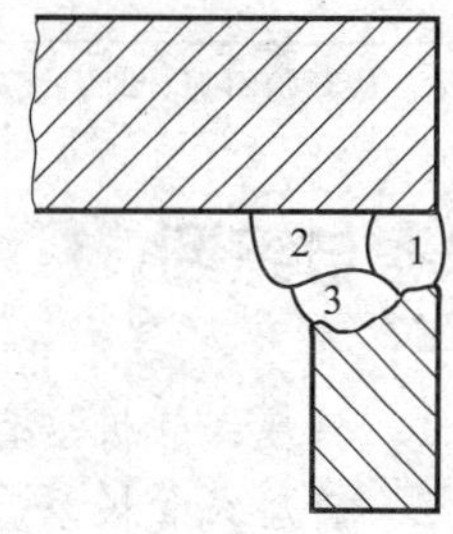

图6—2—11 焊缝层数

三、焊缝外观检测

1. 自检

对自己的操作姿势、运条方法要及时校正。将焊完清理好的工件，依据图6—2—1中技术要求和表6—2—3评分标准，进行自己校正和检测，合格后进行互检和专检。

2. 互检和专检

可参照模块二任务2的相关项进行。

任务评价

评分标准见表6—2—3。

表6—2—3 评分标准

序号	操作内容	评分标准	配分	得分
1	焊脚尺寸 K	7 mm≤K≤9 mm，超差1 mm扣5分	10	
2	咬边	咬边深度应≤0.5 mm，每1 mm长扣1分，咬边连续长度≥6 mm或深度>0.5 mm本项不得分	10	

续表

序号	操作内容	评 分 标 准	配分	得分
3	夹渣	点状夹渣（最大尺寸≤2 mm），每处扣2分；条块状夹渣（最大尺寸>2 mm），每处扣5分	10	
4	未熔合	出现一处未熔合本项不得分	10	
5	未焊透	出现一处未焊透本项不得分	10	
6	焊道填充不足	出现焊道填充不足本项不得分	8	
7	接头成形	良好不扣分，脱节或超高一处扣4分	8	
8	焊瘤	出现焊瘤本项不得分	8	
9	弧坑	饱满、无焊缝缺陷，达不到要求每处扣2分	6	
10	工件清理	清洁不扣分，否则每处扣2分	4	
11	宏观金相	每出现一处未焊透扣4分	8	
12	安全文明生产	服从管理、安全操作，否则每项扣4分	8	
总分合计			100	

注：从开始引弧计时，该工件60 min内完成，每超出1 min，从总分中扣2.5分。

思考与练习

1. 骑座式管板垂直固定仰焊的特点是什么？
2. 骑座式管板垂直固定仰焊打底层焊接的操作要领有哪些？
3. 试述管板仰焊的斜圆圈形运条法操作要领。
4. 骑座式管板垂直固定仰焊盖面层焊接的操作要领有哪些？

任务3 骑座式管板水平固定全位置焊

技能点

◎ 掌握焊条电弧焊骑座式管板仰焊、平焊的接头方法操作技术；掌握焊条电弧焊斜锯齿形运条法在骑座式管板水平固定焊中的操作技术；掌握管板水平固定单面焊双面成型的基本操作技能。

知识点

◎ 了解焊条电弧焊管板固定焊接时焊条角度的变化。

任务提出

在工程实践中，骑座式管板水平固定类接头是锅炉、换热器及接管对焊法兰等产品主要的焊缝接头形式之一。如图 6—3—1 所示为钢管与钢板试件开钝边 V 形坡口骑座式管板水平固定全位置焊工件图，试件材料为 20 钢管与 Q235B 钢板。读懂工件图样，完成焊接任务，达到工件图样技术要求。

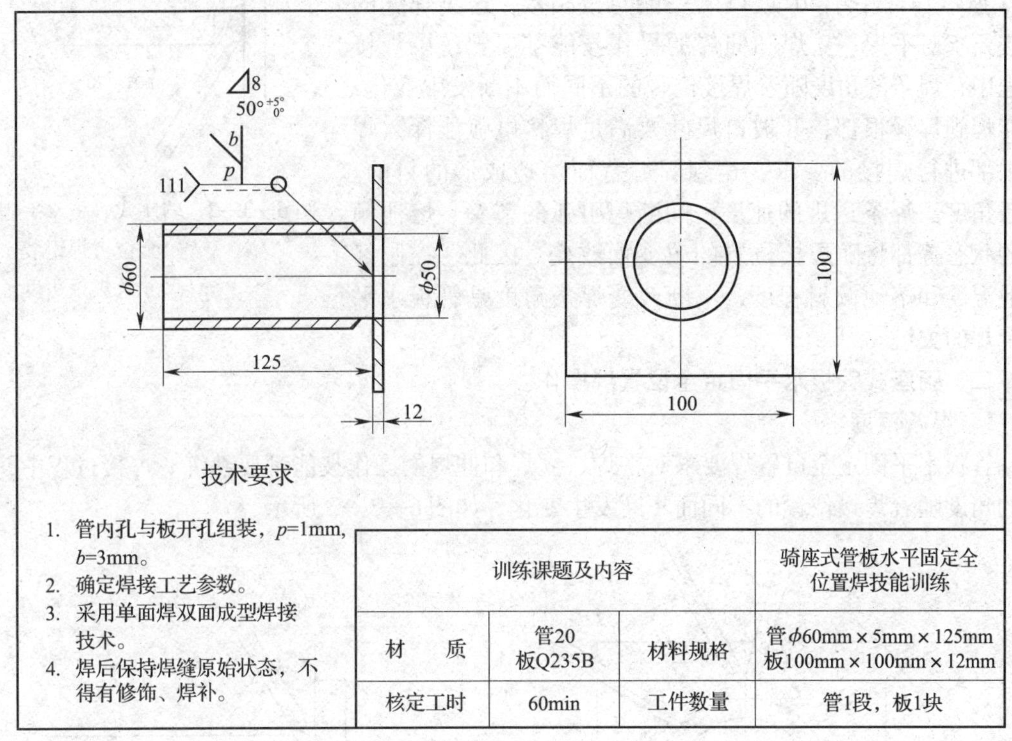

训练课题及内容			骑座式管板水平固定全位置焊技能训练
材　质	管20 板Q235B	材料规格	管 ϕ60mm×5mm×125mm 板100mm×100mm×12mm
核定工时	60min	工件数量	管1段，板1块

图 6—3—1　钝边 V 形坡口骑座式管板水平固定全位置焊工件图

任务分析

从图 6—3—1 中读出，该焊接为管端开 V 形 50°坡口，钝边 p = 1 mm，骑座式管板水平固定全位置单面焊双面成型，靠近管外侧焊脚尺寸为 8 mm 的环形焊缝的焊条电弧焊。

管板水平固定全位置焊接时，易出现的问题有：管板水平固定全位置焊运条时，若没有将熔池控制趋于水平状态，并且电弧过长、焊条角度不正确，以及焊接电流偏大等，在管侧会出现凸度过大、孔板侧会出现咬边等缺陷；在仰焊位，运条速度过快，焊条角度不正确及焊接电流过小，使熔渣与熔池混淆不清，熔渣来不及浮出，容易产生夹渣和未熔合等缺陷；在立焊位，焊接电流过大，运条速度过慢，容易产生焊瘤。

相关知识

一、骑座式管板水平固定全位置焊特点

在实际生产中，骑座式管板水平固定全位置焊大多用于锅炉、换热器的管板焊接。管板

水平固定焊属于全位置焊接，施焊时分前、后两半部分，焊缝由下向上均存在仰、立、平三种不同位置的变化。孔板垂直水平立放并和与板垂直水平放的管组装，如图6—3—2所示。管件开50°坡口的一端与板相接，这类焊缝的焊接要求对平焊、立焊和仰焊的操作技能都要熟练。焊接过程中，焊条的角度随着焊接位置的不同而不断发生变化，为能焊到焊缝根部，开坡口尺寸要满足焊接电弧能深入焊缝根部进行焊接的要求，达到焊缝背面熔透成形的目的。焊条角度、焊条送进的速度、间断熄引弧的节奏、熔池倾斜的状态等都将随焊接位置的改变而改变。因此，控制好熔池温度和熔池倾斜程度，不断改变焊条角度是管板水平固定焊的关键。

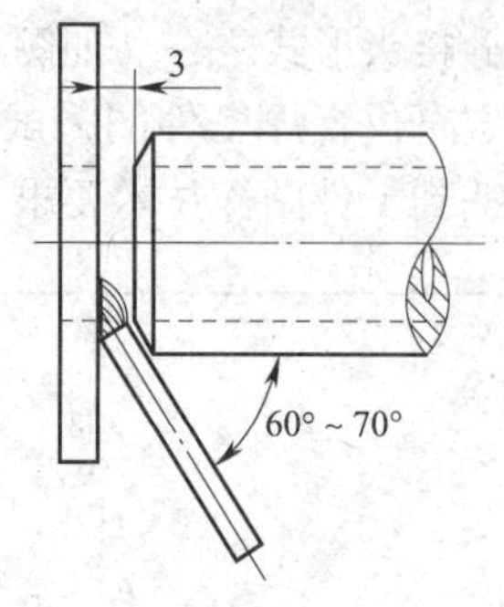

图6—3—2 骑座式管板水平固定全位置焊组装尺寸及焊条角度

二、骑座式管板水平固定全位置焊操作

1. 焊条角度

管板水平固定全位置焊要求对平焊、立焊和仰焊的操作技能都要熟练。焊接过程中，焊条的角度随着焊接位置的不同而不断发生变化，如图6—3—3所示。

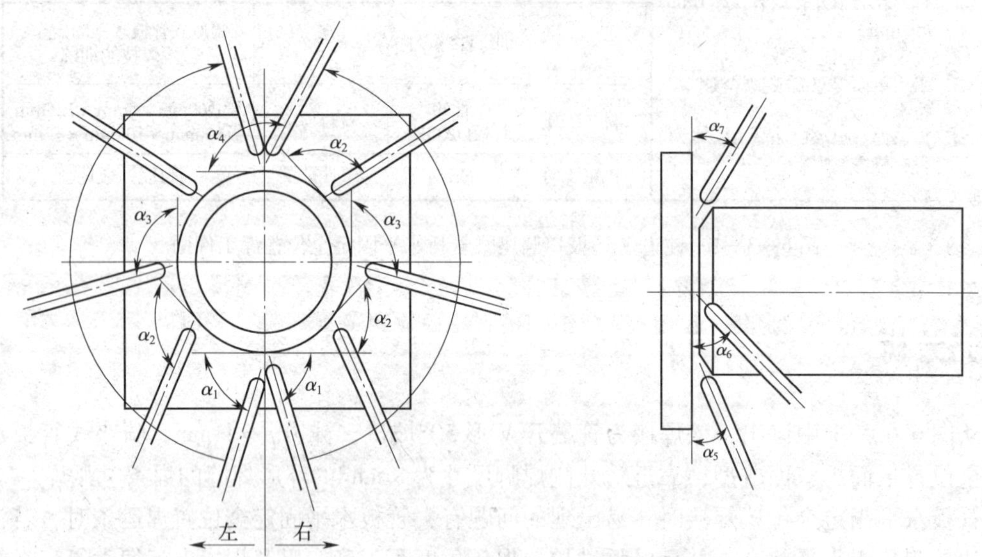

图6—3—3 管板水平固定全位置焊时的焊条角度

$\alpha_1=80°\sim85°$ $\alpha_2=100°\sim105°$ $\alpha_3=100°\sim110°$ $\alpha_4=120°$ $\alpha_5=30°$ $\alpha_6=45°$ $\alpha_7=35°$

2. 焊接操作工艺

（1）打底焊接

1）前半圈的焊接。为了便于叙述，用时钟方式标记，如图6—3—4所示。在4—6点之间引弧，引燃电弧后，迅速将电弧移到6—7点之间，对工件稍加预热后，将焊条向右下方倾斜，同时压低电弧，等管板根部充分熔合，形成熔池和熔孔后开始向右焊接。6—7点处的焊缝尽量薄些，以利于后半圈焊接时连接平整。

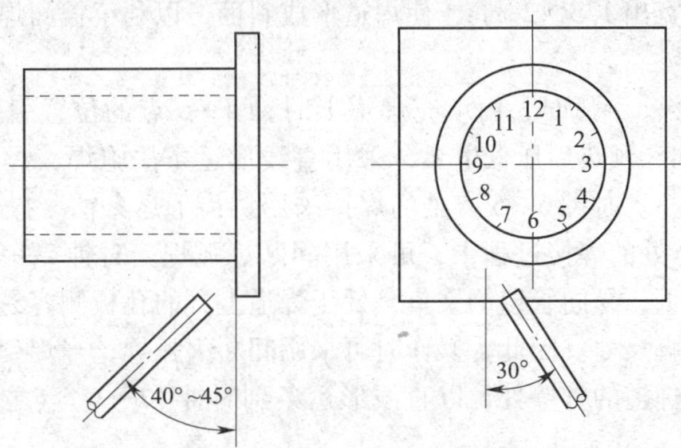

图 6—3—4　前半圈的焊条角度及钟表时间定位法

在时钟 6—5 点之间时，为了避免产生焊瘤，操作时可采用斜锯齿形运条，向斜下方的摆动要快，向斜上方的摆动相对要慢，在两侧稍加停留，使电弧在管壁一侧的停留时间比在孔板一侧的时间要长些，以增加管侧的焊脚尺寸，采用短弧焊接。在时钟 6 点时，焊条摆动的轨迹与水平线倾角为 30°，随着向上焊接，角度逐渐减小，当焊至时钟 5 点的位置时，倾角为 0°。

在时钟 5—2 点之间的焊接时，焊条向工件送得要相对浅些，有时为了更好地控制熔池形状和温度，可采用间断灭弧焊或挑弧焊法熄弧焊接。采用间断灭弧焊时，如果熔池产生下坠，可横向摆动焊条且在两侧加以停留，扩大熔池面积，使焊缝成形平整。

在时钟 2—12 点位置焊接时，为了防止因熔池金属在管壁一侧的聚集造成焊脚偏低或咬边，应将焊条端部偏向孔板一侧，做短弧锯齿形运条，并使电弧在孔板处的停留时间长些。若采用间断灭弧焊，一般做 2 ~ 4 次运条摆动后熄弧一次。当焊至时钟 12 点位置时，以间断熄弧或挑弧法填满弧坑后收弧。前半圈焊缝的形状，如图 6—3—5 所示。

2）后半圈的焊接。焊接前，将前半圈焊缝的开始处和末尾处的熔渣清理干净。如果时钟 6—7 点处焊道过高或有焊瘤、飞溅物时，必须进行清除或返修。焊接开始时，先在时钟 8 点处引弧，引燃电弧后，快速将电弧移到始焊处（时钟 6 点处）进行预热，然后压低电弧，以快速斜锯齿形运条，由时钟 6 点向 7 点处进行焊接。后半圈的焊接除方向不同外，其余与前半圈基本相同。当焊至时钟 12 点处与前半圈焊道相连时，采用挑弧焊或间断灭弧焊。弧坑填满后，熄弧，停止焊接。

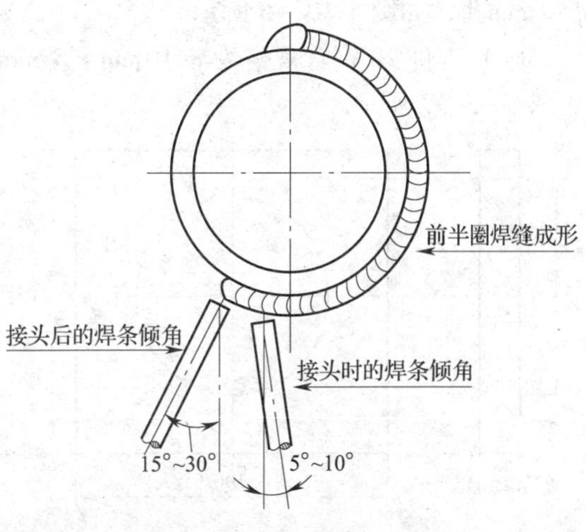

图 6—3—5　前半圈的焊缝形状

（2）填充焊接。填充焊的焊条角度和焊接步骤与打底焊相同，焊条的摆动幅度比打底焊时略大些，摆动间隙稍大。填充层的焊道要尽量薄些，管子一侧的坡口要填满，孔板一侧要比管子坡口一侧宽出 1.5～2 mm，使焊道形成斜面，以利于盖面焊的焊接。

（3）盖面焊

1）前半圈的焊接。引弧时，由填充焊道上时钟 4—6 点的位置引弧，然后迅速将电弧移到时钟 6—7 点之间，预热后压低电弧，采用直线形运条法施焊，焊道要尽量薄，以利于后半圈焊道的连接平整。时钟 6—5 点处的焊接采用锯齿形运条法，操作方法与焊条角度同填充焊。时钟 5—2 点处的焊接过程中，可采用间断熄弧焊。时钟 2—12 点位置处，由于熔敷金属在重力的作用下，易向管壁侧聚集，处于焊道上方的孔板侧容易产生咬边，操作不当很难达到所要求的焊脚尺寸。因此，操作时可采用间断灭弧焊，当焊到时钟 12 点的位置时，将焊条端部靠在填充焊道的管壁处，以直线形运条到时钟 12—11 点之间收弧，为后半圈的焊接接头打好基础。

2）后半圈的焊接。后半圈焊接前，先将前半圈的起焊位置和末端的熔渣清理干净，如果接头处存在过高的焊瘤或焊道，应将其处理平整。一般在时钟 8 点处左右的填充焊缝上引弧，然后将电弧拉至时钟 6 点处的焊缝起始端预热，并压低电弧开始焊接。时钟 6—7 点钟之间一般采用直线形运条，同时保证连接处光滑平整。当焊至时钟 12 点位置时，一般做几次挑弧动作，将熔池填满后收弧。后半圈其他部位的操作可参照前半圈的焊接方法。

任务实施

一、焊前准备

1. 按规定穿戴好焊接劳动保护用品、准备焊接辅助工具，详见模块二中任务 1 的相应内容。

2. 工件材料的选用

（1）工件孔板材料为 Q235 钢，规格为 100 mm × 100 mm × 12 mm，在板中心加工出 ϕ50 mm孔，如图 6—3—6 所示。

（2）工件 20 钢管规格为 ϕ60 mm × 5 mm × 125 mm，加工一段 50° 坡口，用气割下料，如图 6—3—7 所示。

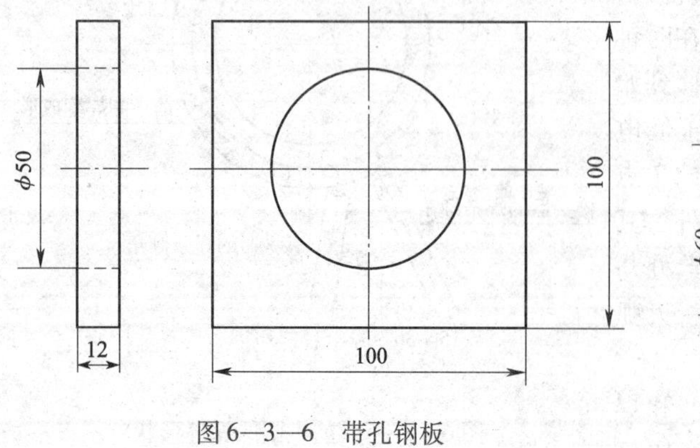

图 6—3—6　带孔钢板

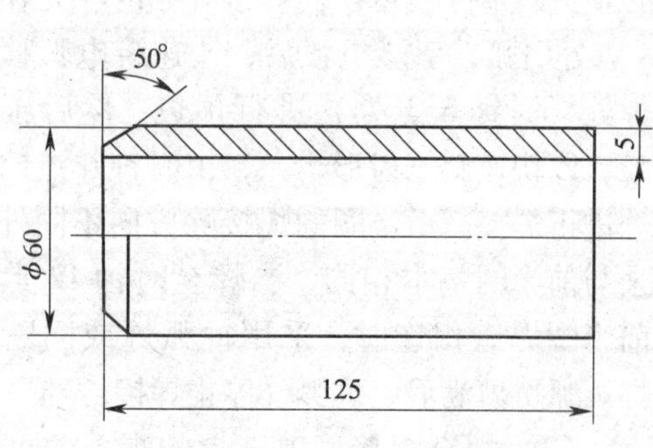

图 6—3—7　工件钢管尺寸

3．焊材和焊机选择

焊条 E4303 型（J422）或 E5016 型（J506），直径分别为 3.2 mm、4.0 mm。焊前，E4303 型焊条需经过 150～200℃烘干 1～2 h，E5016 型焊条需经过 350～400℃烘干 1～2 h，放在保温桶内以备使用。使用前应认真检查焊条药皮有无偏心、开裂、脱落等现象。根据焊接材料的选用原则，对于普通结构钢，按照等强度原则选择，还要考虑到焊条的工艺性能，优先选用 E5016 型焊条。焊机选用 BX3－300。

4．确定焊接工艺参数

熟悉图样，留出根部间隙，将管与孔板进行装配，留出 2.5～3 mm 间隙，在时钟 2 点和 10 点处定位焊，如图 6—3—8 所示。根据焊工个人条件，将焊件固定在距离地面适当高度处。确定骑座式管板水平固定全位置焊的焊接工艺参数，见表 6—3—1。

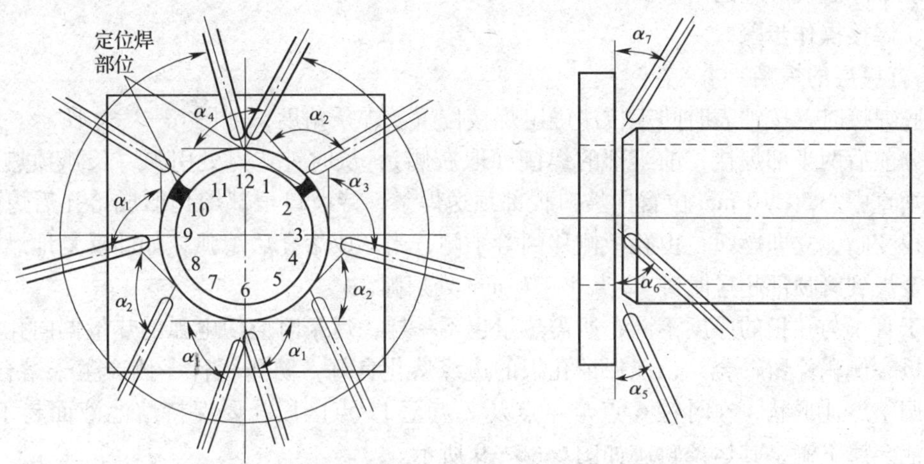

图 6—3—8　水平固定焊管板的焊接位置及焊条角度

$\alpha_1=80°\sim85°$　$\alpha_2=100°\sim105°$　$\alpha_3=100°\sim110°$　$\alpha_4=120°$　$\alpha_5=30°$　$\alpha_6=45°$　$\alpha_7=35°$

表 6—3—1　　**焊接工艺参数**

<table>
<tr><th>焊接层次</th><th>运条方法</th><th>焊条直径（mm）</th><th>焊接电流（A）</th><th>焊接电压（V）</th><th>焊接速度（cm/min）</th></tr>
<tr><td>打底层</td><td>断弧焊法</td><td>3.2</td><td>70～80</td><td>22～24</td><td>6～9</td></tr>
<tr><td>填充层</td><td>斜锯齿形和正锯齿形运条法</td><td rowspan="2">4.0</td><td>110～120</td><td rowspan="2">23～26</td><td>12～14</td></tr>
<tr><td>盖面层</td><td>斜锯齿形和正锯齿形运条法</td><td>100～110</td><td>10～12</td></tr>
</table>

5．工件清理

工件的清理用锉刀、砂布、钢丝刷等工具，在坡口正背面 20 mm 范围内清除铁锈、油污、氧化物等，呈现金属光泽。用焊接检验尺测量工件坡口并达到图 6—3—1 要求。

6．组装与定位焊

工件组装与定位焊时，管的轴线与板孔轴线应保持一致，尽量减小错边，间隙尺寸稍大一些。然后，将管子与板组装，调整使孔板与管子之间的根部间隙为2.5～3 mm，保证孔板与管子相互垂直，其定位焊方法与管板垂直固定平角焊时相同，采取三点对称定位焊，定位焊缝长度不得超过10 mm。管板组装的各项尺寸见表6—3—2。

表6—3—2　　管板水平固定焊工件的组装尺寸

管坡口角度	根部间隙（mm）	钝边（mm）	错边量（mm）
50°	2.5～3	1.0～1.5	≤0.5

7. 清渣

清理干净定位焊缝的熔渣。

二、焊接操作步骤

1. 打底层的焊接

打底焊接时，按钟表时间定位法确定焊接位置及焊条角度，如图6—3—8所示。采用断弧焊法分前后两半部焊接，前半部的焊接（取右侧）：从时钟7点处引弧，长弧预热后，在过管板垂直中心5～10 mm位置向坡口根部顶送焊条，待坡口根部熔化形成熔孔后熄弧，熔池颜色稍变暗，立即燃弧，由孔板侧移到管子侧，当形成熔孔后熄弧，如此反复地燃弧、熄弧，直至焊到管顶部超过时钟12点5～10 mm处熄弧。

由于管子与孔板的厚度不同，所需热量也不一样，运条时应使电弧的热量偏向孔板，焊条在孔板一侧稍停留一会儿，以保证孔板的边缘熔化良好，防止板件一侧产生未熔合缺陷。适时地调整熔池形状，在时钟6点至4点及2点至12点区段，要保持熔池液面趋于水平，不使熔池金属下淌，其运条轨迹如图6—3—9所示。

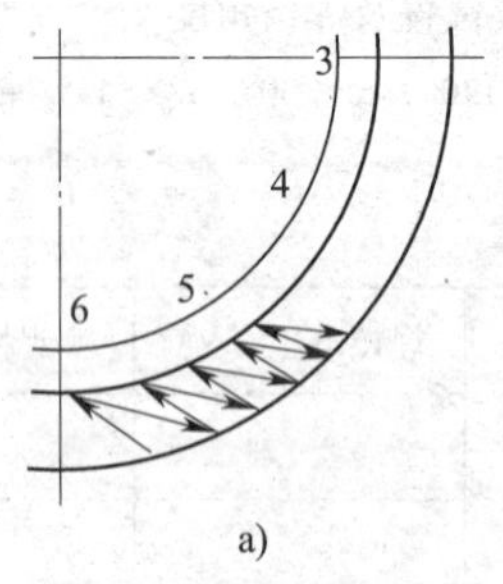

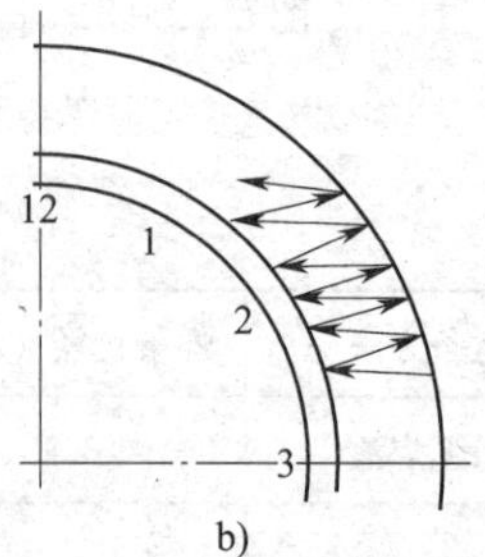

图6—3—9　管板工件斜仰位及斜平位的运条轨迹

a）斜仰位　b）斜平位

在仰焊位置焊接时，焊条向坡口根部顶送深些，横向摆动幅度小些，在形成熔池之后，运条节奏快些，否则易使背面焊缝产生咬边和下坠。

在立焊位置焊接时，焊条向坡口根部顶送的要比仰焊位置焊接时顶送的浅些。平焊位置比立焊位置焊接时顶送的还要更浅些，防止熔化金属在重力作用下造成背面焊缝过高或产生焊瘤。

接头时，更换焊条要迅速，当熔池还处于红热状态时，在熔池前方10 mm处引燃电弧，焊条稍加摆动，填满弧坑焊至熔孔处，焊条向内压弧并稍加停顿，待听到击穿声形成新熔孔时，继续向上施焊。

焊接过程中经过定位焊缝时，要把电弧稍向根部间隙里压送片刻，然后以较快的焊接速度焊过定位焊缝，再恢复正常焊接。

后半部的焊接与前半部的焊接操作基本相同，只是要进行仰位及平位的接头。仰位接头时，首先清理焊缝接头处的熔渣并修成缓坡形，在焊缝接头前 10 mm 处引弧，电弧引燃后运条至焊缝接头处向下压短电弧片刻，然后转入正常焊接。平焊接头前也要修整接头处，操作方法同焊接定位焊缝时的操作一样。

2. 填充焊接

填充层的焊接顺序、焊条角度、运条方法与打底焊接基本相似，但锯齿形和斜锯齿形运条的摆动幅度比打底层焊宽些。因焊道外侧圆周较长，故在保持熔池液面趋于水平的前提下，加大孔板侧向前移动的间距，并相应增加焊接停留时间。

填充层的焊道要薄些，管子一侧坡口要填满，孔板一侧要超出管壁面约 2 mm，使焊道形成一个斜坡，保证盖面焊缝焊后焊脚对称。

3. 盖面焊接

盖面层焊接与填充层焊接相似，运条过程中既要考虑焊脚尺寸的对称性，又要使焊缝波纹均匀无表面缺陷。为防止出现盖面焊缝的仰位超高、平位偏低，以及孔板侧产生咬边等缺陷，盖面层的焊接要采取一定的措施。盖面焊层，如图 6—3—10 所示。

前半部的起焊处（时钟 7 点至 6 点）的焊接，以直线形运条法施焊，焊道尽可能细且薄，为后半部获得平整的接头做准备，如图 6—3—11 所示。

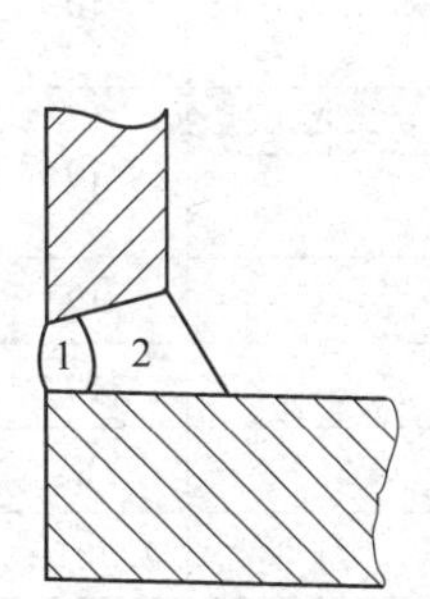

图 6—3—10　盖面焊层

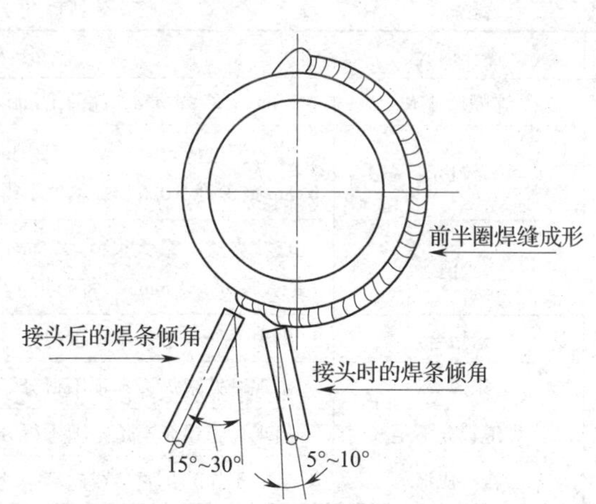

图 6—3—11　盖面焊道前半圈的焊接情况

后半部始焊端仰位接头时，在时钟 8 点处引弧，将电弧拉到接头处（时钟 6 点附近），长弧预热，当出现熔化状态时，将焊条缓缓地送到较细焊道的接头点，借助电弧的喷射，熔滴均匀地落在始焊端。然后采用直线形运条与前半部留出的接头平整熔合，再转入锯齿形运条的正常盖面焊。

盖面层斜平位至平位处（时钟 2 点至 12 点）的焊接，熔敷金属易于向管壁侧堆聚而使孔板侧形成咬边缺陷。为此，在焊接过程中由立位采用锯齿形运条过渡到斜平位时钟 2 点处采用斜锯齿形运条，要控制熔池温度，保持熔池呈水平状。在孔板侧停留时间稍长些，以短弧填满熔池，必要时可以间断熄弧，使孔板侧焊缝饱满，管子侧不堆积。当焊至时钟 12 点处时，将焊条端部靠在填充焊的管壁夹角处，以直线形运条至时钟 12 点与 11 之间处收弧，为后半部末端接头打基础。

当后半部末端平位接头时，从时钟 10 点至 12 点采用斜锯齿形运条法，施焊到时钟 12 点处采用小锯齿形运条法与前半部留出的斜坡接头熔合，做几次挑弧动作将熔池填满即可收弧。如果接头处存在过高的焊瘤或焊道，应将其处理平整。一般采用直线形运条，其他部位的焊接操作与前半圈的焊接相同。

三、焊缝外观检测

1. 自检

对自己的操作姿势、运条方法要及时校正。将焊完清理好的工件，依据图 6—3—1 中技术要求和表 6—3—3 评分标准，进行自己校正和检测，合格后进行互检和专检。

2. 互检和专检

可参照模块二任务 2 的相关项进行。

任务评价

评分标准见表 6—3—3。

表 6—3—3　　评分标准

序号	操作内容	评分标准	配分	得分
1	焊脚尺寸 K	7 mm≤K≤9 mm，超差 1 mm 扣 5 分	10	
2	咬边	咬边深度应≤0.5 mm，每 1 mm 长扣 1 分，咬边连续长度≥6 mm 或深度 >0.5 mm 本项不得分	10	
3	夹渣	点状夹渣（最大尺寸≤2 mm），每处扣 2 分；条块状夹渣（最大尺寸 >2 mm），每处扣 5 分	10	
4	未熔合	出现一处未熔合本项不得分	10	
5	未焊透	出现一处未焊透本项不得分	10	
6	焊道填充不足	出现焊道填充不足本项不得分	8	
7	接头成形	良好不扣分，脱节或超高一处扣 4 分	8	
8	焊瘤	出现焊瘤本项不得分	8	
9	弧坑	饱满、无焊缝缺陷，达不到每处扣 3 分	6	
10	工件清理	清洁不扣分，否则每处扣 2 分	4	
11	表面缺陷	每出现一处扣 4 分	8	
12	安全文明生产	服从管理、安全操作，否则每项扣 4 分	8	
总分合计			100	

注：从开始引弧计时，该工件 60 min 内完成，每超出 1 min，从总分中扣 2.5 分。

思考与练习

1. 骑座式管板水平固定全位置焊的特点是什么?
2. 骑座式管板水平固定全位置焊接操作的焊条角度如何变化?
3. 骑座式管板水平固定全位置焊时，在什么位置采用斜锯齿形运条法?
4. 骑座式管板水平固定全位置焊时，在什么位置采用锯齿形运条法?为什么?
5. 骑座式管板水平固定全位置盖面焊缝容易出现哪些缺陷?应采取哪些措施来防止?

模块七　管不同位置固定焊

管不同位置固定焊条电弧焊是工程机械制造中的一种焊法。在本模块里将学到管垂直固定焊、管水平固定焊和管45°倾斜固定焊；要求掌握焊条电弧焊垂直固定管多层多道焊的转腕运条技法；掌握水平固定管断弧打底焊、月牙形运条法操作技术以及管45°倾斜固定的打底层、填充层和盖面层焊接操作方法。这些焊法在工程机械制造中是不可缺少的操作方法。

任务1　管对接垂直固定单面焊双面成型

技能点

◎ 掌握焊条电弧焊直线形运条法或斜锯齿形运条法等操作技术；掌握焊条电弧焊垂直固定管多层多道焊的操作技术；掌握转腕运条技法的基本技能及操作。

知识点

◎ 了解焊条电弧焊转腕运条技法；了解管垂直固定开钝边V形坡口对接单面焊双面成型焊接操作方法全过程。

任务提出

在生产实践中，管对接垂直固定单面焊双面成型多用于人进不去施工的锅炉、换热器或采暖小口径管道垂直固定的环焊缝的焊接生产和维修中，这种焊接方式可以在垂直固定的小口径管道外面施焊而内面也能形成焊缝。

如图7—1—1所示为管对接垂直固定开钝边V形坡口单面焊双面成型工件图，材料为20钢。要求读懂工件图样，完成焊接任务，达到工件图样技术要求。

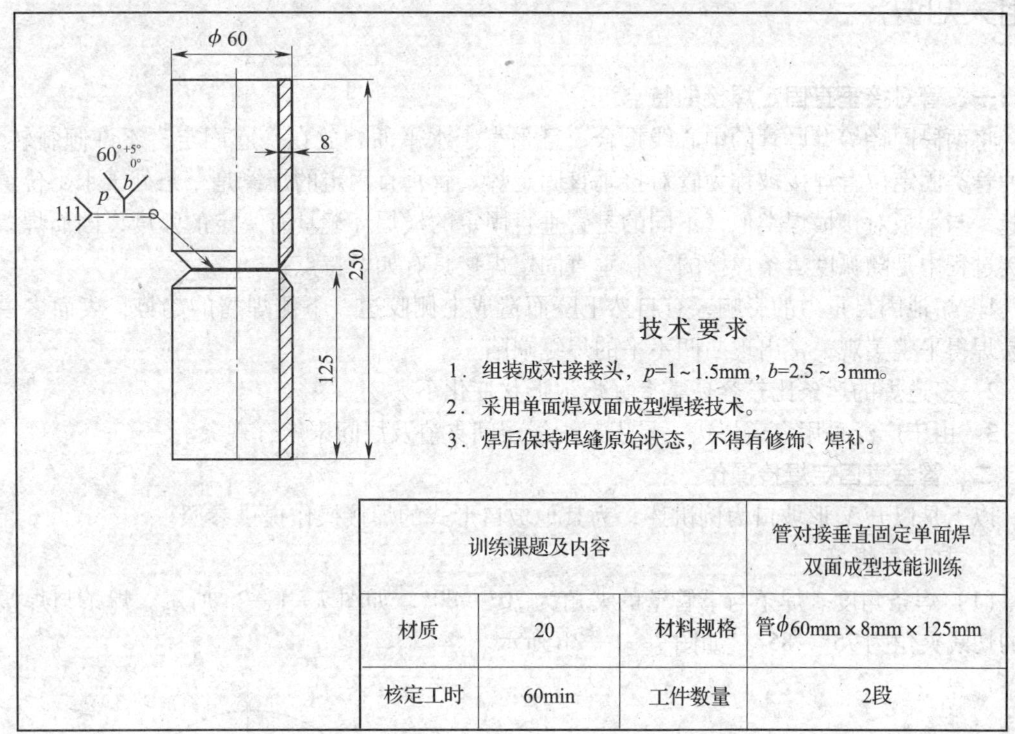

技术要求

1．组装成对接接头，p=1 ~ 1.5mm，b=2.5 ~ 3mm。

2．采用单面焊双面成型焊接技术。

3．焊后保持焊缝原始状态，不得有修饰、焊补。

训练课题及内容			管对接垂直固定单面焊双面成型技能训练
材质	20	材料规格	管φ60mm × 8mm × 125mm
核定工时	60min	工件数量	2段

图 7—1—1　管对接垂直固定单面焊双面成型工件图

任务分析

从图 7—1—1 中读出，两段管端部开 V 形 30°坡口对接并垂直固定，要用焊条电弧焊焊成单面焊双面成型的环形焊缝。其焊接位置为横焊，但与板对接横焊有所不同，在管对接垂直固定的焊接过程中，要不断地沿着管子圆周调整焊条角度。因操作有一定的难度，焊接应注意以下问题：

（1）管垂直固定焊接运条时，要随管子圆周位置而变，手腕转动的不灵活会使电弧过长，加之电弧电压过大，在盖面焊缝上边缘容易产生咬边。

（2）焊接电流过小时，熔渣与熔池混淆不清，熔渣来不及浮出，加之运条速度快慢不匀，在焊缝下边缘处容易产生熔合不良或夹渣。

（3）焊接电流过大时，运条速度过慢或动作不协调，在焊缝下边缘处容易出现下坠的焊瘤。

管垂直固定焊单面焊双面成型时，液态金属受重力影响，极易下坠形成焊瘤或下坡口边缘熔合不良，坡口上侧则易产生咬边等缺陷。因此，焊接过程中应始终保持较短的焊接电弧、较少的送进量和较快的间断熄弧频率，有效地控制熔池温度，从而防止液态金属下坠。注意，焊条角度随着环形焊缝的周向变化而变化，由此获得满意的焊缝成形。

相关知识

一、管对接垂直固定焊接的特点

将两段同径等壁厚管的中心线重合，且垂直于水平面叠放在一起固定，不许倾斜转动，这种管类固定位置焊接被称为管对接垂直固定焊。管垂直固定的焊缝是一条处于水平位置的环缝，与平板对接横焊类似，不同的是管垂直固定的横焊环缝具有一定的弧度，因而焊条在焊接过程中是随弧度运条焊接的。管垂直固定焊接具有如下特点：

1. 熔池因自重力的影响，有自然下坠而造成上侧咬边、下侧焊瘤的趋势，表面多道焊不易焊得平整美观，常出现凸凹不平的焊缝缺陷。

2. 多道焊的运条比较容易掌握，熔池形状变化不大。

3. 由于广泛采用多道焊法，易引起焊缝层间夹渣及层间未熔合现象。

二、管垂直固定焊接操作

以下是以开 V 形坡口为例讲述，为其他坡口形式的焊接操作提供参照。

1. 打底层焊接

（1）焊条角度。焊条与下管壁的夹角为 70°～80°，如图 7—1—2a 所示。焊条与焊接方向的切线夹角为 75°～85°，如图 7—1—2b 所示。

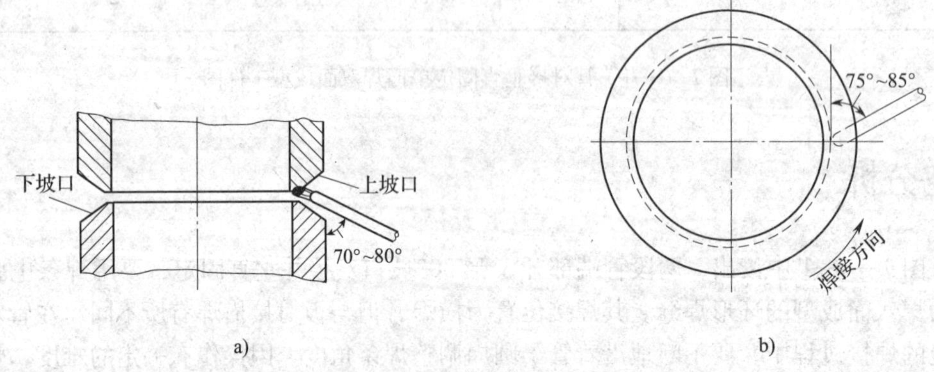

图 7—1—2　管垂直固定单面焊双面成型焊条角度

a）焊条与下管壁夹角　b）焊条与焊接方向的切线夹角（俯视图）

（2）引弧。引弧位置在坡口的上侧，电弧引燃后，对起弧点处坡口上侧钝边进行预热。上侧钝边熔化后，再把电弧引至钝边的间隙处，使熔化金属充满根部间隙。这时，焊条向坡口根部间隙处下压，同时焊条与下管壁的夹角适当增大，当听到电弧击穿根部间隙发出“噗噗”的声音后，钝边每侧熔化 0.5～1 mm 并形成第一个熔孔时，引弧工作完成。

（3）运条方法

1）连弧焊。焊接方向从左到右，采用斜圆圈形运条，始终保持短弧焊接。焊接过程中，为防止熔池金属产生流淌，形成泪滴形下坠，电弧在上坡口侧停留的时间应略长些，同时要有 1/3 电弧通过坡口间隙在管内燃烧。电弧在下坡口侧只是稍加停留，有 2/3 的电弧通过坡口间隙在管内燃烧。打底焊道应在坡口正中偏下，焊缝上部不要有尖角，下部不允许有熔合不良等缺陷。焊接时，先选定始焊处，引燃电弧后，拉长电弧预热坡口，待坡口处接近熔化状态，压低电弧，形成熔池，随后采取直线形或斜锯齿形运条向前移动。运条角度如图7—1—3 所示。

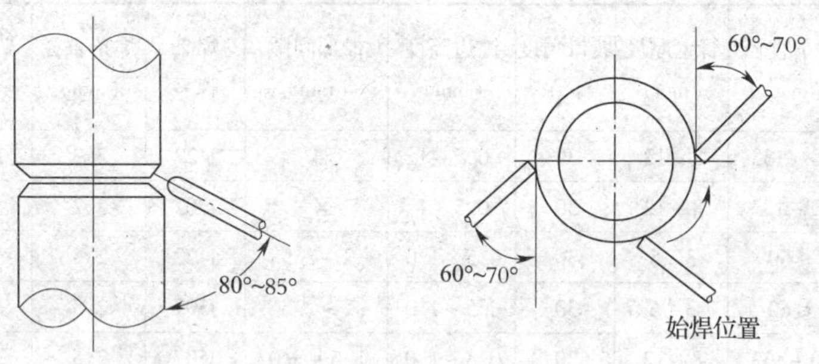

图 7—1—3　垂直固定管焊接操作位置示意图

2）断弧焊。断弧焊单面焊双面成型有三种焊接手法，即一点焊法、两点焊法、三点焊法。当管壁厚度为 2. 5 ~ 3. 5 mm，根部间隙小于 2. 5 mm 时，由于管壁较薄，焊接多采用一点焊法；根部间隙大于 2. 5 mm 时，采用两点焊法；根部间隙大于 4 mm 时，采用三点焊法。

焊接方向是从左向右焊，逐点将熔化金属送到坡口根部，然后迅速向侧后方熄弧，熄弧动作要干净利落，不拉长电弧，防止产生咬边缺陷。熄弧与重新引弧的时间间隔要短。电弧引燃和熄灭的频率以 70 ~ 80 次/min 为宜。熄弧后，重新引弧的位置要准确，新焊点应与前一个焊点搭接 2/3 左右。

焊接时，注意保持焊缝熔池形状与大小基本一致。熔池中的液态金属与熔渣要分离并保持熔池清晰明亮，焊接速度保持均匀。

(4）与定位焊缝接头。在焊接过程中，运条到定位焊缝根部时，焊条要向根部间隙位置顶送一下。当听到“噗噗”声音后，快速运条到定位焊缝的另一端根部预热。当端部定位焊缝有“出汗”现象时，焊条要在坡口根部间隙处向下压。听到“噗噗”声音后，稍作停顿，用断弧焊手法继续施焊。

(5）收弧。当焊条接近始焊端时，焊条在始焊端收口处稍作停顿预热，看到有“出汗”现象时，将焊条向坡口根部间隙处下压，让电弧击穿坡口根部。听到“噗噗”声音后，稍作停顿，然后继续向前施焊 10 ~ 15 mm，填满弧坑即可。

(6）更换焊条时的接头方法。有热接法和冷接法两种，打底层焊缝更换焊条时多用热接法，这样可以避免背面焊缝出现冷缩孔和未焊透、未熔合等缺陷。

1）热接法。在焊缝收弧处熔池尚保持红热状态时，迅速更换完焊条并在收弧斜坡前10 ~ 15 mm 处引弧，然后将电弧拉到斜坡上运条预热。在斜坡终端最低点处压低电弧，击穿坡口根部后，稍停一下，使钝边每侧熔化 0. 5 ~ 1 mm 并形成熔孔。之后可以恢复原来的操作手法继续焊接，热接法换焊条的动作越快越好。

2）冷接法。焊接熔池已经冷却凝固，焊接引弧前，在收弧处用角向砂轮或锉刀等磨出斜坡，然后在斜坡前 10 ~ 15 mm 处引弧并运条预热斜坡。在斜坡终端最低点处有“出汗”

现象时，压低电弧击穿坡口根部，同时稍作停顿，使钝边每侧熔化 0.5 ~ 1 mm 并形成熔孔，这时可恢复原来的操作手法继续施焊。

（7）管垂直固定打底焊工艺参数见表 7—1—1。

表 7—1—1　　管垂直固定打底焊工艺参数

操作方法＼工艺参数		管子直径（mm）	管壁厚度（mm）	坡口角度（°）	钝边高度（mm）	根部间隙（mm）	焊条牌号	焊条直径（mm）	平焊位置焊接电流（A）	焊接极性
断弧焊	两点法	60 ~ 133	8 ~ 12	30	0.5 ~ 1	4	J422	3.2	100 ~ 110	交流
		60 ~ 133	8 ~ 12	30	0.5 ~ 1	4	J507	3.2	95 ~ 100	直流反接
	一点法	≤60	3 ~ 5	30	0.5 ~ 1.0	2 ~ 2.5	J422	2.5	80 ~ 85	交流
连弧焊		≤60	3 ~ 5	30	0.5 ~ 1.0	2 ~ 2.5	J507	2.5	65 ~ 70	直流反接
		60 ~ 133	8 ~ 12	30	0.5 ~ 1.0	2.5 ~ 3.0	J507	2.5	70 ~ 75	

2. 中间层焊接

中间层焊道可采用斜锯齿形或斜圆圈形运条。这种操作方法焊道较厚，出现缺陷的机会少，生产效率高，焊波均匀，但操作难度较大。如用多道焊，可略增大焊接电流，直线运条，使焊道充分熔化，焊接速度不要太快，使焊道自下而上整齐而紧密地排列。焊条的垂直倾角随焊道位置而改变，下部倾角要大，上部倾角要小。

焊接过程中要保持熔池清晰，当熔渣与熔化金属混淆不清时，可拉长电弧并向后甩一下，将熔渣与铁水分清，中间层不应把坡口边缘盖住，焊道中间部位稍微凸出，为盖面焊道做好准备。

3. 盖面层焊接

（1）清渣。仔细清理打底层焊缝与管子坡口两侧母材夹角处的熔渣，及焊点与焊点叠加处的熔渣。

（2）运条方法。采用直线形运条，不做横向摆动，从左向右，根据管壁厚度确定盖面层焊道数，一道道地从最下层焊缝开始焊接，直至最上层盖面层焊缝焊完并熔进上侧坡口边缘 1 ~ 2 mm 为止。每道焊缝与前一道焊缝搭接 1/3 左右，盖面层应有 2 ~ 3 道焊缝。

（3）焊条角度

1）盖面层为两条焊道时，焊条与管壁夹角在两条焊道中不一样，如图 7—1—4a 所示。第一条焊道，焊条与下管壁的夹角为 75° ~ 80°；第二条焊道，焊条与下管壁的夹角为 80° ~ 90°。

2）盖面层为三条焊道时，各条焊道的焊条与管壁的夹角各不相同，如图 7—1—4b 所示。第一条焊道，焊条与下管壁的夹角为 75° ~ 80°；第二条焊道，焊条与下管壁的夹角为 95° ~ 100°；第三条焊道，焊条与下管壁的夹角为 80° ~ 90°。超过三条焊道时，第一条焊道和最后一条焊道，参照三条焊道的相应焊道操作，中间焊道操作均参照第二条焊道执行。

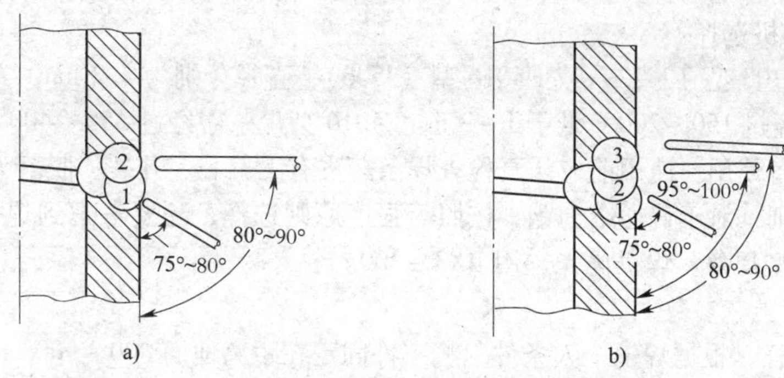

图 7—1—4　盖面层焊条角度

a）两道盖面焊条角度　b）三道盖面焊条角度

3）所有盖面层焊道，焊条与焊点处管切线焊接方向的夹角均为 80° ~ 85°，如图 7—1—5所示。

4）盖面层为三道焊缝时，每条焊道应与上一条焊道搭接 1/2 左右，与下管件坡口相接的第一条焊道应熔化坡口边缘 1 ~ 2 mm 为宜。第二条焊道的焊接速度要比第一条焊道稍慢些，使焊缝中部熔池凝固后形成凸起。第三条焊道的焊接速度应比第二条焊道的焊接速度稍快，便于形成与上管件坡口边缘相接的圆滑过渡焊缝，并熔入上管件坡口边缘 1 ~ 2 mm。

（4）接头方法。多采用热接法，在熔池前 10 mm 处引弧后，将电弧引至收弧处预热，当预热处有“出汗”现象时，压低电弧，按原来操作手法焊接。

总之，盖面焊道从下而上，上下焊道焊速要快，中间焊道焊速慢些，使焊道呈凸形。焊道间可不清除渣壳，以便使温度缓慢下降，焊道间易于熔合。最后一道焊条倾角要小，以消除咬边现象。

任务实施

一、焊前准备

1. 按规定穿戴好焊接劳动保护用品、准备焊接辅助工具，详见模块二任务 1 的相应内容。

2. 工件材料的选用

工件 20 钢管规格为 $\phi60$ mm × 8 mm × 125 mm，加工成 V 形单边 30°坡口，p = 1 mm，每组两段。用气割下料，如图 7—1—6 所示。

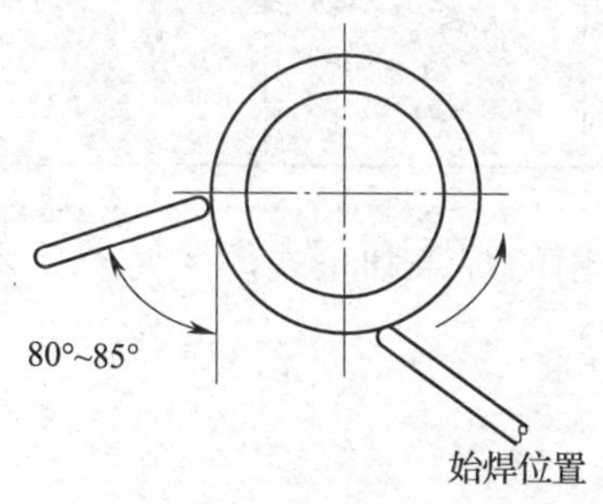

图 7—1—5　盖面层俯视焊条角度

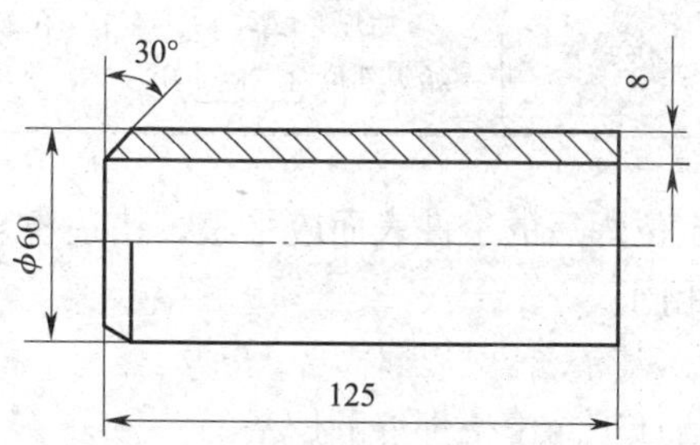

图 7—1—6　管件 V 形坡口尺寸

3. 焊材和焊机选择

焊条选用 E4303 型（J422）或 E5016 型（J506），直径分别为 3.2 mm、4.0 mm。焊前，E4303 型焊条需经过 150 ~ 200℃烘干 1 ~ 2 h，E5016 型焊条需经过 350 ~ 400℃烘干 1 ~ 2 h，放在保温桶内以备使用。使用前应认真检查焊条药皮有无偏心、开裂、脱落等现象。根据焊接材料的选用原则，对于普通结构钢，按照等强度原则选择，还要考虑到焊条的工艺性能，优先选用 E5016 型焊条。焊机优先选用 BX3 - 300。

4. 确定焊接工艺参数

（1）熟悉图样，根据焊工个人条件，将工件固定在距离地面 800 ~ 900 mm 的高度。

（2）确定管垂直固定单面焊双面成型焊接工艺参数见表 7—1—2。

表 7—1—2　　焊接工艺参数

焊接层次	焊道数量	运条方法	焊条直径（mm）	焊接电流（A）
打底焊	1	断弧焊法	3.2	70 ~ 80
填充焊	2	直线形运条法或斜锯齿形运条法	4.0	115 ~ 135
盖面焊	3	直线形运条法和直线往复形运条法		105 ~ 115

5. 工件清理

工件的清理用锉刀、砂布、钢丝刷等工具，在坡口正背面 20 mm 范围内清除铁锈、油污、氧化皮等，使之呈现金属的光泽。用焊接检验尺测量工件坡口，达到图 7—1—1 管对接垂直固定单面焊双面成型工件要求。

6. 组装与定位焊

将工件坡口正、反两侧 20 mm 范围内清理干净，将所需钝边锉削好，并矫平工件。然后，将两段管件进行组装。在保证管子轴线中心对正的前提下，按圆周方向均匀分布定位焊缝，大管可焊 2 ~ 3 处，每处定位焊缝长 10 ~ 15 mm，根部间隙 2.5 ~ 3.0 mm（起焊处的间隙要稍大 1 mm）。工件的组装尺寸，如图 7—1—7 所示。组装及定位焊要求见表 7—1—3。

表 7—1—3　　组装及定位焊要求

坡口角度（°）	组装间隙（mm）	定位焊方式	钝边（mm）	错边量（mm）
60	始焊部位 2.5 始焊部位对应侧 3.0	在前、后半部的斜平位置各定位焊 1 处	1	≤0.5

定位焊后的工件表面应平整，错边量≤0.5 mm。所使用的焊条和正式焊接时所使用的焊条相同。

7. 清渣

清理干净定位焊缝的熔渣。

二、焊接操作步骤

1. 打底层焊接

（1）引弧与运条。打底焊时，先选定始焊处，用敲击法引弧，拉长电弧预热坡口，待坡口处接近熔化状态，压低电弧，稍停顿 1～2 s，形成熔池，随后采取直线形或斜锯齿形运条向前移动。击穿管件背面每边熔化 2 mm 左右形成熔孔。焊条下倾角为 75°～85°（见图 7—1—8），焊条与管的切线方向（焊接方向）夹角为 60°～70°，如图 7—1—9 所示。焊接方向从左到右，为了防止背面出现焊缝下垂，电弧在上坡口停留时间稍长些，在下坡口停留时间稍短些。电弧的深度在下坡口比上坡口深。在下坡口运条时，焊条端部离坡口底边约 0.5 mm，2/3 电弧在管内燃烧，焊条带至上坡口时，焊条端部离坡口底边约 2 mm，1/2 电弧在管内燃烧。运条的节奏要整齐，速度要一致。

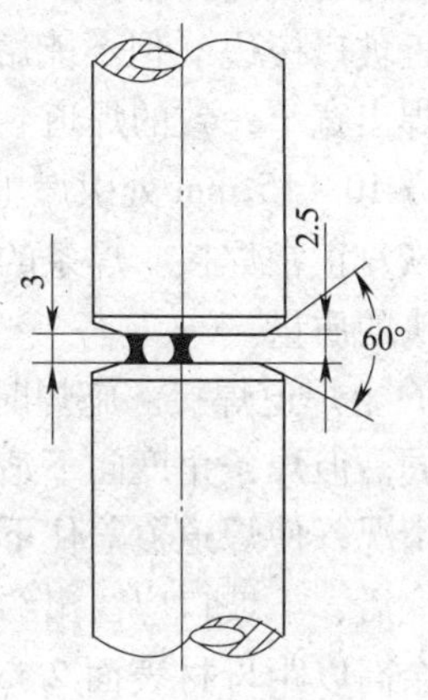

图 7—1—7　工件组装尺寸

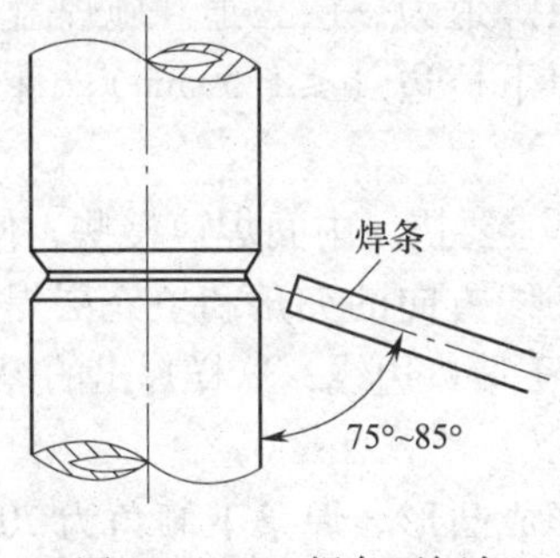

图 7—1—8　焊条下倾角

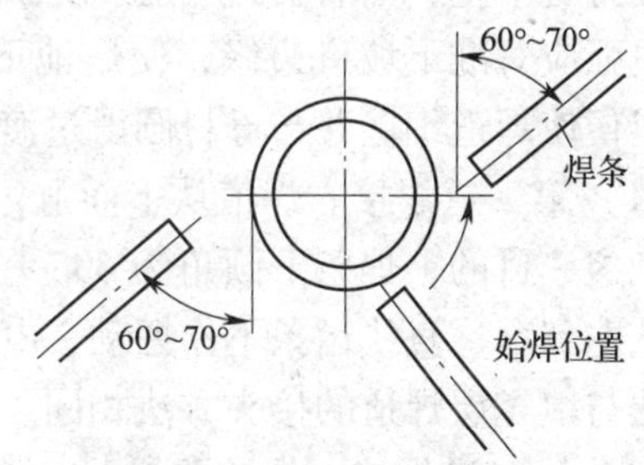

图 7—1—9　俯视焊条运条角度

（2）收弧。收弧时动作要快，当焊缝尚未冷却时，立即再次引燃电弧，防止产生冷缩孔，便于接头。绕管一周焊完回到始焊处封闭接头时，在接头缓坡前沿 3～5 mm 处不再用断弧焊而采用连弧焊焊至接头处。电弧向内压，稍作停顿，听到有“噗噗”的击穿声后，焊条略加摆动，然后焊过缓坡填满弧坑后收弧。

（3）焊缝接头。接头时，在斜坡前 10 mm 处引弧后，将电弧带至斜坡处作斜圆圈形运条。电弧到达斜坡前端的上方时，压低电弧击穿根部，再将电弧带至下坡口击穿根部后按上述方法正常运条。焊完一周后将始焊端的焊道用角向磨光机磨去 10 mm，再磨成一个斜坡。当焊至这个斜坡时，要压低电弧，继续向前作斜圆圈形运条，到斜坡结束后在一侧灭弧。打底层焊道位置应在坡口中部略偏下，焊道上部不要有尖角，下部不能有黏合现象。

2. 填充层焊接

填充层焊道在施焊前，需将打底层焊道上的熔渣及飞溅物等清理干净，有接头超高现象时，用錾子或锉刀修平。填充层焊道分上、下道。

（1）下焊道焊接。在焊接方向上要使焊条与管子切线成 65°～75°夹角、与坡口下端成

90°~100°夹角，并采用直线形运条。这种操作方法焊道少，出现缺陷的机会少，生产效率高，焊波均匀但操作难度较大。运条过程中始终保持电弧对准打底层焊道下边缘，并使熔池边缘接近坡口棱边（但不能熔化棱边）。运条速度要均匀，焊条角度要随焊道部位的改变而变化，焊出宽窄一致的焊道。注意，运条时一定要用短电弧，否则将产生气孔。接头时，在熔池前方 10~15 mm 处引燃电弧，直接拉向熔池偏上部位，压低电弧向下斜焊，形成新的熔池后恢复正常焊接。焊条的垂直倾角随焊道位置改变，下部倾角要大，上部倾角要小，以保证接头的质量。

（2）上焊道焊接。施焊时，焊条对准下焊道与上坡口面形成的夹角处，运条方法与下焊道相同。但焊条角度向下适当调整，与坡口下端成 75°~85°夹角。运条时要注意夹角处的熔化情况，使焊道覆盖住下焊道的 1/3~1/2，避免填充层焊道表面出现凹槽或凸起，填充层焊完后，下坡口应留出约 2 mm，上坡口应留出约 0.5 mm，为盖面焊打好基础。填充层焊缝的余高以距母材表面 2 mm 为宜。填充层不应把坡口边缘盖住，焊道中间部位稍微凸出，为盖面焊道做好准备。

3. 盖面层焊接

运用直线形运条法，按三道堆焊。焊前，先将上一层焊缝的渣壳及飞溅物清理干净，将焊缝处打磨平整，然后再进行盖面层焊接，盖面层焊道为一层三道。施焊盖面层的下焊道时，电弧应对准下坡口边缘，使熔池下沿熔合坡口下棱边（≤1.5 mm），且焊接速度要适宜，以便使焊道细些并与母材圆滑过渡。

（1）第一道焊接。焊道从下而上，上下焊道焊速要快，中间焊速慢些，使焊道呈凸形。为达到这一目的，焊条下倾角为 60°~70°，与管切线方向的夹角和填充层焊道相同。焊接方向从左到右，直线运条不作摆动，电弧中心对准下坡口边线，这样焊出的焊缝非常直。接头方法与填充层焊道的接头方法相同。

（2）第二道焊接。焊速要慢些，以使盖面层形成凸形。焊条下倾角为 70°~80°，与管切线方向夹角与第一道焊缝相同，焊接速度比第一道焊缝焊接时要慢，因为第二道焊缝要比第一道高，电弧中心线对准第一道焊缝的上边线为宜。

（3）第三道焊接。应适当增大焊接速度或减小焊接电流，焊条下倾角为 40°~45°，以防止咬边，确保整个焊缝外形宽窄一致，均匀平整。其他各项与前两道相同，焊接速度要快，焊缝要低于前两道。焊接时，电弧中心对准第二道的上边沿。

三、焊缝外观检测

1. 自检

对自己的操作姿势、运条方法要及时校正。将焊完清理好的工件，依据图 7—1—1 中技术要求和表 7—1—4 评分标准，进行自己校正和检测，合格后进行互检和专检。

2. 互检和专检

可参照模块二中任务 2 的相关内容进行。

任务评价

评分标准见表 7—1—4。

表 7—1—4　　评分标准

序号	操作内容	评分标准	配分	得分
1	焊缝宽度	≤6 mm 得 8 分；>6 mm 本项不得分	8	
2	焊缝宽度差	宽窄允许差 1 mm，每超差 1 mm 扣 4 分	8	
3	焊缝余高	余高≤3 mm 得 8 分；>3 mm 本项不得分	8	
4	焊缝余高差	允许 1 mm，每超差 1 mm 扣 4 分	8	
5	焊缝烧穿	无，若有每处扣 3 分	6	
6	夹渣	点状夹渣（最大尺寸≤2 mm），每处扣 2 分；条块状夹渣（最大尺寸 >2 mm），每处扣 3 分	6	
7	错边	错边量≤0.5 mm 不扣分；>0.5 mm 本项不得分	6	
8	焊缝的直线度	≤2 mm 得 8 分；>2 mm 本项不得分	8	
9	咬边	咬边深度应≤0.5 mm，每 1 mm 长扣 1 分，咬边连续长度≥6 mm或深度 >0.5 mm 本项不得分	6	
10	焊道填充不足	出现焊道填充不足不得分	4	
11	接头成形	良好不扣分，脱节或超高一处扣 4 分	8	
12	焊瘤	出现焊瘤不得分	8	
13	弧坑	饱满、无焊缝缺陷，达不到每处扣 2 分	6	
14	工件清理	清洁不扣分，否则每处扣 2 分	4	
15	安全文明生产	服从管理、安全操作，否则每项扣 3 分	6	
总分合计			100	

注：从开始引弧计时，该工件 60 min 内完成，每超出 1 min，从总分中扣 2.5 分。

思考与练习

1. 管垂直固定焊接的特点是什么？
2. 管垂直固定打底焊如何操作？要把握哪些要领？
3. 试比较管垂直固定焊接与板对接横焊有哪些异同点？
4. 管垂直固定焊接容易出现哪些缺陷？应如何防止？

任务 2　管对接水平固定单面焊双面成型

技能点

◎ 掌握焊条电弧焊水平固定管定位焊法操作技术；掌握焊条电弧焊水平固定管断弧打底焊、月牙形运条法操作技术；掌握水平固定管全位置单面焊双面成型的基本技能及操作。

知识点

◎ 了解焊条电弧焊水平固定管定位焊的方法；了解焊管时的焊条角度变化；了解水平固定管仰位、平位接头焊接操作方法。

任务提出

在生产实践中，管对接水平固定单面焊双面成型多用于人进不去施工的锅炉、换热器或采暖小口径管道水平固定的环焊缝的焊接生产和维修中，这种焊接方式可以在水平固定的小口径管道外面施焊而内面也能形成焊缝。

如图 7—2—1 所示为管对接水平固定开钝边 V 形坡口单面焊双面成型工件图，材料为 20 钢。要求读懂工件图样，完成焊接任务，达到工件图样技术要求。

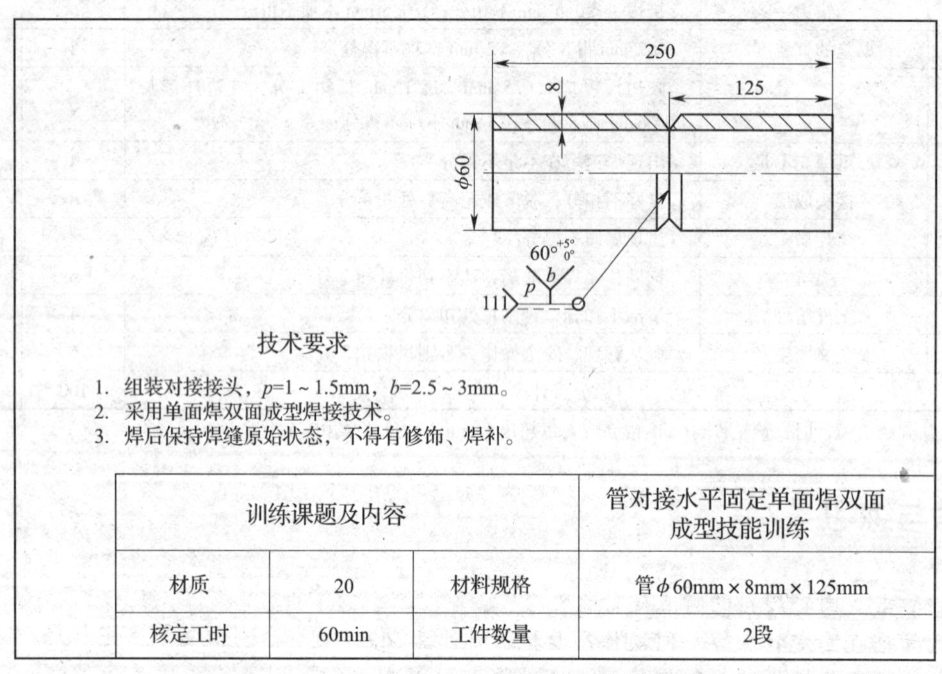

技术要求

1. 组装对接接头，p=1 ~ 1.5mm，b=2.5 ~ 3mm。
2. 采用单面焊双面成型焊接技术。
3. 焊后保持焊缝原始状态，不得有修饰、焊补。

训练课题及内容			管对接水平固定单面焊双面成型技能训练
材质	20	材料规格	管 ϕ60mm × 8mm × 125mm
核定工时	60min	工件数量	2段

图 7—2—1　管对接水平固定单面焊双面成型工件图

任务分析

从图 7—2—1 中读出，两段管端部开 V 形 30°坡口对接并水平固定，要用焊条电弧焊焊成单面焊双面成型的环形焊缝。在管水平固定焊接过程中，因焊接工件的空间位置在连续不断地变化，需经仰焊位置、立焊位置、平焊位置等，也称全位置焊接，如图 7—2—2 所示。而焊工要随工件空间位置的变化而相应地改变运条角度，要控制住熔池形状。同时焊条送进深度也要相应地发生变化。由于控制熔池形状较难，在仰焊时，容易出现夹渣、未熔合和焊瘤等缺陷。因此，焊接过程中，为了保证焊缝质量，应注意每个环节的操作要领。

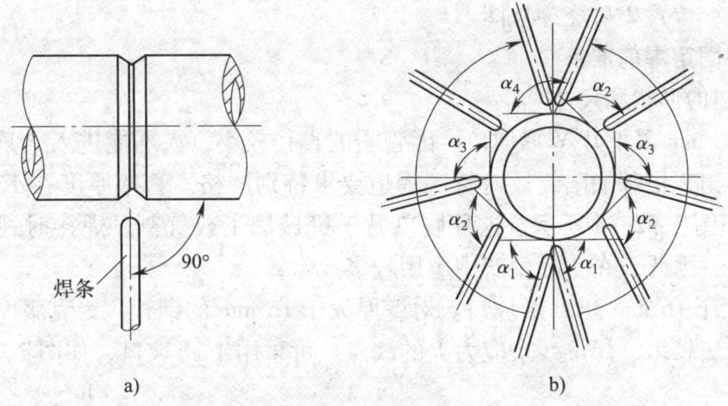

图 7—2—2　管水平固定焊接时焊条在不同段的角度

a）管水平固定主视图　b）管水平固定左视图

相关知识

一、管水平固定焊接的特点

管水平固定焊接按直径不同可分为大直径管（≥ ϕ108 mm）的焊接和小直径管（< ϕ108 mm）的焊接；按管的厚度不同可分为厚壁（≥10 mm）管焊接和薄壁（<10 mm）管焊接。管水平固定焊接具有以下主要特点：

1. 焊接空间位置不断变化。管件的水平固定焊接空间位置沿环形连续不断地变化，而焊工不易随管件空间位置的变化而相应地改变运条角度，因此，给焊接操作带来比较大的困难。

2. 熔池形状不易控制。由于熔池形状不易控制，所以，焊接过程中常出现打底层根部第一层焊透程度不均匀，焊道表面凹凸不平的情况。

3. 易出现焊接缺陷。管水平固定开 V 形坡口，焊缝根部常出现焊接缺陷，其缺陷分布状况，如图 7—2—3 所示。位置 1 与 6 易出现多种焊接缺陷；位置 2 易出现塌腰与气孔；位置 3 和 4 液态熔池易下淌形成焊瘤；位置 5 易出现塌腰，形成焊瘤或焊缝成形不均匀。

带垫圈的水平固定管焊接时，采用钢制垫圈，一般的垫圈壁厚及宽度为 30 mm × 20 mm，焊后与管子连接在一起，故也称残留垫圈。其缺陷分布如图 7—2—4 所示。位置 1

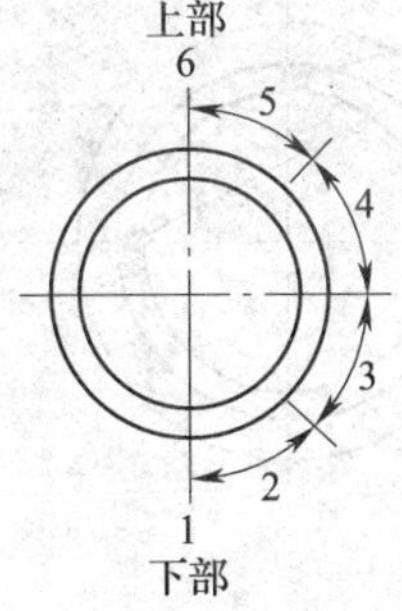

图 7—2—3　管水平固定焊接缺陷分布

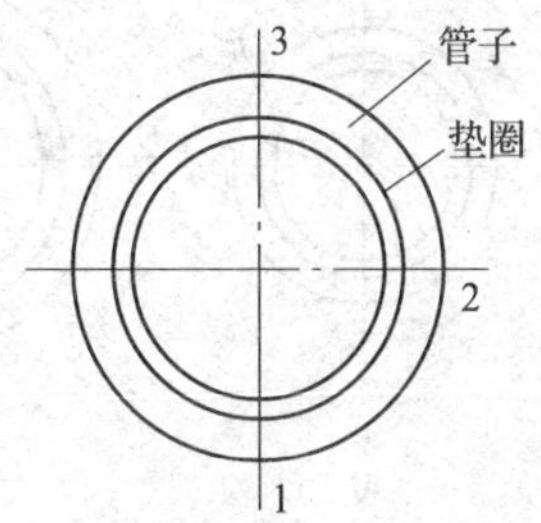

图 7—2—4　带垫圈的管水平固定缺陷分布

与3易出现夹渣；位置2易烧穿垫圈。

二、管水平固定焊前准备

1. 焊接坡口的形状和尺寸

（1）板厚16 mm以下开V形坡口。因管子的直径较小，人不能进入，只能从管的外侧进行焊接，容易出现根部缺陷，故对打底焊道要求特别严格。管壁厚度在16 mm以下时可开V形坡口，如图7—2—5所示。这种坡口易于机械加工或气割。焊接时视野清楚，便于运条，容易焊透，因此，在实际生产中应用较多。

（2）板厚大于16 mm开U形坡口。对壁厚大于16 mm的钢管，为克服V形坡口张角大而造成的填充金属较多、焊接残余应力大的缺点，可采用U形坡口，如图7—2—6所示。

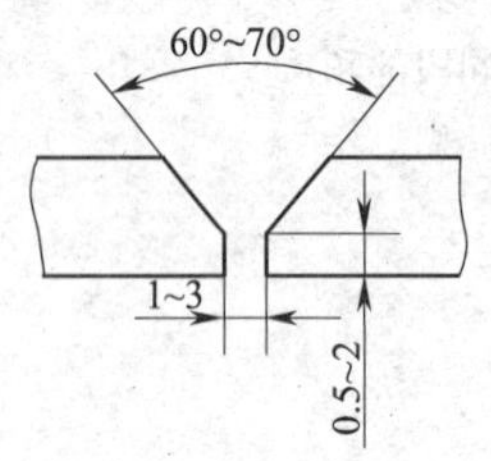

图7—2—5　开V形坡口的组装尺寸

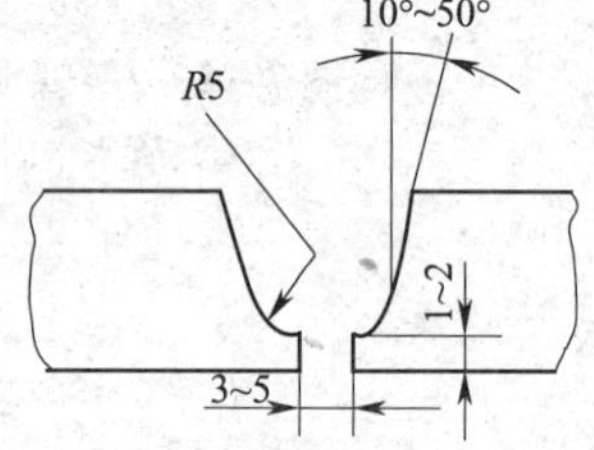

图7—2—6　开U形坡口的组装尺寸

以下以开V形坡口为例讲述，为其他坡口形式的焊接操作提供参照。

2. 管水平固定的组装及定位焊

（1）组装方法。管子组对前，在坡口及附近20 mm左右的区域，用角向磨光机打磨干净，露出金属光泽。必须使管子轴线对正，以免出现中心线偏斜。焊接时，由于管子处于吊焊位置，一般先从底部起焊，考虑到焊缝冷却时收缩不均，对于大直径管子，平焊位置的接口间隙应大于仰焊位置间隙0.5～1.5 mm。选择接口间隙也与焊条有一定关系：当使用酸性焊条时，接口上部间隙约等于所用焊条的直径；如选用碱性焊条，接口间隙一般为1～2 mm，这样底层焊缝双面成形良好。如果间隙过大，焊接时易烧穿，产生焊瘤；间隙过小，则不能焊透。

（2）定位焊。管径不同时，定位焊缝的数目及位置亦不同。管径小于等于42 mm时，可在一处进行定位焊，如图7—2—7a所示；管径为42～76 mm时，可在两处进行定位焊，

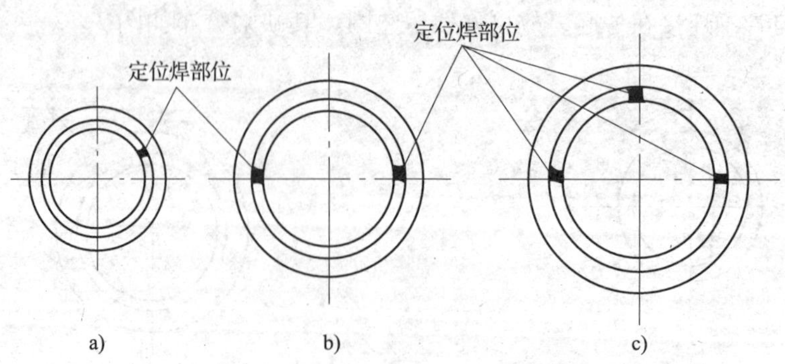

图7—2—7　管水平固定的定位焊缝

a）管径小于等于42 mm　b）管径为42～76 mm　c）管径为76～133 mm

如图 7—2—7b 所示；管径为 76 ~ 133 mm 时，可在三处进行定位焊，如图 7—2—7c 所示；管径更大时，可适当增加定位焊缝的数目。

定位焊缝长度一般为 15 ~ 30 mm，余高为 3 ~ 5 mm，焊肉太小易开裂，太大会给焊接带来困难。定位焊用直径 3. 2 mm 的焊条，焊接电流为 90 ~ 130 A。

为了保证焊缝质量，对定位焊缝要进行认真检查和修整。如发现有裂纹、未焊透、夹渣、气孔等缺陷，必须铲掉重焊。定位焊时的渣壳、飞溅物等，应彻底清除掉，并将定位焊缝修成两头带缓坡的焊点。

内衬垫圈的管子应在坡口根部定位焊，定位焊缝应交错分布，如图 7—2—8 所示。

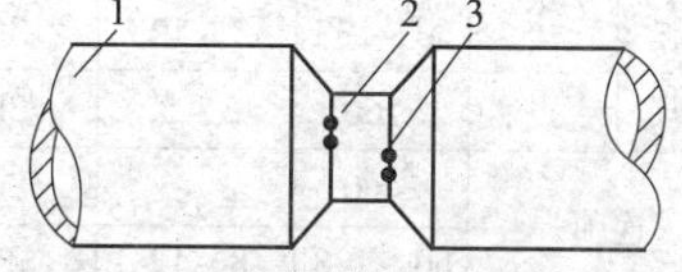

图 7—2—8　内衬垫圈管的定位焊缝分布位置

1—焊管　2—垫圈　3—定位焊

（3）临时定位方法。由于定位焊处容易产生缺陷，因此，对于直径较大的管子，尽可能不在坡口根部定位焊。而是利用将肋板焊到管子外壁起定位作用的办法来临时固定管子对口，这一点对水平固定焊口尤为适用。

三、管水平固定焊接操作

管水平固定的焊接，由于焊缝是环形，在焊接过程中需要经过仰焊、立焊、平焊等几种位置进行空间全位置焊接。为方便叙述施焊顺序，将水平固定管的横断面看做钟表盘，划分成 3、6、9、12 等时钟位置。通常定位焊缝在时钟的 2 点、10 点位置，定位焊缝长度为 10 ~ 15 mm，厚度为 2 ~ 3 mm。焊接开始时，在时钟的 6 点钟位置起弧，把环焊缝分为两个半圈，即时钟 6→3→12 点位置和 6→9→12 点位置。焊接过程中，焊条与焊接方向管切线的夹角不断地变化，操作比较困难，所以，应注意每个环节的操作要领。

1. 焊接工艺参数的确定

（1）焊条角度。起焊点，即时钟 5—6 点位置，焊条与焊接方向管切线的夹角为 80° ~ 85°；在时钟 7—8 点位置，为仰焊爬坡焊，焊条与焊接方向管切线的夹角为 100° ~ 105°。在立焊位置，即时钟 9 点钟位置，焊条与焊接方向管切线的夹角为 90°。在立位爬坡焊位置，即时钟 10—11 点位置施焊过程中，焊条与焊接方向管切线的夹角为 85° ~ 90°。在平焊位置，即时钟 12 点位置焊接时，焊条与焊接方向管切线的夹角为 75° ~ 80°。各点位置焊条角度，如图 7—2—9 所示。前半圈与后半圈相对应的焊接位置，其焊条角度相同。

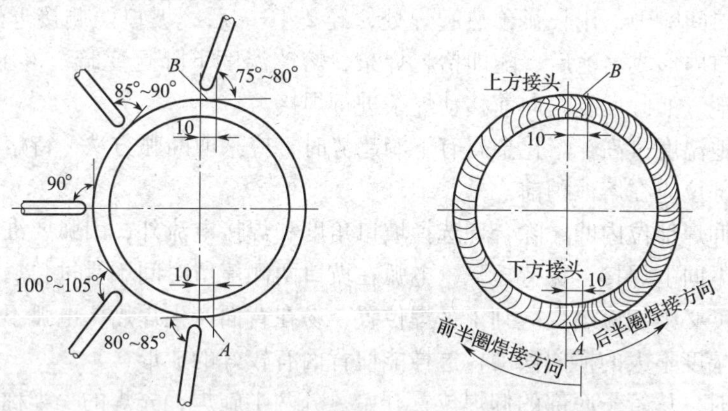

图 7—2—9　管水平固定打底层各点位置焊条角度

（2）管水平固定打底焊工艺参数见表 7—2—1。

表 7—2—1　　管水平固定打底焊工艺参数

<table>
<tr><th colspan="2">操作方法</th><th>管子直径（mm）</th><th>管壁厚度（mm）</th><th>坡口角度（°）</th><th>钝边高度（mm）</th><th>根部间隙（mm）</th><th>焊条牌号</th><th>焊条直径（mm）</th><th>平焊位焊接电流（A）</th><th>焊接极性</th></tr>
<tr><td rowspan="3">断弧焊</td><td rowspan="2">两点法</td><td>60 ~ 133</td><td>8 ~ 12</td><td>30</td><td>1 ~ 2</td><td>4 ~ 4.5</td><td>J422</td><td>3.2</td><td>110 ~ 120</td><td>交流</td></tr>
<tr><td>60 ~ 133</td><td>8 ~ 12</td><td>30</td><td>1 ~ 2</td><td>4 ~ 4.5</td><td>J507</td><td>3.2</td><td>90 ~ 100</td><td>直流反接</td></tr>
<tr><td>一点法</td><td>≤60</td><td>3 ~ 5</td><td>30</td><td>0.5 ~ 1.0</td><td>2 ~ 2.5</td><td>J422</td><td>2.5</td><td>80 ~ 90</td><td>交流</td></tr>
<tr><td colspan="2" rowspan="2">连弧焊</td><td>≤60</td><td>3 ~ 5</td><td>30</td><td>0.5 ~ 1.0</td><td>2 ~ 2.5</td><td>J507</td><td>2.5</td><td>65 ~ 70</td><td rowspan="2">直流反接</td></tr>
<tr><td>60 ~ 133</td><td>8 ~ 12</td><td>30</td><td>0.5 ~ 1.0</td><td>2.5 ~ 3.0</td><td>J507</td><td>2.5</td><td>70 ~ 75</td></tr>
</table>

2. 打底层的焊接

（1）引弧

1）连弧焊引弧。用碱性焊条焊接时，在起弧过程中，由于熔渣少、电弧中的保护气体少等原因，使熔池保护效果不好，焊缝极容易出现密集气孔，多为氮气孔。为了防止这类现象出现，碱性焊条的引弧多采用划擦法。

在始焊处时钟 6 点位置的前方 10 mm 处引弧后，把电弧拉至始焊处即时钟 6 点位置，进行电弧预热。当发现坡口根部有“出汗”现象时，将焊条向坡口间隙内顶送，待听到“噗噗”声后，稍停一下，使钝边每侧熔化 1 ~ 2 mm 并形成第一个熔孔，这时引弧工作完成。

碱性焊条所用电流比同直径的酸性焊条要小 10% 左右，所以，引弧过程容易出现黏焊条现象。为此，引弧过程中要求焊工手稳而准，引弧及回弧动作要快而稳。

2）断弧焊引弧。在时钟 6—5 点位置，即仰焊位置引弧，用长弧进行预热。当焊条端部出现熔化状态时，用腕力将焊条端部的第一、第二滴熔滴甩掉。与此同时，观察预热处有“出汗”现象时，迅速而准确地将焊条熔滴送入始焊端间隙，稍做一下左右摆动，同时焊条向后上方稍微推一下，然后向斜下方带弧、熄弧，第一个熔池就这样形成了，引弧工作结束。

打底层用直径为 3.2 mm 的焊条，先在前半部的仰焊处坡口边上用敲击法引弧，引燃后将电弧移至坡口间隙中，用长弧预热起焊处，经 2 ~ 3 s 后，坡口两侧接近熔化状态，立即压低电弧，坡口内形成熔池后，随即抬起焊条，熔池温度下降且变暗，再压低电弧往上顶，形成第二个熔池。如此反复，向前移动焊条进行焊接。

当发现熔池温度过高，熔化金属有下淌趋势时，应采取断弧方法，待熔池稍变暗，再重新引弧，引弧部位应在熔池稍前。

为了防止仰焊部位内凹，除合理选择坡口角度和焊接电流外，引弧要准确和稳定，断弧动作要快，从下向上焊接，保持短弧，电弧在坡口两侧停留时间不宜过长。操作位置不断变化时，焊条角度必须相应改变。到了平焊位置，易在背面产生焊瘤，电弧不能在熔池前多停留，焊条可做幅度不大的横向摆动，这样能使背面有较好的成形。

正式焊接时，从管子底部的仰焊位置开始，分两半施焊，先焊的一半称前半部，后焊的一半称后半部。两半部焊接都按照仰→立→平的顺序进行。

（2）运条方法

1）连弧焊运条方法。电弧在时钟 6—5 点位置 *A* 处引燃后，以稍长的电弧加热该处 2 ~ 3 s，待引弧处坡口两侧金属有“出汗”现象时，迅速压低电弧至坡口根部间隙，看到有熔滴过渡并出现熔孔时，焊条稍微左右摆动并向后上方稍推，观察到熔滴金属已与钝边金属连成金属小桥后，焊条稍拉开，恢复正常焊接。焊接过程中，必须采用短弧把熔滴送到坡口根部，如图 7—2—9 所示。

爬坡仰焊位置焊接时，电弧以月牙形运条并在两侧钝边处稍作停顿，看到熔化的金属已挂在坡口根部间隙并熔入坡口两侧各 1 ~ 2 mm 时再移弧。

时钟 9—12 点位置、3—12 点位置，即水平管立焊爬坡位置，焊接手法与时钟 6—9、6—3 点位置大体相同。所不同的是管子温度开始升高，加上焊接熔滴、熔池的重力和电弧吹力等作用，在爬坡焊时极容易出现焊瘤，所以要保持短弧快速运条。在时钟 12 点，即管平焊位置焊接时，前半圈焊缝收弧点在 *B* 点，如图 7—2—9 所示。

2）断弧焊运条方法。断弧焊每次接弧时，焊条要对准熔池前部的 1/3 左右处，接触位置要准确，使每个熔池覆盖前一个熔池 2/3 左右。熄弧动作要干净、利落，不要拉长电弧，熄弧与接弧的时间间隔要适当，其中燃弧时间约 1 s/次，断弧时间约 0. 8 s/次，熄弧频率大约为：仰焊和平焊区段 35 ~ 40 次/min，立焊区段 40 ~ 45 次/min。

焊接过程中采用短弧焊接，使电弧具有较强的穿透力，同时还要控制熔滴的过渡应尽量细小均匀，每一焊点的填充金属不宜过多，防止熔池金属外溢和下坠。熔池的形状和大小要基本保持一致，熔池液态金属清晰明亮，熔孔始终深入每侧母材 1 ~ 2 mm。

（3）焊缝接头

1）与定位焊缝接头。焊接过程中，焊缝要与定位焊缝相接时，焊条要向根部间隙位置顶送一下，当听到“噗噗”声后，快速运条到定位焊缝的另一端根部预热，看到端部定位焊缝有“出汗”现象时，焊条要往根部间隙处压弧，听到“噗噗”声后，稍作停顿，用原先的焊接手法继续施焊。

2）焊缝接头的处理。后半部的操作与前半部相似，但要完成两处焊道接头。其中，仰焊接头比平焊接头难度更大，也是整个管水平固定焊接的关键。为便于接头，前半部焊接时，仰焊起头处和平焊收尾处，都应超过管子垂直中心线 5 ~ 15 mm。在仰焊接头时，要把起头处焊缝用角向磨光机磨掉 10 mm 左右，形成缓坡。焊接时先用长弧烤热接头部位，运条至接头中心时立即拉平焊条，压住熔化金属，切忌熄弧，并将焊条向上顶一下，以击穿未熔化的根部，使接头完全熔合。当焊条至斜立焊位置时，要采用顶弧焊，即将焊条前倾，并稍作横向摆动，如图 7—2—10 所示。当距接头 3 ~ 5 mm 即将封闭时，绝不可熄弧，此时应把焊条向里压一下，可听到电弧击穿根部的“噗噗”声，焊条在接头处来回摆动，使接头充分熔合，然后填满弧坑，把电弧引到焊缝的一侧熄弧。

（4）收弧。后半圈焊缝将要与前半圈的收弧处相接时，焊接电弧应在收弧处稍停一下，预热，然后将焊条向坡口根部间隙处压弧，让电弧击穿坡口根部，听到“噗噗”声后稍作停顿，再继续沿斜坡向前焊 10 ~ 15 mm，填满弧坑。

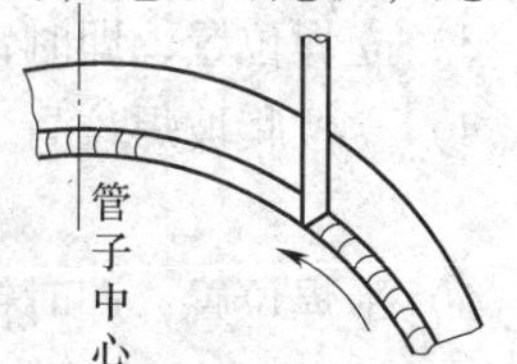

图 7—2—10　平焊接头处顶弧焊示意

收尾处焊接时，由于此时接头处管壁温度已升高，灭弧时间应稍长一些，焊条熔滴送入要少一些。严格控制熔池的温度，防止根部出现焊瘤或焊漏。

3. 填充层的焊接

（1）清渣。仔细清理打底层焊缝与坡口两侧母材夹角处的熔渣、焊点与焊点叠加处的熔渣。

（2）焊接。填充层施焊也是从仰焊部位开始、平位终止，填充层与打底层的连弧引弧和连弧焊接工艺参数一致。起头处宜焊薄些，避免形成焊瘤。填充层焊肉不要凸出，掌握好高度，特别是仰焊部位不能超高，要与平、立焊缝的高度和宽度保持一致。

4. 盖面层的焊接

（1）清渣。仔细清理填充层焊缝与坡口两侧母材夹角处的熔渣、焊点与焊点叠加处的熔渣。

（2）焊条角度。由于根部打底层焊缝已焊完，盖面层焊缝与根部是否焊透无关，主要技术问题是盖面层焊缝应成形良好，余高应符合技术规定，焊缝与母材圆滑过渡，无咬边。为此，焊条与管子焊接方向切线的夹角应比打底层焊接时稍大 5°左右，如图 7—2—11 所示。

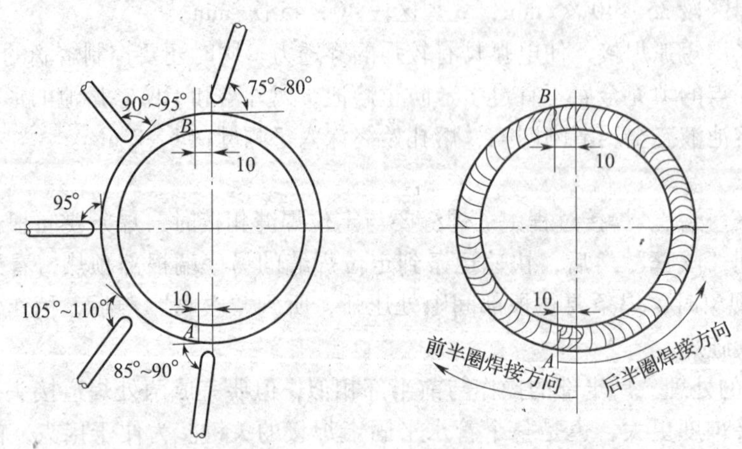

图 7—2—11　水平固定管盖面层各点位置焊条角度

1）仰焊位置，即时钟 6—7 点位置，焊条与焊接方向管切线的夹角为 85°~90°。

2）仰位爬坡焊位置，即时钟 7—8 点位置，焊条与焊接方向管切线的夹角为 105°~110°。

3）立焊位置，即时钟 9 点位置，焊条与焊接方向管切线的夹角为 95°。

4）立位爬坡焊位置，即时钟 10—11 点位置，焊条与焊接方向管切线的夹角为 90°~95°。

5）平焊位置，即时钟 12 点位置，焊条与焊接方向管切线的夹角为 75°~80°。

（3）运条方法。在时钟 5—6 点位置，即仰焊位置引弧后，长弧预热仰焊部位，将熔化的第一、第二滴熔滴甩掉，因为此时的熔滴温度低、流动性不好。然后以短弧的方式向上送熔滴，采用月牙形运条法或横向锯齿形运条法施焊。焊接过程中始终保持短弧，焊条摆至两侧时要稍作停顿，将坡口两侧边缘熔化 1 ~ 2 mm，使焊缝金属与母材圆滑过渡，防止产生咬边缺陷。

焊接过程中，熔池始终保持椭圆形状且大小一致，熔池应明亮清晰。在前半圈收弧时，要对弧坑稍填些熔化金属，使弧坑呈斜坡状，为后半圈焊缝收尾创造条件。焊接后半圈之前，应把前半圈起头部位焊缝的焊渣敲掉 10 ~ 15 mm，焊缝收尾时注意填满弧坑。

用碱性焊条焊接盖面层时，始终用短弧预热、焊接，引弧方法采用划擦法。

任务实施

一、焊前准备

1. 按规定穿戴好焊接劳动保护用品、准备焊接辅助工具，详见模块二中任务 1 的相应内容。

2. 工件材料的选用

工件 20 钢管规格为 $\phi 60$ mm × 8 mm × 125 mm，加工成 V 形单边 30°坡口，$p = 1$ mm，每组两段。用气割下料，如图 7—2—12 所示。

3. 焊材和焊机选择

焊条选用 E4303 型（J422）或 E5016 型（J506），直径分别为 2.5 mm、3.2 mm。焊前，E4303 型焊条需经过 150 ~ 200℃烘干 1 ~ 2 h，E5016 型焊条需经过 350 ~ 400℃烘干 1 ~ 2 h，放在保温桶内以备使用。使用前应认真检查焊条药皮有无偏心、开裂、脱落等现象。根据焊接材料的选用原则，对于普通结构钢，按照等强度原则选择，还要考虑到焊条的工艺性能，优先选用 E5016 型焊条。焊机优先选用 BX3 - 300。

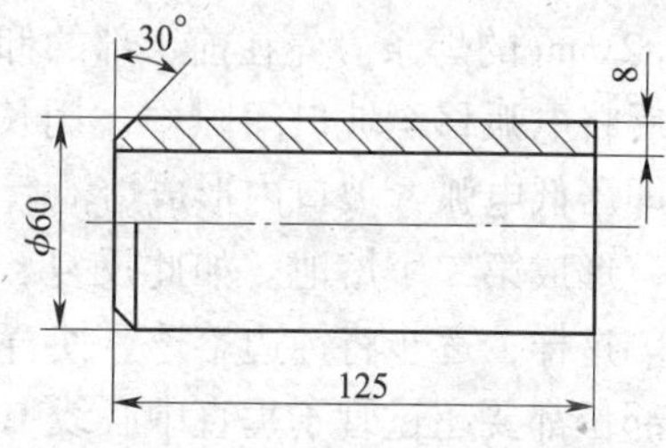

图 7—2—12　工件管 V 形坡口尺寸

4. 确定焊接工艺参数

熟悉图样，根据焊工个人条件，将工件固定在距离地面 800 ~ 900 mm 的高度。确定管水平固定单面焊双面成型焊接工艺参数，见表 7—2—2。

表 7—2—2　管水平固定单面焊双面成型焊接工艺参数

焊接层次	运条方法	焊条直径（mm）	焊接电流（A）
打底焊	断弧焊法	2.5	75 ~ 80
填充焊、盖面焊	月牙形运条法	3.2	95 ~ 105

5. 工件清理

工件的清理用锉刀、砂布、钢丝刷等工具，在坡口正背面 20 mm 范围内清除铁锈、油污、氧化皮等，呈现金属光泽。用焊接检验尺测量工件坡口并达到图 7—2—1 要求。

6. 组装与定位焊

将工件坡口正、反两侧 20 mm 范围内清理干净，将所需钝边锉削好，并矫平工件。然后，将两段管件进行组装，工件的组装尺寸见表 7—2—3。

表 7—2—3　　组装及定位焊要求

坡口角度（°）	组装间隙（mm）	定位焊方式	钝边（mm）	错边量（mm）
60	始焊部位 2.5 始焊部位对应侧 3	在前、后半部的平位和顶部各定位焊 1 处	1 ~ 1.5	≤0.5

检查有无错边现象，留出合适的根部间隙，始焊端 6 点处预留间隙 2.5 mm，终焊端 12 点处预留间隙 3.0 mm。分别在工件的 9—12—3 点处进行定位焊，定位焊缝要牢固，以防焊接过程中焊缝收缩使间隙尺寸减小或开裂，如图 7—2—13 所示。

定位焊后的工件表面应平整，错边量≤0.5 mm。所使用的焊条和正式焊接时所使用的焊条相同。

7. 清渣

清理干净定位焊缝的熔渣。

二、焊接操作步骤

1. 打底层的焊接

（1）引弧与运条。打底层焊道按壁厚选用 ϕ2.5 mm 的焊条，填充及盖面焊道选用 ϕ3.2 mm 的焊条。先在前半部的仰焊处（即时钟 6 点的位置）坡口边上用敲击法引弧，引燃后将电弧移至坡口间隙中，用长弧预热起焊处，经 2 ~ 3 s 后，坡口两侧接近熔化状态，立即压低电弧，坡口内形成熔池后，随即抬起焊条，熔池温度下降且变暗，再压低电弧往上顶，形成第二个熔池。如此反复，均匀地点射给送熔滴，并控制熔池之间的搭接量向前施焊。这样，逐步将钝边熔透，使背面成形均匀，直至将前半部焊完。焊前半部时，起焊和收弧部位都要超过管子垂直中心线 10 mm，如图 7—2—14 所示，以便于焊接后半部时接头。

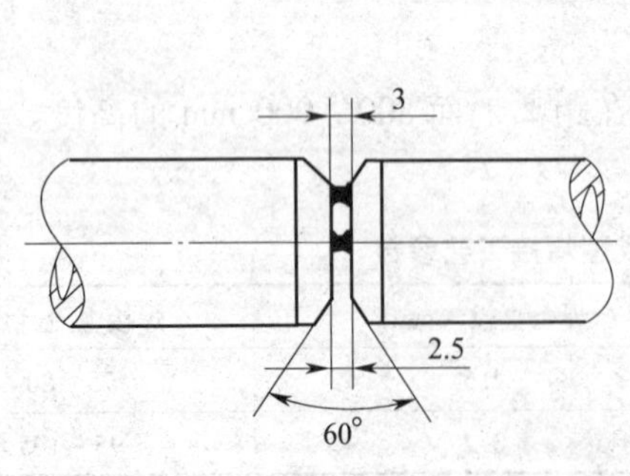

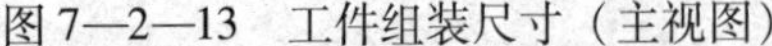

图 7—2—13　工件组装尺寸（主视图）

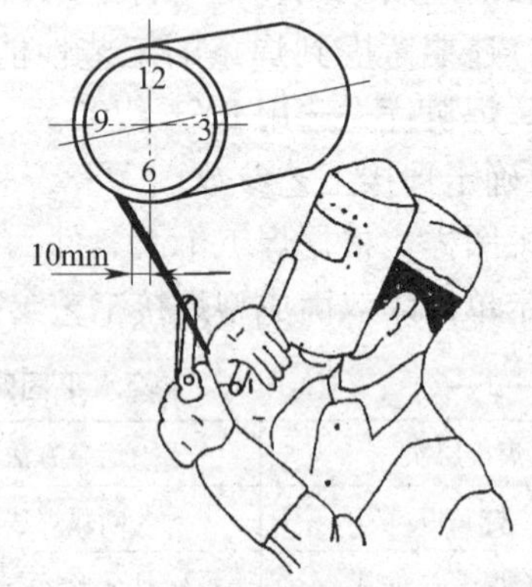

图 7—2—14　前半部焊接过中心线时示意图

焊接方向应从正仰焊位置由下向上分左右两半周进行运条。在正仰焊的定位焊处引燃电弧后，电弧稍作停顿，预热 1 ~ 2 s，然后缓慢向前运条，当发现熔池温度过高，熔化金属有下淌趋势时，应采取断弧方法，待熔池稍变暗，再重新引弧，引弧部位应在熔池稍前。按图 7—2—15 所示的焊接方向，运条幅度要非常小，速度较快，而且电弧要短，焊条与管子切线的上倾角成 80° ~ 85°。到达定位焊端部时，焊条上送，同时稍作摆动，此时焊条端部到达坡口底边，几乎使整个电弧在管内燃烧。当电弧击穿试件背面，形成熔孔，即实现单面焊双面成型。

仰焊部位时，如果焊条送进深度不够，背面会出现内凹。为防止仰焊部位内凹现象，除合理选择坡口角度和焊接电流外，引弧要准确和稳定，断弧动作要快，从下向上焊接，保持短弧，电弧在坡口两侧停留时间不宜过长。因此一定要注意焊条的送进深度。随着焊接向上进行，在仰爬坡位置焊条与管切线的上倾角为 95° ~ 100°，如图 7—2—15 所示。在立焊部位上倾角变为 90°，焊条端部离坡口底边约为 1 mm，大约 1/2 电弧在管内燃烧，横向摆动的幅度稍增大些。

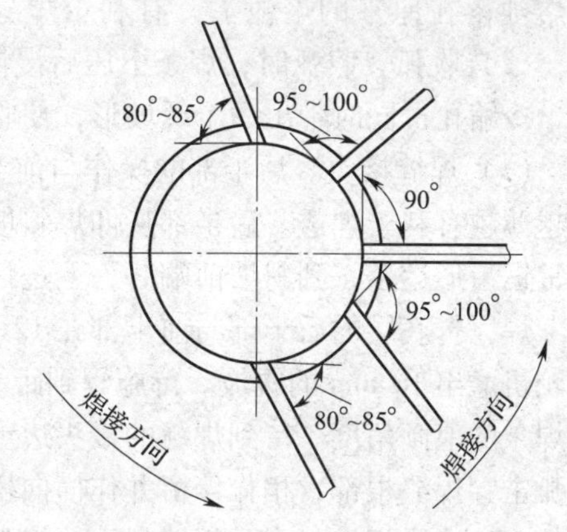

图 7—2—15　焊条倾角变化示意图（俯视图）

打底焊的后半部的操作方法与前半部相似，但是要在仰位和平位两处接头。仰位接头时，应把起焊处的较厚焊道用电弧割成缓坡（有时也可以用角磨砂轮机或扁铲等工具修整出缓坡）。操作时，先用长弧预热接头，如图 7—2—16a 所示；当出现熔化状态时立即拉平焊条，如图 7—2—16b 所示，顶住熔化金属；通过焊条端头的推力和电弧的吹力将过厚的熔化金属逐渐去除而形成一缓坡割槽，如图 7—2—16c 所示，如果一次割不出缓坡，可以多做几次；当形成缓坡后马上把焊条角度调整为正常焊接的角度，如图 7—2—16d 所示，进行仰位接头（切忌此时熄弧）。随后，将焊条向上顶一下，以便击穿坡口根部形成熔孔，使仰位接头完全熔合，转入正常的断弧焊法操作。

平位接头时，运条至斜立焊位置，逐渐改变焊条角度，使之处于顶弧焊状态，立即将焊条前倾，如图 7—2—17 所示。当焊至距接头 3 ~ 5 mm 即将封闭时，绝对不能熄弧，应把焊条向内压一下，等听到击穿声后，使焊条在接头处稍作摆动，填满弧坑后熄弧。当与定位焊缝相接时，也需用上述的方法操作。

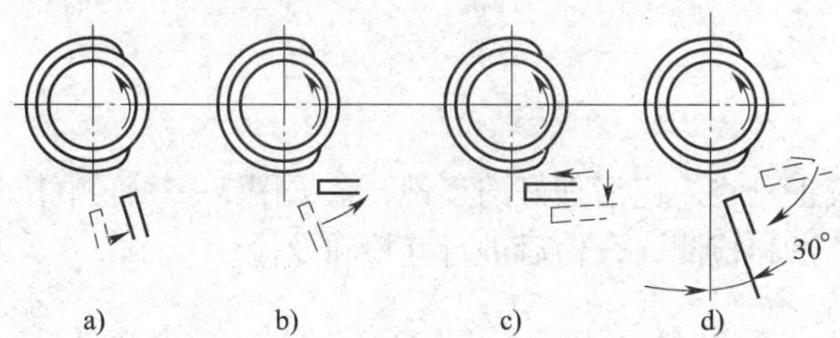

图 7—2—16　后半部长弧预热接头示意图

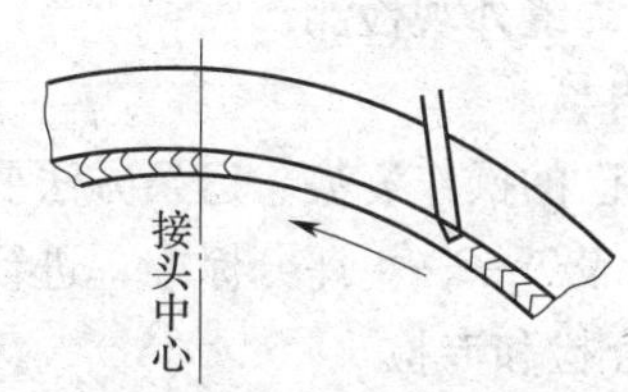

图 7—2—17　平焊位置接头采用顶弧焊法

打底层焊接电弧要控制得短些，保持大小适宜的熔孔。熔孔过大，会使焊缝背面产生下坠或焊瘤。仰焊位置操作时，电弧在坡口两侧停留时间不宜过长，并且电弧尽量向上顶；平焊位置操作时，要控制熔池温度，电弧不能在熔池的前面多停留，并且保持 2/3

的熔池落在原来的熔池上，有利于焊缝背面较好地成形。

(2) 收弧。收弧时，焊条下压后慢慢向后方一侧带弧 10 mm 左右，使熔池缓冷，防止产生冷缩孔，同时带出一个缓坡形，使收弧处焊缝金属尽量薄，有利于接头。

(3) 焊缝接头。后半部的操作与前半部相似，先用角向磨光机磨出 10 mm 的缓坡，端头越薄越有利于焊透。后半部从仰焊斜坡后方 5 mm 处引弧，引弧后，将电弧带至斜坡，作正常锯齿形运条，到斜坡前端时，上送焊条，按前半周方法进行焊接。

焊完打底层的后半部与前半部在 12 点处（平焊位置）接头时，应将先完成的一端头用砂轮机磨出 10 mm 的缓坡。待施焊到距平焊点 10 ~ 20 mm 处时，应按图 7—2—15 所示，变化焊条的上倾角度。待到焊缝的接头边缘熔化 2 ~ 3 mm 时决不可熄弧，将焊条向上顶一下，电弧击穿焊缝根部，稍作停留并作横向摆动，压住电弧向前施焊。然后填满弧坑，搭接原焊缝约 10 mm，把电弧引到焊缝的一侧熄弧即可。

2. 填充层的焊接

填充层的焊接也是从仰焊部位开始、平位终止，与打底层焊接一样，也分前、后两半部进行。焊接通常将打底焊前半部作为填充焊的后半部，目的是将上、下接头错开。采用横向锯齿形运条，两侧稍作停留，中间过渡稍快。为了使坡口两侧熔合良好，避免咬边，焊接时要使焊条在焊缝中间摆动快、两侧稍作停顿。焊条与管的切线的前倾角比根部焊道焊接时大 5°左右。填充层焊缝表面应平整，并要留出坡口轮廓，以作为盖面焊时控制焊缝宽度的界线。运条速度要均匀一致，使焊道高低平整，为盖面层打下良好的基础。填充焊道高度为：仰焊部位及平焊部位距母材表面 0. 5 mm，立焊部位距母材表面约 1 mm。

3. 盖面层的焊接

盖面焊道焊接时，为使盖面焊缝中间稍凸起些，并与母材圆滑过渡，要掌握好高度，仰焊部位不能超高，要与平、立焊缝的高度和宽度保持一致。仍采用横向锯齿形运条或月牙形运条，摆动速度适当加快，前进速度不变，并严格控制弧长，即可获得宽窄一致、波纹均匀的焊缝成形。两边稍作停留，以防止咬边。摆动时以焊芯到达坡口为止，两边各熔化 1 ~ 2 mm。最后完成管水平固定焊接。前半部收弧时，对弧坑稍填一些熔滴，使弧坑呈斜坡状，有利于后半部接头。在后半部焊接前，需将接头处约 10 mm 的渣壳去除，最好采用砂轮机打磨成斜坡。

三、焊缝外观检测

1. 自检

对自己的操作姿势、运条方法要及时校正。将焊完清理好的工件，依据图 7—2—1 中技术要求和表 7—2—4 评分标准，进行自己校正和检测，合格后进行互检和专检。

2. 互检和专检

可参照模块二中任务 2 的相关内容进行。

任务评价

评分标准见表 7—2—4。

表 7—2—4　　评分标准

序号	操作内容	评分标准	配分	得分
1	焊缝宽度	≤6 mm 得 8 分；>6 mm 本项不得分	8	
2	焊缝宽度差	宽窄允许差 1 mm，每超差 1 mm 扣 4 分	8	
3	焊缝余高	余高≤3 mm 得 8 分；>3 mm 本项不得分	8	
4	焊缝余高差	允许 1 mm，每超差 1 mm 扣 4 分	8	
5	焊缝烧穿	无，若有每处扣 3 分	6	
6	夹渣	点状夹渣（最大尺寸≤2 mm），每处扣 2 分；条块状夹渣（最大尺寸>2 mm），每处扣 3 分	6	
7	错边	错边量≤0.5 mm 不扣分；>0.5 mm 本项不得分	6	
8	焊缝的直线度	≤2 mm 得 8 分；>2 mm 本项不得分	8	
9	咬边	咬边深度应≤0.5 mm，每 1 mm 长扣 1 分，咬边连续长度≥6 mm或深度>0.5 mm 本项不得分	6	
10	焊道填充不足	出现焊道填充不足不得分	4	
11	接头成形	良好不扣分，脱节或超高一处扣 4 分	8	
12	焊瘤	出现焊瘤不得分	8	
13	弧坑	饱满、无焊缝缺陷，达不到每处扣 2 分	6	
14	工件清理	清洁不扣分，否则每处扣 2 分	4	
15	安全文明生产	服从管理、安全操作，否则每项扣 3 分	6	
总分合计			100	

注：从开始引弧计时，该工件 60 min 内完成，每超出 1 min，从总分中扣 2.5 分。

思考与练习

1. 管水平固定焊接是如何分类的？
2. 管水平固定焊接的特点有哪些？
3. 简述管水平固定焊接的顺序。
4. 管水平固定焊接容易出现哪些缺陷？应如何防止？
5. 管水平固定焊接的组装及定位焊有哪些要求？
6. 管水平固定焊接工艺参数中，焊条角度是如何确定的？

任务3　管45°倾斜固定对接单面焊双面成型

技能点

◎ 掌握焊条电弧焊断弧打底焊操作技术；掌握焊条电弧焊斜锯齿形运条法操作技术；掌握管45°倾斜固定焊的基本技能及操作。

知识点

◎ 了解在管45°倾斜固定单面焊双面成型中的焊条电弧焊运条方法；了解管45°倾斜固定的打底层、填充层和盖面层焊接操作方法。

任务提出

在生产实践中，管45°倾斜固定单面焊双面成型多用于人进不去施工的锅炉、换热器或采暖小口径管道45°倾斜固定的环焊缝的焊接生产和维修中，这种焊接方式可以在45°倾斜固定的小口径管道外面施焊而内面也能形成焊缝。

如图7—3—1所示为管45°倾斜固定对接开钝边V形坡口单面焊双面成型工件图，材料为20钢。要求读懂工件图样，完成焊接任务，达到工件图样技术要求。

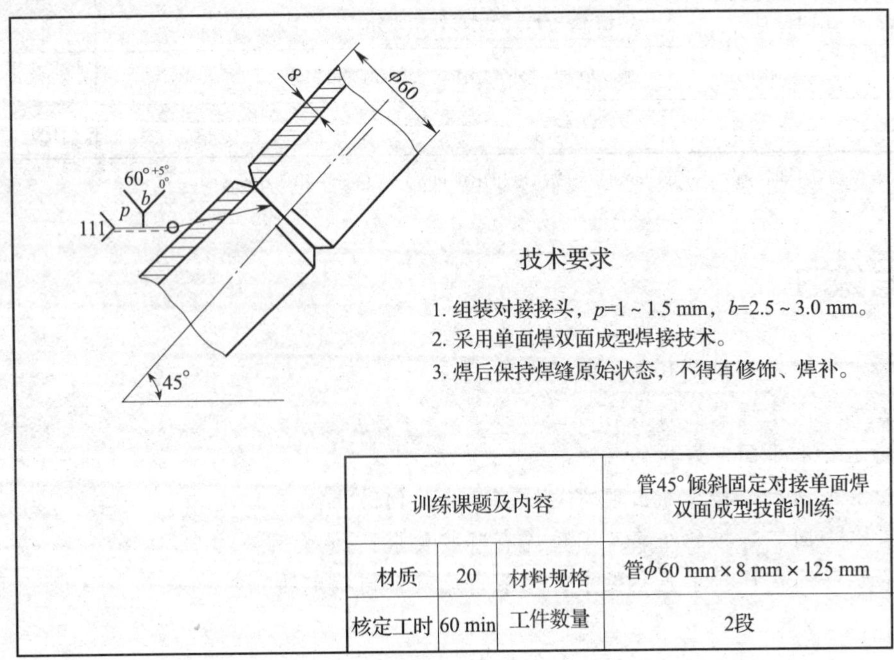

训练课题及内容			管45°倾斜固定对接单面焊双面成型技能训练
材质	20	材料规格	管ϕ60 mm × 8 mm × 125 mm
核定工时	60 min	工件数量	2段

图7—3—1　管45°倾斜固定对接单面焊双面成型工件图

任务分析

从图 7—3—1 中读出，两段管端部开 V 形 30°坡口对接并成 45°倾斜角固定，要用焊条电弧焊焊成单面焊双面成型的环形焊缝。管 45°倾斜固定的焊接操作与水平固定和垂直固定管对接焊操作相似。所不同的是：所形成的焊缝与水平面成 45°倾斜角。焊接操作时，应特别注意无论管子怎样倾斜，尽可能保持熔池为水平状态，避免出现坡口上咬边。在仰焊位置焊接时，焊条应作斜向摆动，在坡口上侧多作停留，否则出现填充不足；坡口下侧作停留时间要比上侧短些，防止液态金属下坠而堆积成缺陷。

相关知识

在不同倾斜角度管固定焊接时要遵循的一个重要原则就是，要在运条过程中始终保持熔池处于水平状态，其相应的焊接操作方法根据这一原则做相应调整。为方便说明，本任务以管件 45°倾斜固定焊接为例讲解倾斜角度管固定焊接。

一、管 45°倾斜固定焊接的特点

管件的 45°倾斜固定焊接是两管段开坡口一侧相对接，两中心线重合，与水平面成 45°，且管件固定不允许转动。管子的焊接位置介于水平固定管和垂直固定管之间，包括斜仰焊、斜立焊和斜平焊三个位置。在焊接过程中，同样将整圈焊缝分成前、后两个半圈进行，如图 7—3—2 所示。引弧点在仰焊位置，收弧点在平焊位置。

整圈焊缝由打底层和盖面层组成。为达到单面焊双面成型，打底层的焊接采用击穿焊法，虽然管子为倾斜状，但是要尽可能保持熔池趋于水平状态。盖面层的焊接应采用斜月牙形或斜锯齿形运条，短弧连续施焊，使焊缝外观成形为斜波纹状。

二、管 45°倾斜固定全位焊接操作

1. 打底焊接

（1）引弧与运条。在仰焊部位定位焊缝处引燃电弧，电弧稍作停顿，然后缓慢向前运条，形成熔池后，焊条上送击穿钝边形成熔孔，然后作斜圆圈形连弧运条，运条过程中要始终保持熔池处于水平状态，焊条下倾角为 30° ~ 35°，如图 7—3—3 所示。

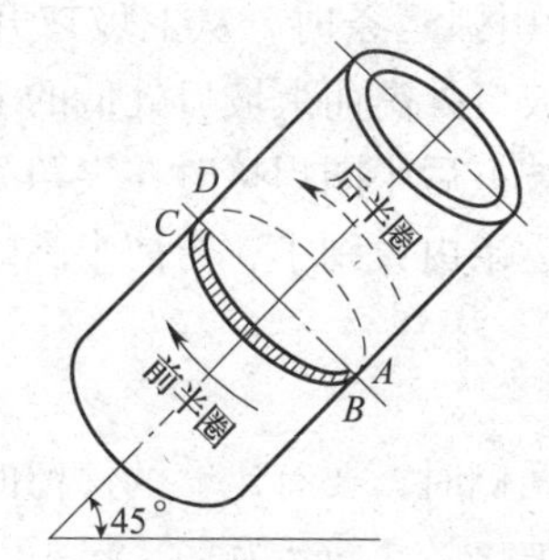

图 7—3—2　倾斜 45°固定管的焊接先后位置

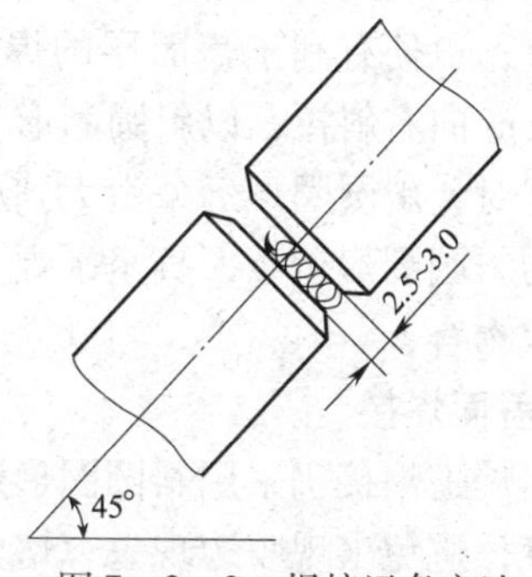

图 7—3—3　焊接运条方法

焊条与水平方向夹角为55°～60°，如图7—3—4a所示，焊条与管的切线方向（与焊接方向）夹角为70°～80°，如图7—3—4b所示。

焊条随着焊接向上进行，电弧深度慢慢减小，角度慢慢增大，如图7—3—5所示。电弧在上坡口停留时间长（约2 s），在下坡口停留时间短（约1 s）。运条节奏要整齐、均匀。

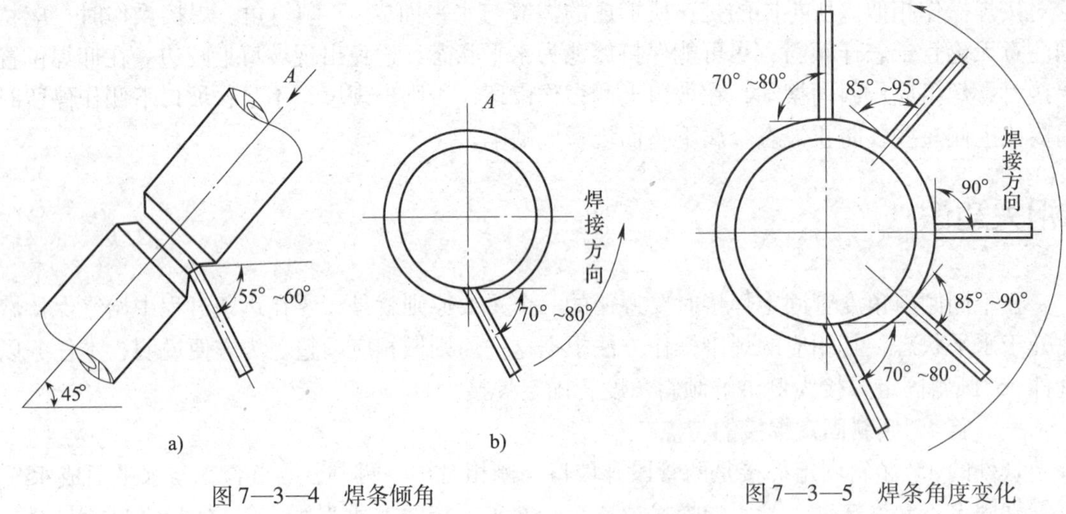

图7—3—4 焊条倾角

图7—3—5 焊条角度变化

（2）收弧。收弧时焊条下压，熔孔稍有增大后，慢慢向后上方带弧10 mm后熄弧，使熔池缓慢冷却，以防止背面产生冷缩孔，同时带出一个缓坡，有利于接头。

（3）接头。接头时，在斜坡前10 mm处引弧，带至斜坡前作斜圆圈形运条，到达斜坡前端上方时，电弧深度加大，以击穿根部，再将电弧带至下坡口击穿根部，形成熔孔后，按上述方法正常运条。

先焊的半圈甩出两个头，后半圈焊接前，要用砂轮机磨出10 mm的缓坡形，端头越薄越好。后半圈也是先以仰焊部位施焊，接头方法、焊条角度、收弧和前述方法相同。

2. 填充焊接

填充焊道焊接也采用斜圆圈形运条，电弧在上坡口处停顿时间要比在下坡口处稍长，焊条与管子切线方向的夹角比根部焊道焊接时大5°左右。焊接速度要均匀一致，使填充焊道高低平整，以便有利于盖面层的焊接。仰焊部位开始引弧运条时，从上坡口开始过中心线10～15 mm向右斜拉，以斜圆圈形运条，使起头呈下坡口处高而上坡口处低的上尖角形斜坡状。收尾时，斜圆圈形运条由大到小，也呈尖角形斜坡，后半圈焊接时在尖角处开始，用从小到大的斜圆圈形运条，直至平焊上接头，斜圆圈形运条由大到小，与前半圈焊缝收尾的尖角形斜坡吻合。

3. 盖面焊接

盖面焊道焊接仍采用斜圆圈形运条。焊条摆动到两侧时，要有足够的停留时间，使铁水充分过渡，避免出现咬边现象，熔池大小以压熔上下坡口各2 mm为宜，起头、收尾和接头方法与填充层焊接相同。

任务实施

一、焊前准备

1. 按规定穿戴好焊接劳动保护用品、准备焊接辅助工具，详见模块二中任务 1 的相应内容。

2. 工件材料的选用

工件 20 钢管规格为 ϕ60 mm × 8 mm × 125 mm，加工成 V 形单边 30°坡口，p = 1 mm，每两段管子组成一组工件。用气割下料，如图 7—3—6 所示。

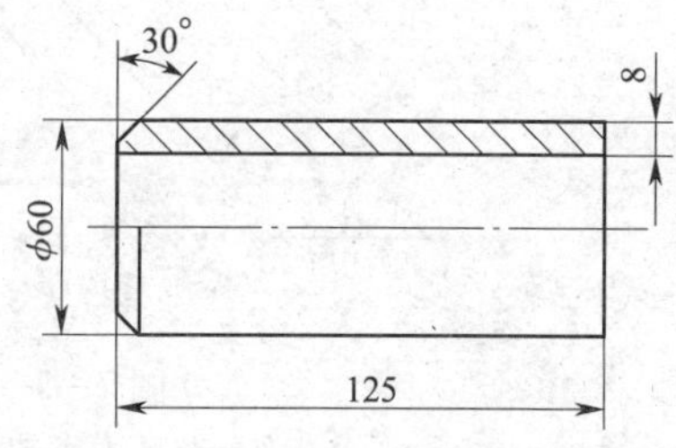

图 7—3—6　工件管 V 形坡口尺寸

3. 焊材和焊机选择

焊条选用 E4303 型（J422）或 E5016 型（J506），直径分别为 2.5 mm、3.2 mm。焊前，E4303 型焊条需经过 150 ~ 200℃ 烘干 1 ~ 2 h，E5016 型焊条需经过 350 ~ 400℃ 烘干 1 ~ 2 h，放在保温桶内以备使用。使用前应认真检查焊条药皮有无偏心、开裂、脱落等现象。根据焊接材料的选用原则，对于普通结构钢，按照等强度原则选择，还要考虑到焊条的工艺性能，优先选用 E5016 型焊条。焊机优先选用 BX3－300。

4. 工件清理

工件的清理用锉刀、砂布、钢丝刷等工具，在坡口正背面 20 mm 范围内清除铁锈、油污、氧化皮等，呈现金属光泽。用焊接检验尺测量焊件坡口并达到图 7—3—1 要求。

5. 组装与定位焊

组装与定位焊前，清理工件坡口及其两侧 20 mm 内外表面范围内的锈、油及污物，修锉钝边 1.0 mm，组装间隙为 2.5 ~ 3.0 mm，最小间隙应位于坡口的仰焊位置。定位焊两处，位于 10 点和 2 点处（用时钟表示），定位焊缝长度为 10 ~ 15 mm，要求焊透，并不得有焊接缺陷。然后，将两段管件进行组装，若出现缺陷应铲除重焊，并矫平焊件。工件的组装尺寸，见表 7—3—1。

表 7—3—1　组装及定位焊要求

坡口角度（°）	组装间隙（mm）	定位焊方式	钝边（mm）	错边量（mm）
60	始焊部位 2.5 始焊部位对应侧 3.0	在前、后半部的斜平位置各定位焊 1 处	1	≤0.5

检查有无错边现象，留出合适的根部间隙，定位焊缝要牢固，以防焊接过程中焊缝收缩使间隙尺寸减小或开裂，如图 7—3—7 所示。

定位焊后的工件表面应平整，错边量≤0.5 mm。所使用的焊条和正式焊接时所使用的焊条相同。

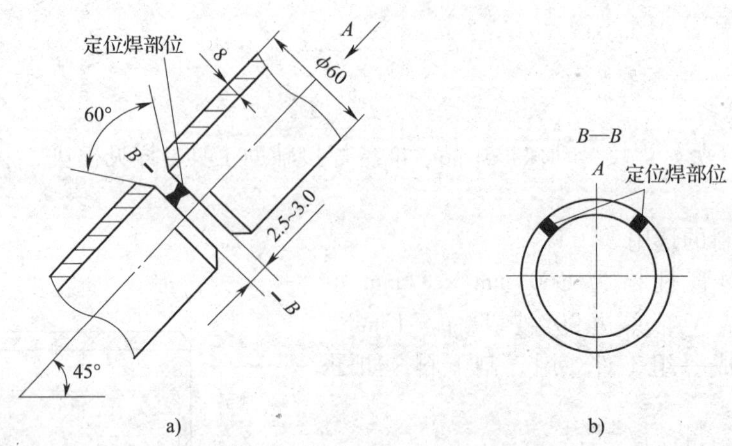

图 7—3—7　工件组装尺寸及定位焊部位

a）工件组装尺寸及定位焊部位主视图　b）工件定位焊部位 A 向剖视图

6．清渣

清理干净定位焊缝的熔渣。

7．确定焊接工艺参数

熟悉图样，根据焊工个人条件，将工件倾斜 45°固定在距离地面 800 mm 高度的焊接支架上。确定管对接 45°倾斜固定单面焊双面成型焊接工艺参数，见表 7—3—2。

表 7—3—2　　焊接工艺参数

焊接层次	焊条直径（mm）	运条方法	焊接电流（A）	焊接电压（V）	焊接速度（cm/min）
打底焊层	2.5	断弧焊法	65 ~ 75	18 ~ 22	8 ~ 10
填充焊层	3.2	斜圆圈形运条法	100 ~ 110	22 ~ 26	10 ~ 12
盖面焊层	3.2	斜圆圈形运条法	90 ~ 100	22 ~ 26	10 ~ 12

二、焊接操作步骤

1．打底层的焊接

打底焊引弧和运条，引弧点在仰焊部位，先用长弧预热坡口根部，然后压低电弧，熔穿钝边形成熔孔。当听到“噗噗”的击穿声后，焊条向上顶，并给足液态金属，然后迅速灭弧。待熔池颜色稍暗些，再将电弧落在熔池的前端 1/3 处，引燃电弧熔焊 0.8 ~ 1 s。如此反复熄弧、引弧进行击穿打底焊接，始终保持坡口边缘的熔孔大小一致。

2．填充焊道焊接

也采用斜圆圈形运条，电弧在上坡口处停顿时间要比在下坡口处稍长，焊条与管子切线方向的夹角比根部焊道焊接时大 5°左右。收弧时，斜圆圈形运条由大到小，呈尖角形斜坡，下半圈焊接时从尖角处开始，用从小到大的斜圆圈形运条。

3. 盖面焊

采用斜圆圈形运条法。施焊时，前半圈焊缝起头从下坡口边缘过管中心 10 ~ 15 mm 开始焊接，使起头呈尖角斜坡状，如图 7—3—8 所示，按序号 1→2→3 建立三个熔池，其熔池的轮廓基本处于水平状态，并使一个比一个大，最后达到焊缝宽度，即到序号 4 时开始正常施焊，进入盖面焊。

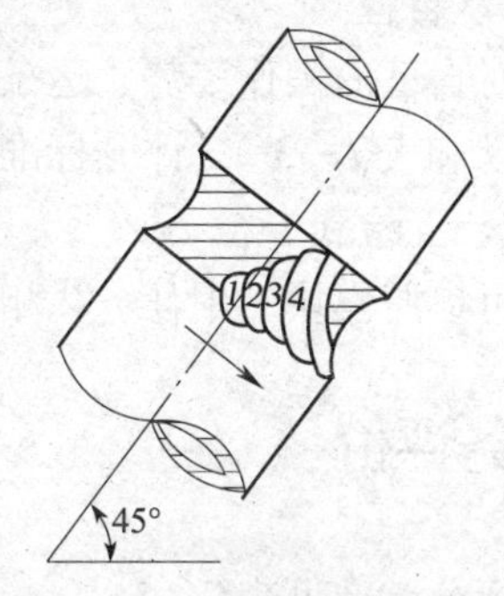

图 7—3—8　盖面焊的起头方法

运条时，在坡口上部边缘稍作停留，然后将电弧斜拉到下坡口边缘，再返回到上坡口边缘，保持每个熔池覆盖上、下坡口棱边各 1 ~ 2 mm，如此反复一直到焊完，如图 7—3—9 所示。

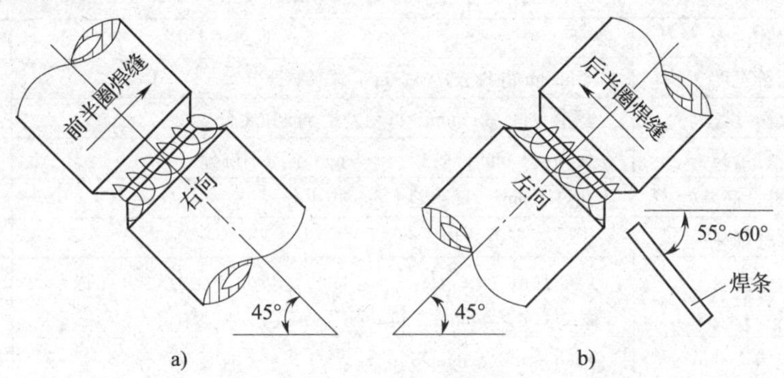

图 7—3—9　盖面焊的焊条角度及运条方法

a）前半圈焊接　b）后半圈焊接

前半圈的收尾是在熄弧前先将几滴铁水逐渐斜拉，以便使尾部呈三角形。

焊到半圈接头时，在管子斜仰部位引弧拉至接头待焊的三角区尖端，建立第一个熔池，此后的几个熔池随三角形宽度的增加逐个加大，直至将三角区填满，如图 7—3—10 所示，然后进行正常宽度的盖面焊。

焊至后半圈收尾时，焊条运条至三角收口区，使熔池逐个缩小，直至填满三角区后再收弧，如图 7—3—11 所示。

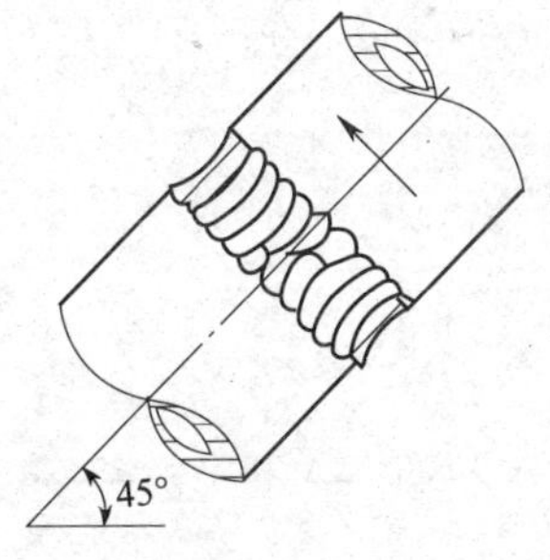

图 7—3—10　盖面焊的接头方法

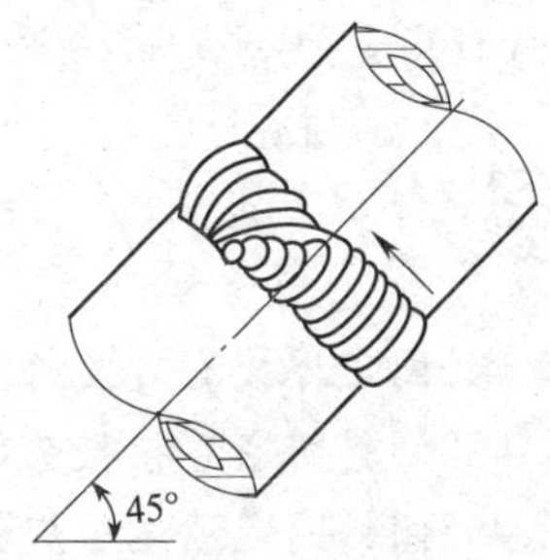

图 7—3—11　盖面焊的收尾方法

三、焊缝外观检测

1. 自检

对自己的操作姿势、运条方法要及时校正。将焊完清理好的工件，依据图7—3—1中技术要求和表7—3—3评分标准，进行自己校正和检测，合格后进行互检和专检。

2. 互检和专检

可参照模块二中任务2相关内容进行。

任务评价

评分标准见表7—3—3。

表7—3—3　　评分标准

序号	操作内容	评分标准	配分	得分
1	焊缝宽度	≤6 mm得8分；>6 mm本项不得分	8	
2	焊缝宽度差	宽窄允许差1 mm，每超差1 mm扣4分	8	
3	焊缝余高	余高≤3 mm得8分；>3 mm本项不得分	8	
4	焊缝余高差	允许1 mm，每超差1 mm扣4分	8	
5	焊缝烧穿	无，若有每处扣3分	6	
6	夹渣	点状夹渣（最大尺寸≤2 mm），每处扣2分；条块状夹渣（最大尺寸>2 mm），每处扣3分	6	
7	错边	错边量≤0.5 mm不扣分；>0.5 mm本项不得分	6	
8	焊缝的直线度	≤2 mm得8分；>2 mm本项不得分	8	
9	咬边	咬边深度应≤0.5 mm，每1 mm长扣1分，咬边连续长度≥6 mm或深度>0.5 mm本项不得分	6	
10	焊道填充不足	出现焊道填充不足不得分	4	
11	接头成形	良好不扣分，脱节或超高一处扣4分	8	
12	焊瘤	出现焊瘤不得分	8	
13	弧坑	饱满、无焊缝缺陷，达不到每处扣2分	6	
14	工件清理	清洁不扣分，否则每处扣2分	4	
15	安全文明生产	服从管理、安全操作，否则每项扣3分	6	
		总分合计	100	

注：从开始引弧计时，该工件60 min内完成，每超出1 min，从总分中扣2.5分。

思考与练习

1. 管45°倾斜固定焊接有哪些特点？
2. 简述管45°倾斜固定焊接接头的操作要领。
3. 简述管45°倾斜固定填充层焊接的要点。
4. 如何进行管45°倾斜固定打底焊和盖面焊的操作？

模块八　管不同位置固定加障碍焊

管不同位置固定加障碍焊条电弧焊也是工程机械制造中的一种焊法。在本模块里将学到管垂直固定加障碍焊和管水平固定加障碍焊；要求掌握焊条电弧焊垂直固定加障碍的连弧、断弧运条法；掌握水平固定加障碍的情况下的冷、热接头操作技术；掌握焊条电弧焊在管水平固定加障碍下的月牙形运条法操作技术。这些焊法在工程机械制造中，也是不可缺少的操作方法。

任务1　管对接垂直固定加障碍单面焊双面成型

技能点

◎ 掌握焊条电弧焊在管垂直固定加障碍下的焊接操作技术；掌握焊条电弧焊连弧、断弧运条法在管垂直固定加障碍下的操作技术。

知识点

◎ 了解焊条电弧焊在不便于操作的情况下，如何控制好焊接电弧，并能保证焊接质量；了解多层多道堆焊焊接操作方法。

任务提出

在生产实践中，管对接垂直固定加障碍单面焊双面成型多用于人进不去施工的锅炉中的换热管、换热器中的一簇换热管的垂直固定的环焊缝的焊接生产和维修中，这种焊接方式可以在垂直固定带有障碍排管的小口径管道外面施焊而内面也能形成焊缝。

如图 8—1—1 所示为管对接垂直固定开钝边 V 形坡口加排管障碍单面焊双面成型工件图，材料为 20 钢。要求读懂工件图样，完成焊接任务，达到工件图样技术要求。

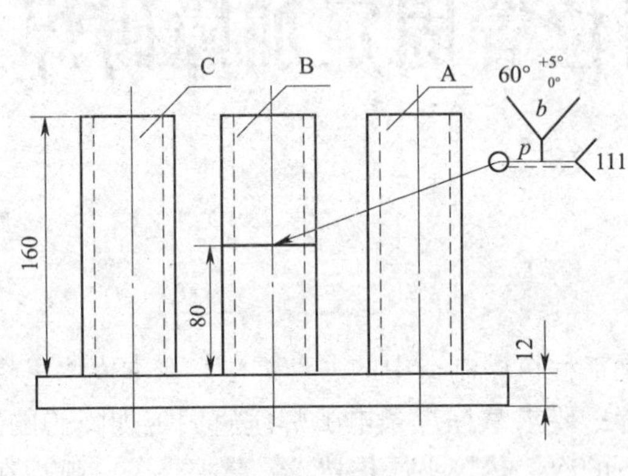

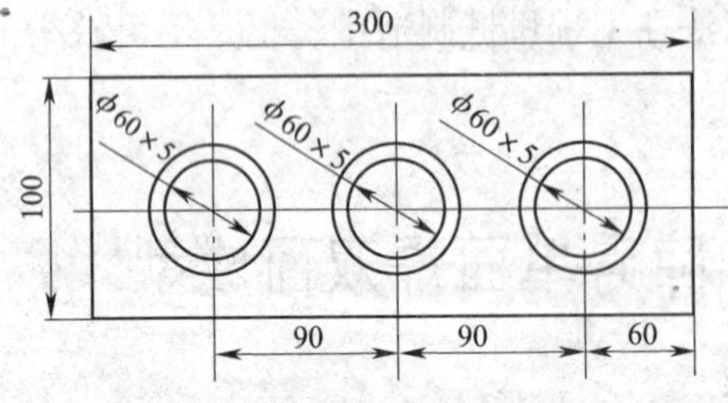

技术要求

1. 图中件A和件C为障碍管，件B为被焊工件；焊件不能在6点钟和12点钟（俯视时，以时钟的钟点表示焊点位置，件A在上方）处定位焊，否则视为无效工件。
2. 两被焊管件组装成对接接头，p=1 ~ 1.5 mm，b=1 ~ 2 mm，确定焊接工艺参数。
3. 采用加障碍单面焊双面成型焊接技术。
4. 焊后保持焊缝原始状态，不得有修饰、焊补。

训练课题及内容			管对接垂直固定加障碍单面焊双面成型技能训练
材质	管20 板Q235B	材料规格与工件数量	管φ60 mm×5 mm×160 mm，管2段 管φ60 mm×5 mm×80 mm，管2段 板300 mm×100 mm×12 mm，板1块
核定工时	60 min		

图 8—1—1　管对接垂直固定加排管障碍单面焊双面成型工件图

任务分析

从图 8—1—1 中读出，两段管端部各开 V 形 30°坡口对接并垂直固定加排管障碍，要用焊条电弧焊焊成单面焊双面成型的环形焊缝。这与管对接垂直固定焊相似，但比管对接垂直固定焊的难度大些。因为焊接时，要遇到排管障碍，熄弧绕过排管障碍再次引弧，接好焊缝接头是该任务的关键。另外，在焊接时，因焊条角度不正确，会使焊接熔池失去控制，易造成未焊透、未熔合及焊缝接头成形不良等焊接缺陷。

相关知识

一、管对接固定加排管障碍焊特点

在实际生产中，管固定加排管障碍焊接是锅炉、换热器等产品维修、维护的主要焊接形式。根据焊接工件接头焊缝的空间位置的不同，工件焊接分为管水平固定加排管障碍焊（见图 8—1—2）和管垂直固定加排管障碍焊（见图 8—1—3）。

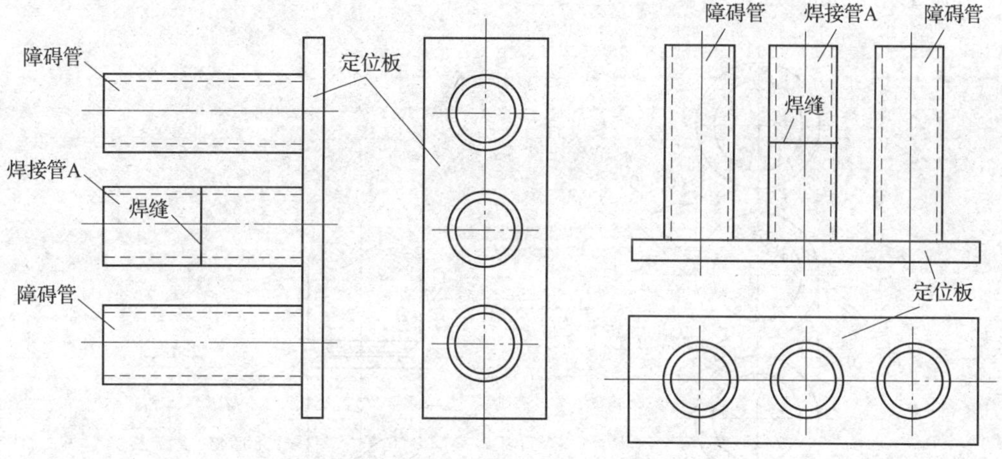

图 8—1—2　管水平固定加排管障碍焊　　图 8—1—3　管垂直固定加排管障碍焊

管对接垂直固定加排管障碍焊具有如下特点：液态熔池因自重力的影响，有自然下坠而造成上侧咬边、下侧焊瘤的趋势；并且由于焊接接头处有障碍，如果焊接过程中焊接工艺不正确，就会使焊缝表面成形不美观，常出现凹凸不平的焊缝缺陷。管垂直固定加障碍焊接，一般多采取多道焊，运条比较容易掌握，熔池形状变化不大。打底焊时采用断弧焊法，也可采用连弧焊法。由于广泛采用多道焊法，易引起焊缝层间夹渣及层间未熔合现象。

二、管对接垂直固定加排管障碍焊操作

1. 组装及定位焊

（1）组装。被焊管子组装前，在坡口及附近 20 mm 左右的区域，用角向磨光机打磨干

净，露出金属光泽。必须使管子轴线对正，以免出现中心线偏斜。一般考虑到焊缝冷却时收缩不均，对于较大直径管子，平焊位置的接口间隙应大于仰焊位置间隙 0.5 ~1 mm。选择接口间隙也与焊条有一定关系：当使用酸性焊条时，接口始焊间隙约等于所用焊条的直径；如选用碱性焊条，接口始焊间隙一般为 1.5 ~2 mm。

（2）定位焊。管垂直固定的焊接，由于焊缝是环形，为方便叙述施焊顺序，将管垂直固定的横断面看做钟表盘，按规定焊件不能在 6 点钟和 12 点钟（俯视时，以钟表盘的钟点表示焊点位置，件 A 在上方）处定位焊，否则视为无效焊件，如图 8—1—4a 所示。

2. 打底层的焊接

（1）焊条角度。焊条与焊接方向的切线夹角为 60° ~70°，焊条与下管壁的夹角为 80° ~85°，如图 8—1—4 所示。

（2）引弧。与管垂直固定的焊接引弧一样，引弧位置在坡口的上侧，电弧引燃后，对起弧点处坡口上侧钝边进行预热，上侧钝边熔化后，再把电弧引至钝边的间隙处，使熔化金属充满根部间隙。这时，焊条向坡口根部间隙处下压，同时焊条与下管壁的夹角适当增大。当听到电弧击穿根部间隙发出“噗噗”的声音后，钝边每侧熔化 0.5 ~1 mm 并形成第一个熔孔时，引弧工作完成。

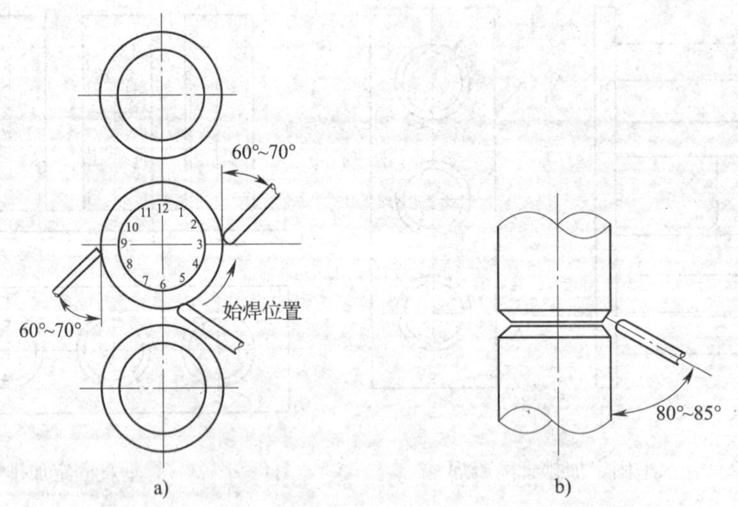

图 8—1—4　管垂直固定单面焊双面成型焊条角度

a）焊条与焊接方向的切线夹角（俯视图）　b）焊条与下管壁夹角

（3）运条方法

1）连弧焊。焊接方向从左到右采用斜圆圈形运条，始终保持短弧焊接。焊接过程中，为防止熔池金属产生流淌，形成泪滴形下坠，电弧在上坡口侧停留的时间应略长些，同时，要有 1/3 电弧通过坡口间隙在管内燃烧。电弧在下坡口侧只是稍加停留，有 2/3 的电弧通过坡口间隙在管内燃烧。

打底焊道应在坡口正中偏下，焊缝上部不要有尖角，下部不允许有熔合不良等缺陷。焊接时，先选定始焊处，引燃电弧后，拉长电弧预热坡口，待坡口处接近熔化状态，压低电弧，形成熔池，随后采取直线形或斜锯齿形运条向前移动。到障碍处时，要采取断弧焊法进行焊接。

2）断弧焊。断弧焊单面焊双面成型有三种焊接手法，即一点焊法、两点焊法、三点焊法。当管壁厚度为2.5～3.5 mm，根部间隙小于2.5 mm时，由于管壁较薄，焊接多采用一点焊法；根部间隙大于2.5 mm时，采用两点焊法；根部间隙大于4 mm时，采用三点焊法。

焊接方向是从左向右焊，逐点将熔化金属送到坡口根部，然后迅速向侧后方灭弧，灭弧动作要干净利落，不拉长电弧，防止产生咬边缺陷。灭弧与重新引弧的时间间隔要短。电弧燃烧和熄灭的频率以70～80次/min为宜。灭弧后，重新引弧的位置要准确，新焊点应与前一个焊点搭接2/3左右。

焊接时，注意保持焊缝熔池形状与大小基本一致。熔池中的液态金属与熔渣要分离并保持熔池清晰明亮，焊接速度保持均匀。

（4）收弧。当焊条接近始焊端时，焊条在始焊端收口处稍作停顿预热，看到有“出汗”现象时，将焊条向坡口根部间隙处下压，让电弧击穿坡口根部，听到“噗噗”声后，稍作停顿，然后继续向前施焊10～15 mm，填满弧坑即可。

（5）更换焊条时的接头方法。有热接法和冷接法两种，打底层焊缝更换焊条时多用热接法，这样可以避免背面焊缝出现冷缩孔和未焊透、未熔合等缺陷。

1）热接法。在焊缝收弧处熔池尚保持红热状态时，迅速更换完焊条并在收弧斜坡前10～15 mm处引弧，然后将电弧拉到斜坡上运条预热。在斜坡终端最低点处压低电弧，击穿坡口根部后，稍停一下，使钝边每侧熔化0.5～1 mm并形成熔孔，之后可以恢复原来的操作手法继续焊接，热接法换焊条的动作越快越好。

2）冷接法。焊接熔池已经冷却凝固，焊接引弧前，在收弧处用角向砂轮或锉刀等磨出斜坡，然后在斜坡前10～15 mm处引弧并运条预热斜坡，在斜坡终端最低点处有“出汗”现象时，压低电弧击穿坡口根部，同时稍作停顿，使钝边每侧熔化0.5～1 mm并形成熔孔，这时可恢复原来的操作手法继续施焊。

3. 盖面层焊接

（1）清渣。仔细清理打底层焊缝与管子坡口两侧母材夹角处的熔渣、焊点与焊点叠加处的熔渣。

（2）运条方法。根据管壁厚度确定盖面层焊接道数，从最下道开始焊接，直至最上道焊完并熔进上侧坡口边缘1～2 mm为止。一般可采用直线形运条，不做横向摆动，从左向右进行焊接。

每道焊缝与前一道焊缝搭接1/3左右，盖面层应有2～3道焊缝。

任务实施

一、焊前准备

1. 按规定穿戴好焊接劳动保护用品、准备焊接辅助工具，详见模块二中任务1相应内容。

2. 工件材料的选用

(1) 工件20钢管规格为ϕ60 mm×5 mm×80 mm，在管的一端加工成30°的V形坡口，p=1 mm，每组两段。用气割下料，如图8—1—5所示。

(2) 准备Q235B钢板，规格为300 mm×100 mm×12 mm，作为障碍支架板；准备20钢管，规格为ϕ60mm×5 mm×160 mm，两段为障碍管。将障碍支架板与障碍管按工件图的要求组装好，如图8—1—6所示。

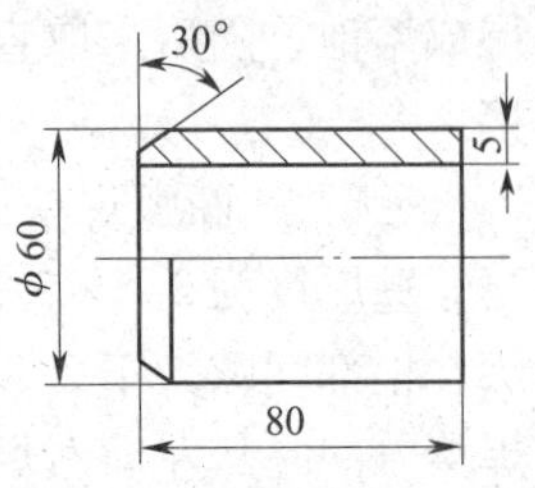

图8—1—5 工件管V形坡口尺寸

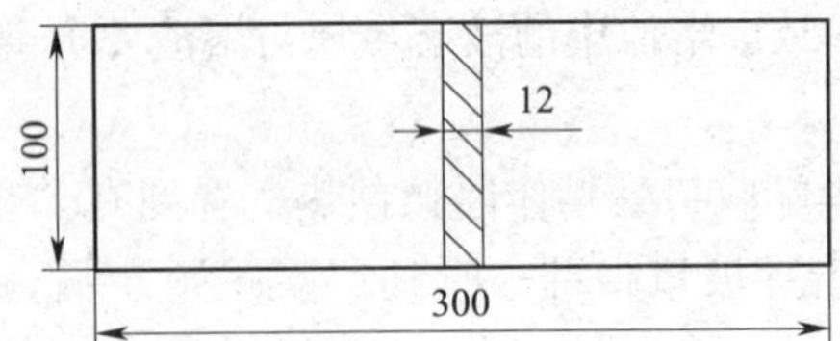

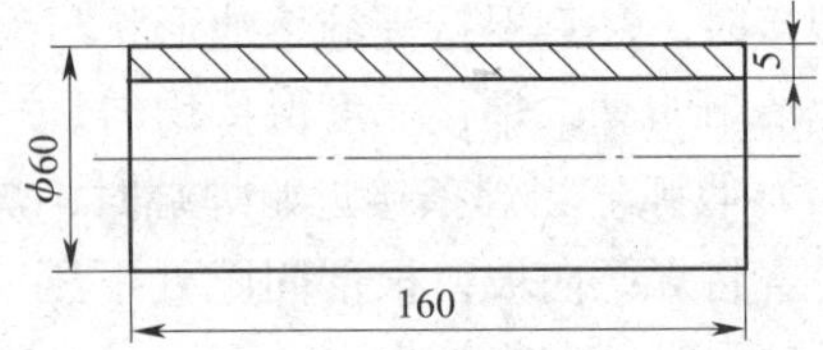

图8—1—6 障碍支架板和障碍管

3. 焊材和焊机选择

焊条选用E4303型（J422）或E5016型（J506），直径为3.2 mm。焊前，E4303型焊条需经过150～200℃烘干1～2 h，E5016型焊条需经过350～400℃烘干1～2 h，放在保温桶内以备使用。使用前应认真检查焊条药皮有无偏心、开裂、脱落等现象。根据焊接材料的选用原则，对于普通结构钢，按照等强度原则选择，还要考虑到焊条的工艺性能，优先选用E5016型焊条。焊机优先选用BX3－300。

4. 确定焊接工艺参数

熟悉图样，根据焊工个人条件，将焊件固定在距离地面800～900 mm的高度。确定管对接垂直固定加障碍单面焊双面成型焊接工艺参数，见表8—1—1。

表8—1—1 管对接垂直固定加障碍单面焊双面成型的焊接工艺参数

焊接层次	焊条直径（mm）	焊接电流（A）	运条方法	根部间隙（mm）
打底层	3.2	60～80	断弧焊法	1.5～2 mm
盖面层	3.2	60～70	直线形运条法	

5. 工件清理

工件的清理用锉刀、砂布、钢丝刷等工具，在坡口正背面20 mm范围内清除铁锈、油污、氧化物等，呈现金属光泽。用焊接检验尺测量工件坡口并达到图8—2—1要求。

6. 组装与定位焊

将工件坡口及表面两侧15～20 mm范围的油锈及污物清理干净，至露出金属光泽。将两段焊接管的钝边锉削至0.5～1 mm，装配间隙为1.5～2 mm，采用一点定位焊固定（定位焊点应在钟表10点钟或2点钟的位置)，定位焊缝长度为10 mm左右，要求焊透并不得有缺陷。焊接管的错边量应≤0.5 mm。

将装配好的焊件垂直固定在焊接架上，保持工件与障碍管之间相距30 mm。

7. 清渣

清理干净定位焊缝的熔渣。

二、焊接操作步骤

因管对接垂直固定加障碍单面焊双面成型的焊接工件，所用管壁较薄，可用打底层和盖面层两层完成焊接。焊接分前、后两个半圈进行。

1. 打底焊

打底焊采取断弧焊法，将焊件垂直固定在焊接架上，如图8—1—7所示。在坡口内引弧，焊条与焊管下侧的夹角为80°~85°，与管子切线的焊接方向夹角为60°~70°。待坡口两侧熔化时，焊条向根部压送，熔化并击穿坡口根部，听到“噗噗”声，形成第一个熔孔。使钝边每侧熔化0.5~1 mm，然后断弧，待熔池颜色稍暗些，马上将焊条落在原熔池的前端并引燃电弧，焊接约1 s后断弧，如此有节奏地控制熔池温度和熔池熔化状态完成打底焊。焊接时应保持熔池形状和大小基本一致，熔池铁水清晰明亮。

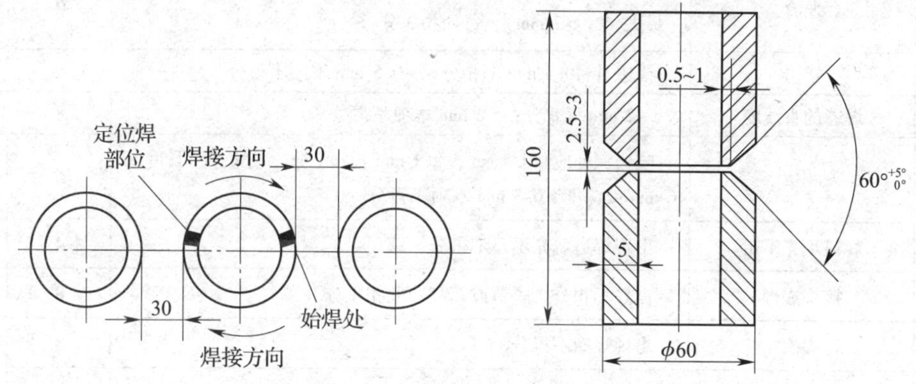

图8—1—7 管对接垂直固定加排管障碍焊接

2. 盖面层焊接

盖面层分上下两道进行焊接，焊前应将打底焊焊缝的熔渣及飞溅物等清除干净，并修平局部上凸的接头焊缝。采用直线不摆动运条，自左向右、自下而上，同打底焊道一样分前后两半圈进行。

3. 后半圈的焊接

后半圈的焊接方法与前半圈基本相同，关键在于掌握好起弧与终端收弧接头，在完成收弧接头前应用錾子或扁铲将前半圈焊缝的端部修成斜坡。

三、焊缝外观检测

1. 自检

对自己的操作姿势、运条方法要及时校正。将焊完清理好的工件，依据图8—1—1中技术要求和表8—1—2评分标准，进行自己校正和检测，合格后进行互检和专检。

2. 互检和专检

可参照模块二中任务2相关内容进行。

任务评价

评分标准见表8—1—2。

表8—1—2　　评 分 标 准

序号	操作内容	评 分 标 准	配分	得分
1	焊缝宽度	≤6 mm得8分；>6 mm本项不得分	8	
2	焊缝宽度差	宽窄允许差1 mm，每超差1 mm扣4分	8	
3	焊缝余高	余高≤3 mm得8分；>3 mm本项不得分	8	
4	焊缝余高差	允许1 mm，每超差1 mm扣4分	8	
5	焊缝烧穿	无，若有每处扣3分	6	
6	夹渣	点状夹渣（最大尺寸≤2 mm），每处扣2分；条块状夹渣（最大尺寸>2 mm），每处扣3分	6	
7	错边	错边量≤0.5 mm不扣分；>0.5 mm本项不得分	6	
8	焊缝的直线度	≤2 mm得8分；>2 mm本项不得分	8	
9	咬边	咬边深度应≤0.5 mm，每1 mm长扣1分，咬边连续长度≥6 mm或深度>0.5 mm本项不得分	6	
10	焊道填充不足	出现焊道填充不足不得分	4	
11	接头成形	良好不扣分，脱节或超高一处扣4分	8	
12	焊瘤	出现焊瘤不得分	8	
13	弧坑	饱满、无焊缝缺陷，达不到每处扣2分	6	
14	工件清理	清洁不扣分，否则每处扣2分	4	
15	安全文明生产	服从管理、安全操作，否则每项扣3分	6	
		总分合计	100	

注：从开始引弧计时，该工件60 min内完成，每超出1 min，从总分中扣2.5分。

思考与练习

1. 管固定加排管障碍焊是如何分类的？
2. 如何组装管对接垂直固定加排管障碍焊的焊接支架和焊接管件？
3. 管对接垂直固定加排管障碍焊的操作与管垂直固定焊的操作有何不同？
4. 简述管对接垂直固定加排管障碍焊的操作要领。

任务2　管对接水平固定加障碍单面焊双面成型

技能点

◎ 掌握焊条电弧焊在管水平固定有障碍的情况下的月牙形运条法操作技术；掌握焊条电弧焊管水平固定在有障碍的情况下的冷、热接头操作技术；掌握管水平固定在有障碍的情况下的焊接基本技能及操作。

知识点

◎ 学会观察焊条电弧焊熔池颜色，控制熔池温度；学会根据熔池熔合状况合理进行焊接操作。

任务提出

在生产实践中，管对接水平固定加障碍单面焊双面成型多用于人进不去施工的锅炉中的换热管、换热器中的一簇换热管的水平固定的环焊缝的焊接生产和维修中，这种焊接方式可以在水平固定带有障碍排管的小口径管道外面施焊而内面也能形成焊缝。

如图8—2—1所示为管对接水平固定开钝边V形坡口加排管障碍单面焊双面成型工件图，材料为20钢。读懂工件图样，完成焊接任务，达到工件图样要求。

任务分析

从图8—2—1中读出，两段端部开V形30°坡口的管对接水平固定，要用焊条电弧焊绕过所加排管障碍焊成单面焊双面成型的环形焊缝。管对接水平固定加排管障碍焊的难度在于焊接时要遇到障碍，熄弧绕过障碍再次引弧，接好焊缝接头。操作与管水平固定的焊接操作要领基本相同，不同之处在于平焊位置和仰焊位置设置了障碍管，使焊条不能自由正确选择运条角度，电弧及形成的熔池不易控制，容易产生夹渣、未熔合、未焊透及焊瘤等焊接缺陷。因此，在焊接操作时，应将焊条尽可能向下压短电弧，并采取必要的预热、断弧等措施控制熔池温度，以保证焊缝有良好的熔合和成形。

相关知识

一、管水平固定加排管障碍焊接特点

管件的水平固定加排管障碍焊接空间位置在沿环形连续不断地变化的同时，还要避开所加障碍管件，而焊工不易随管件空间位置的变化，而相应地改变视线和运条角度，进行频繁地熄弧和引弧。因此，给焊接操作带来比单纯的管件水平固定焊接更大的困难。故要求操作

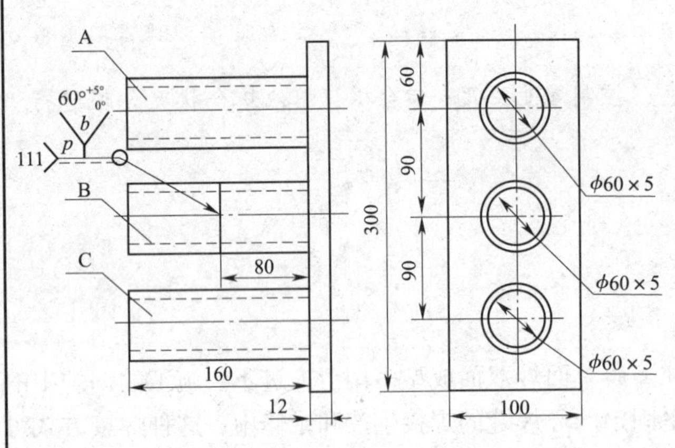

技术要求

1. 图中件A和件C为障碍管，件B为被焊工件；工件不能在6点钟和12点钟（以时钟的钟点表示焊点位置）处定位焊，否则视为无效焊件。
2. 组装平齐成对接接头，p=1～1.5 mm，b=1～2 mm，确定焊接工艺参数。
3. 采用单面焊双面成型焊接技术。
4. 焊后保持焊缝原始状态，不得有修饰、焊补。

训练课题及内容			管水平固定对接加障碍单面焊双面成型技能训练
材质	管20 板Q235B	材料规格 与 工件数量	管ϕ60 mm×5 mm×160 mm，管2段 管ϕ60 mm×5 mm×80 mm，管2段 板300 mm×100 mm×12 mm，板1块
核定工时	60 min		

图 8—2—1　管对接水平固定开钝边 V 形坡口加排管障碍单面焊双面成型工件图

者在熟练掌握管件的水平固定焊接的基础上，还要加强断弧焊和跳弧焊的练习。

由于管件水平固定加障碍焊接的熔池形状比单纯的管件水平固定焊接更不易控制，所以，焊接过程中常出现打底层根部第一层在障碍接头处焊透程度不均匀，焊缝接头焊道表面凹凸不平的情况。

管件的水平固定加障碍焊开 V 形坡口，焊缝根部常出现焊接缺陷，其缺陷分布状况，如图 8—2—2 所示。位置 1 与 6 易出现未熔合、未焊透、焊缝接头不良等多种焊接缺陷；前后半圈对称位置 2 易出现塌腰、气孔和夹渣；前后半圈对称位置 3 和 4 铁水与熔渣易分离，焊透程度良好；前后半圈对称位置 5 易出现塌腰，形成焊瘤或焊缝成形不均匀。

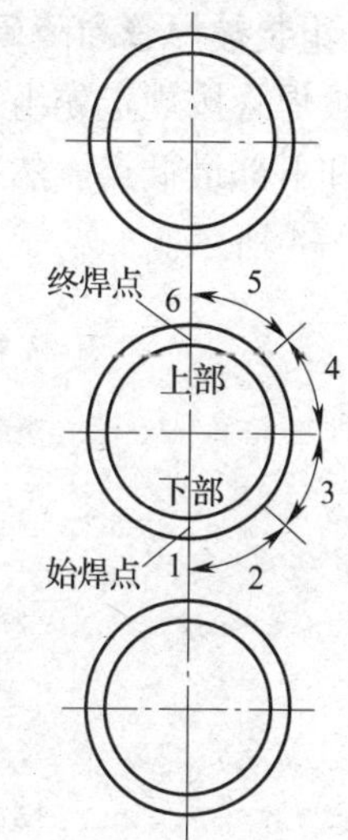

图 8—2—2　管水平固定加障碍 V 形坡口焊接缺陷分布位置

二、管水平固定加排管障碍全位置焊接操作

1. 组装及定位焊

（1）组装方法。被焊管子组装前，在坡口及附近 20 mm 左右的区域，用角向磨光机打磨干净，露出金属光泽。必须使管子轴线对正，以免出现中心线偏斜。一般考虑到焊缝冷却时收缩不均，对于较大直径管子，平焊位置的接口间隙应大于仰焊位置间隙 0.5 ~ 1 mm。选择接口间隙也与焊条有一定关系：当使用酸性焊条时，接口始焊间隙约等于所用焊条的直径；如选用碱性焊条，接口始焊间隙一般为 1.5 ~ 2 mm。

（2）定位焊。管水平固定的焊接，由于焊缝是环形，在焊接过程中需要经过仰焊、立焊、平焊等几种位置的空间全位置焊接。为方便叙述施焊顺序，将水平固定管的横断面看做钟表盘，按规定焊件不能在 6 点钟和 12 点钟处进行定位焊，如图 8—2—3a 所示。

管径不同时，定位焊缝的数目及位置亦不同。管径小于等于 42 mm 时，可在一处进行定位焊，如图 8—2—3a 所示；管径为 42 ~ 76 mm 时，可在两处进行定位焊，如图 8—2—3b 所示。

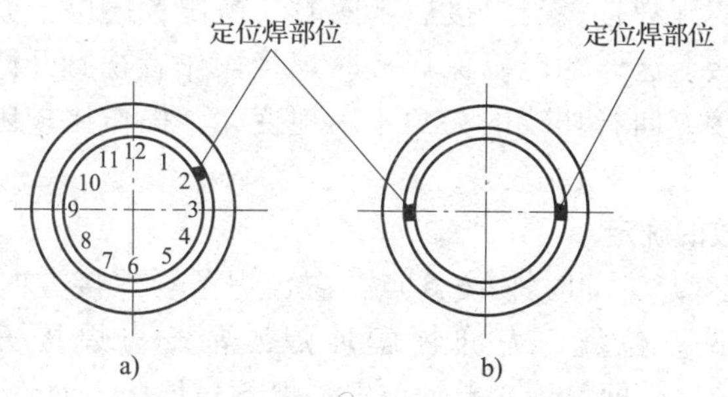

图 8—2—3　管水平固定的定位焊缝与时钟位置
a）管径小于等于 42 mm　b）管径为 42 ~ 76 mm

定位焊缝长度一般为 15 ~ 30 mm，余高为 3 ~ 5 mm，焊肉太小易开裂，太大会给焊接带来困难。定位焊用直径 3.2 mm 的焊条，焊接电流为 90 ~ 130 A。

为了保证焊缝质量，对定位焊缝要进行认真检查和修整。如发现有裂纹、未焊透、夹渣、气孔等缺陷，必须铲掉重焊。定位焊时的渣壳、飞溅物等，应彻底清除掉，并应将定位焊缝修成两头带缓坡的焊点。

2. 组装被焊管和障碍管

将被焊管按规定先组装在定位板上，使定位焊缝不能置于时钟的12点和6点处，即上部顶点和下部最低点。然后，依次再将障碍管1和障碍管2按规定尺寸组装在定位板上，如图8—2—4所示。

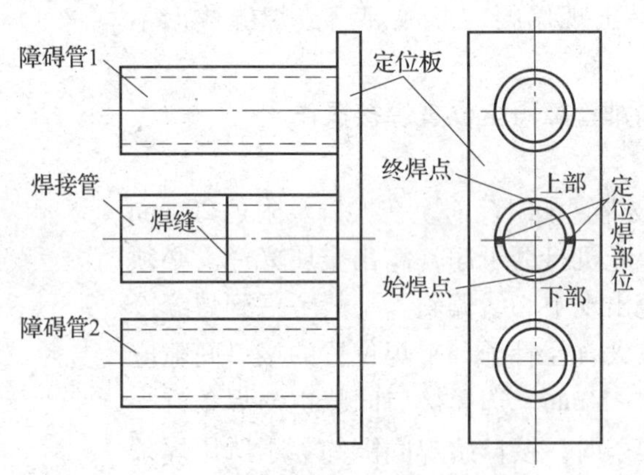

图8—2—4　焊接管和障碍管的组装

焊接时，由于管子处于吊焊位置，先从底部起焊，这样，底层焊缝双面成形良好。如果间隙过大，焊接时易烧穿，产生焊瘤；间隙过小，则不能焊透。

3. 全位置焊接操作

通常定位焊缝在时钟的3点、9点位置，定位焊缝长度为10～15 mm，厚度为2～3 mm。焊接开始时，在时钟的6点钟位置起弧，把环焊缝分为两个半圈，即时钟6→3→12点位置为前半圈，时钟6→9→12点位置为后半圈。焊接前半圈时，操作者位于面对定位板一侧，正握焊钳实施焊接；当焊接后半圈时，操作者还位于面对定位板一侧，操作者须反握焊钳实施焊接，这样才能确保焊接时焊接操作者视野开阔，操作方便。焊接过程中，由于焊条与焊接方向管切线的夹角不断地变化，操作比较困难，所以，应注意每个环节的操作要领。

（1）焊接工艺参数的确定

1）焊条角度。起焊点，即时钟5—6点位置，焊条与焊接方向管切线的夹角α尽可能大些；在时钟7—8点位置，为仰焊爬坡焊，焊条与焊接方向管切线的夹角为100°～105°；在立焊位置，即时钟9点钟位置，焊条与焊接方向管切线的夹角为90°；在立位爬坡焊位置，即时钟10—11点位置，施焊过程中，焊条与焊接方向管切线的夹角为85°～90°；在平焊位置，即时钟12点位置，焊接时焊条与焊接方向管切线的夹角β尽可能大些。各点位置焊条角度如图8—2—5所示。前半圈与后半圈相对应的焊接位置，其焊条角度相同。

2）水平固定管打底焊工艺参数见表8—2—1。

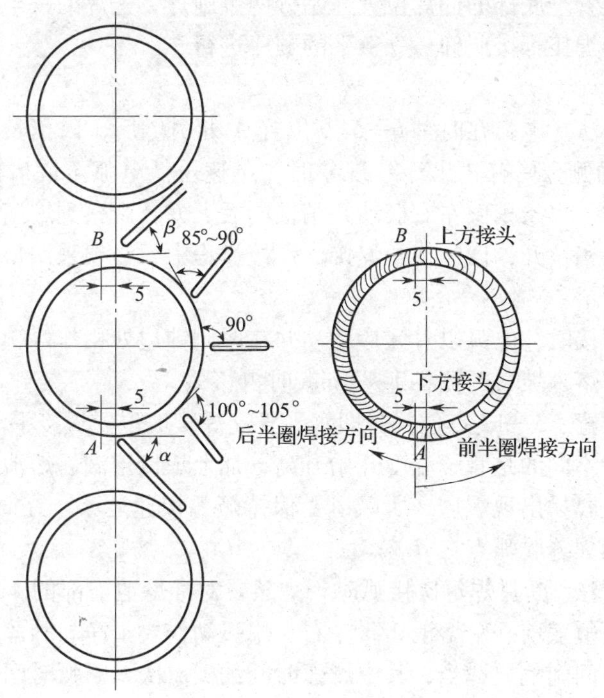

图 8—2—5　管水平固定打底层各点位置焊条角度

表 8—2—1　　管水平固定打底焊工艺参数

操作方法＼工艺参数		管子直径（mm）	管壁厚度（mm）	坡口角度（°）	钝边高度（mm）	根部间隙（mm）	焊条牌号	焊条直径（mm）	平焊位焊接电流（A）	焊接极性
断弧焊	两点法	60 ~ 133	8 ~ 12	30	1 ~ 2	4 ~ 4.5	J422	3.2	110 ~ 120	交流
		60 ~ 133	8 ~ 12	30	1 ~ 2	4 ~ 4.5	J507	3.2	90 ~ 100	直流反接
	一点法	≤60	3 ~ 5	30	0.5 ~ 1.0	2 ~ 2.5	J422	2.5	80 ~ 90	交流
连弧焊		≤60	3 ~ 5	30	0.5 ~ 1.0	2 ~ 2.5	J507	2.5	65 ~ 70	直流反接
		60 ~ 133	8 ~ 12	30	0.5 ~ 1.0	2.5 ~ 3.0	J507	2.5	70 ~ 75	

（2）打底层的焊接

1）引弧。在用碱性焊条焊接时，引弧过程中，由于熔渣少、电弧中的保护气体少等原因，使熔池保护效果不好，焊缝极容易出现密集气孔，多为氮气孔。为了防止这类现象出现，碱性焊条的引弧多采用划擦法。在始焊处时钟 6 点位置的前方 5 mm 处引弧后，把电弧拉至始焊处，即时钟 6 点位置，进行电弧预热。当发现坡口根部有“出汗”现象时，将焊条向坡口间隙内顶送，当听到“噗噗”声后，稍停一下，使钝边每侧熔化 1 ~ 2 mm 并形成第一个熔孔，这时引弧工作完成。

碱性焊条所用电流比同直径的酸性焊条要小 10% 左右，所以，引弧过程容易出现黏焊条现象。为此，引弧过程中要求焊工手稳、技术高，引弧及回弧动作要快、准。

正式焊接时，从管子底部的仰焊位置开始分两半施焊，先焊的一半称前半部，后焊的一半称后半部。两半部焊接都按照仰→立→平的顺序进行。

2）运条方法

①连弧焊运条方法。电弧在时钟 6—5 点位置 A 处引燃后，以稍长的电弧加热该处 2 ~ 3 s，待引弧处坡口两侧金属有“出汗”现象时，迅速压低电弧至坡口根部间隙，看到有熔滴过渡并出现熔孔时，焊条稍微左右摆动并稍推向后上方，观察到熔滴金属已与钝边金属连成金属小桥后，焊条稍拉开，恢复正常焊接。焊接过程中，必须采用短弧把熔滴送到坡口根部，如图 8—2—5 所示。

爬坡仰焊位置焊接时，电弧以月牙形运动并在两侧钝边处稍作停顿，看到熔化的金属已挂在坡口根部间隙并熔入坡口两侧各 1 ~ 2 mm 时再移弧。

时钟 9—12 点位置、3—12 点位置，即水平管立焊爬坡位置焊接手法与时钟 6—9、6—3 点位置大体相同，所不同的是管子温度开始升高，加上焊接熔滴、熔池的重力和电弧吹力等作用，在爬坡焊时极容易出现焊瘤，所以，要保持短弧快速运条。在时钟 12 点，即管平焊位置焊接时，前半圈焊缝收弧点在 *B* 点。

②断弧焊运条方法。断弧焊每次接弧时，焊条要对准熔池前部的 1/3 左右处，接触位置要准确，使每个熔池覆盖前一个熔池 2/3 左右。熄弧动作要干净、利落、果断，不要拉长电弧，熄弧与接弧的时间间隔要适当，其中燃弧时间约 1 s/次，断弧时间约 0. 8 s/次，熄弧频率大约为：仰焊和平焊区段 35 ~ 40 次/min，立焊区段 40 ~ 45 次/min。

焊接过程中采用短弧焊接，使电弧具有较强的穿透力，同时还要控制熔滴的过渡应尽量细小均匀，每一焊点的填充金属不宜过多，防止熔池金属外溢和下坠。焊接过程中，熔池的形状和大小要基本保持一致，熔池液态金属清晰明亮，熔孔始终深入每侧母材 1 ~ 2 mm。

3）焊缝接头。后半部的操作与前半部相似，但要完成两处焊道接头。其中，仰焊接头比平焊接头难度更大，也是整个管水平固定焊接的关键。为便于接头，前半部焊接时，仰焊起头处和平焊收尾处，都应超过管子垂直中心线 5 mm 左右。尽可能形成缓坡，焊接时先用长弧烤热接头部位，运条至接头中心时立即拉平焊条，压住熔化金属，切忌熄弧，并将焊条向上顶一下，以击穿未熔化的根部，使接头完全熔合。

4）收弧。后半圈焊缝将要与前半圈的收弧处相接时，焊接电弧应在收弧处稍停一下，预热，然后将焊条向坡口根部间隙处压弧，让电弧击穿坡口根部，听到“噗噗”声后稍作停顿，再继续引燃电弧，这样反复 3 ~ 5 次填满弧坑。

收尾处焊接时，由于此时接头处不易观察，管壁温度又已升高，灭弧时间应稍长一些，焊条熔滴送入要少一些。严格控制熔池的温度，防止根部出现焊瘤或焊漏。

（3）填充层的焊接

1）清渣。仔细清理打底层焊缝与坡口两侧母材夹角处的熔渣、焊点与焊点叠加处的熔渣。

2）焊接。填充层施焊也是从仰焊部位开始、平位终止，填充层与打底层的连弧引弧和连弧焊接工艺参数一致。起头处宜焊薄些，避免形成焊瘤。填充层焊肉不要凸出，掌握好高度，特别是仰焊部位不能超高，要与平、立焊缝的高度和宽度保持一致。

（4）盖面层的焊接

1）清渣。仔细清理填充层焊缝与坡口两侧母材夹角处的熔渣、焊点与焊点叠加处的熔渣。

2）运条方法。在时钟6点位置，即仰焊位置引弧后，长弧预热仰焊部位，将熔化的第一、第二滴熔滴甩掉，因为此时的熔滴温度低、流动性不好。然后，以短弧的方式向上送熔滴，采用月牙形运条法或横向锯齿形运条法施焊。焊接过程中始终保持短弧，焊条摆至两侧时要稍作停顿，将坡口两侧边缘熔化1～2 mm，使焊缝金属与母材圆滑过渡，防止产生咬边缺陷。

焊接过程中，熔池始终保持椭圆形状且大小一致，熔池应明亮清晰。在前半圈收弧时，要对弧坑稍填些熔化金属，使弧坑呈斜坡状，为后半圈焊缝收尾创造条件。焊接后半圈之前，应把前半圈起头部位焊缝的焊渣敲掉10～15 mm，焊缝收尾时注意填满弧坑。

用碱性焊条焊接盖面层时，始终用短弧预热、焊接，引弧方法采用划擦法。

总之，管水平固定加障碍焊接，一般分为两半圈焊接，从底部到上面先后经历仰位→立位→平位等几个焊接位置的变换。焊接位置的不断变换，不仅要求焊条角度作相应的变化，而且熔池所需电流值和进给熔滴的速度也要随之不断变化。然而在平位和仰位又加有障碍，使焊条不能处于正确的角度，给操作带来不便。因此，在焊接过程中要靠调节给送熔滴的速度和间断灭弧的时间来控制焊接熔池的温度和焊缝成形。

任务实施

一、焊前准备

1. 按规定穿戴好焊接劳动保护用品、准备焊接辅助工具，详见模块二中任务1的相应内容。

2. 工件材料的选用

（1）工件20钢管规格为ϕ60 mm×5 mm×80 mm，加工成V形单边30°坡口，$p=1$ mm，每组两段。用气割下料，如图8—2—6所示。

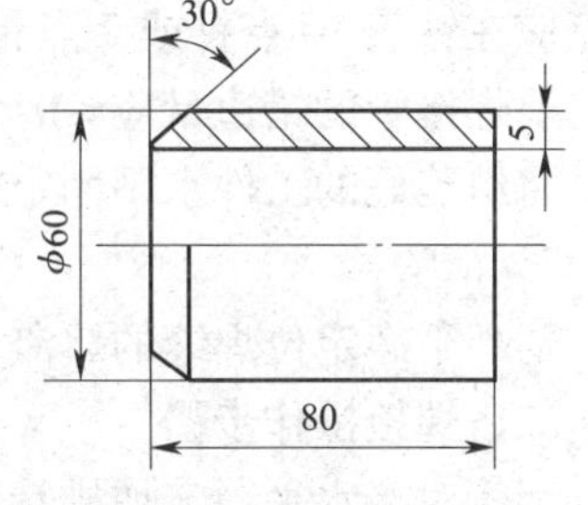

图8—2—6　工件管V形坡口尺寸

（2）准备Q235B钢板，规格为300 mm×100 mm×12 mm，作为障碍支架板；准备20钢管，规格为ϕ60 mm×5 mm×160 mm，两段为障碍管。将障碍支架板与障碍管按工件图的要求组装好，如图8—2—7所示。

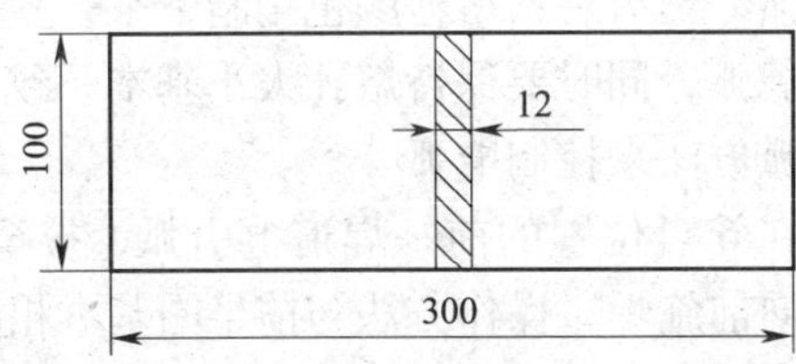

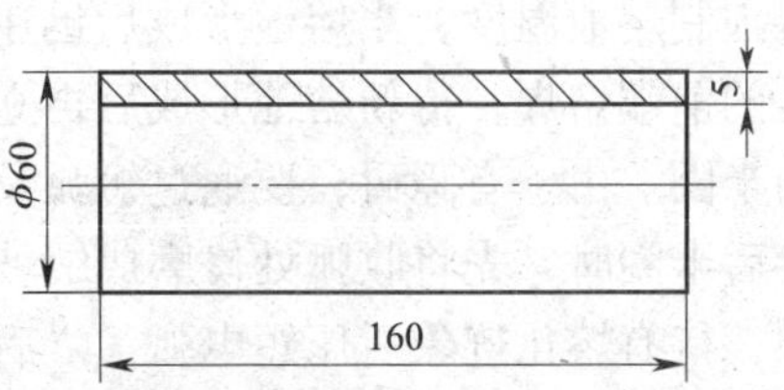

图8—2—7　障碍支架板和障碍管

3. 焊材和焊机选择

焊条选用E4303型（J422）或E5016型（J506），直径分别为2.5 mm、3.2 mm。焊前，E4303型焊条需经过150～200℃烘干1～2 h，E5016型焊条需经过350～400℃烘干1～2 h，放在保温桶内以备使用。使用前应认真检查焊条药皮有无偏心、开裂、脱落等现象。根据焊接材料的选用原则，对于普通结构钢，按照等强度原则选择，还要考虑到焊条的工艺性能，优先选用E5016型焊条。焊机选用BX3－300。

4. 确定焊接工艺参数

熟悉图样，根据焊工个人条件，将工件固定在距离地面800～900 mm的高度。确定管对接水平固定加障碍单面焊双面成型焊接工艺参数，见表8—2—2。

表8—2—2　　管对接水平固定加障碍单面焊双面成型的焊接工艺参数

焊接层次	焊条直径（mm）	焊接电流（A）	根部间隙（mm）
打底焊	2.5	60～65	1.5～2
盖面焊	3.2	90～105	

5. 工件清理

工件的清理用锉刀、砂布、钢丝刷等工具，在坡口正背面20 mm范围内清除铁锈、油污、氧化物等，呈现金属光泽。用焊接检验尺测量工件坡口，达到图8—2—1要求。

6. 组装与定位焊

将工件坡口及表面两侧15～20 mm范围的油锈及污物清理干净，至露出金属光泽。将两段焊接管的钝边锉削至0.5～1 mm，装配间隙为1.5～2 mm，采用一点定位焊固定（定位焊点应在钟表10点钟或2点钟的位置），定位焊缝长度为10 mm左右，要求焊透并不得有缺陷。焊接管的错边量应≤0.5 mm。

将组装好的工件水平固定在焊接架上，保持工件与障碍管之间相距30 mm。

7. 清渣

清理干净定位焊缝的熔渣。

二、焊接操作步骤

因管对接水平固定加排管障碍单面焊双面成型的焊接工件，所用管壁较薄，可用打底层和盖面层两层完成焊接。

1. 打底焊接

管水平固定加障碍单面焊双面成型打底焊分前、后两个半圈焊接。焊接前半圈时，焊条尽可能前伸，在过6点5～10 mm的坡口面上引弧，引弧后熔焊片刻，根据熔合情况作必要的灭弧以控制熔池温度，当熔池形成后迅速灭弧，然后观察熔池颜色稍暗下来，立即将电弧落在熔池的前端熔焊，待新熔池形成后再立即熄弧，同时要保持熔孔大小基本一致。如此反复焊完前半圈。由于有障碍，要通过短弧及断弧方法来控制电弧。

焊接后半圈时，先将收弧处修磨成缓坡，在6点位置的前一焊道上引弧，拉至缓坡处，长弧预热，待有熔化迹象后压短电弧，之后再向前施焊，操作方法与前半圈基本相同。关键在于焊至收弧时，或将焊条逐渐引向斜前方，或将电弧往回拉一小段，再慢慢地提高电弧，使熔池逐渐减小，填满弧坑后熄弧。

2. 盖面焊

清理打底焊熔渣，并修整凸出处，采用月牙形运条，焊条横摆幅度大小应距熔化坡口边缘1 ~2 mm为宜，并在坡口两侧稍作停顿，以避免咬边。

前半圈收弧时，对弧坑稍填一些液态金属，使弧坑呈斜坡状，以便有利于后半圈接头。在后半圈焊前，需将前半圈两端接头部位的熔渣清理干净，必要时用手砂轮打磨成斜坡状，再进行接头焊接。前后两半圈的操作要领相同，收尾时要填满弧坑。

三、焊缝外观检测

1. 自检

对自己的操作姿势、运条方法要及时校正。将焊完清理好的工件，依据图8—2—1中技术要求和表8—2—3评分标准，进行自己校正和检测，合格后进行互检和专检。

2. 互检和专检

可参照模块二中任务2相关内容进行。

任务评价

评分标准见表8—2—3。

表8—2—3　　评 分 标 准

序号	操作内容	评 分 标 准	配分	得分
1	焊缝宽度	≤6 mm得8分；>6 mm本项不得分	8	
2	焊缝宽度差	宽窄允许差1 mm，每超差1 mm扣4分	8	
3	焊缝余高	余高≤3 mm得8分；>3 mm本项不得分	8	
4	焊缝余高差	允许1 mm，每超差1 mm扣4分	8	
5	焊缝烧穿	无，若有每处扣3分	6	
6	夹渣	点状夹渣（最大尺寸≤2 mm），每处扣2分；条块状夹渣（最大尺寸>2 mm），每处扣3分	6	
7	错边	错边量≤0. 5 mm不扣分；>0. 5 mm本项不得分	6	
8	焊缝的直线度	≤2 mm得8分；>2 mm本项不得分	8	
9	咬边	咬边深度应≤0. 5 mm，每1 mm长扣1分，咬边连续长度≥6 mm或深度>0. 5 mm本项不得分	6	
10	焊道填充不足	出现焊道填充不足不得分	4	
11	接头成形	良好不扣分，脱节或超高一处扣4分	8	
12	焊瘤	出现焊瘤不得分	8	
13	弧坑	饱满、无焊缝缺陷，达不到每处扣2分	6	
14	工件清理	清洁不扣分，否则每处扣2分	4	
15	安全文明生产	服从管理、安全操作，否则每项扣3分	6	
		总分合计	100	

注：从开始引弧计时，该工件60 min内完成，每超出1 min，从总分中扣2. 5分。

思考与练习

1. 管水平固定加排管障碍焊有哪些特点?
2. 管水平固定加排管障碍定位焊接有哪些操作要领?
3. 简述管水平固定加排管障碍焊的打底焊和盖面焊的操作要领。